权威·前沿·原创

皮书系列为
"十二五""十三五"国家重点图书出版规划项目

BLUE BOOK

智库成果出版与传播平台

海洋社会蓝皮书

BLUE BOOK OF
OCEAN SOCIETY

中国海洋社会发展报告
（2020）

REPORT ON THE DEVELOPMENT OF OCEAN SOCIETY OF
CHINA (2020)

主 编／崔 凤 宋宁而

社会科学文献出版社
SOCIAL SCIENCES ACADEMIC PRESS（CHINA）

图书在版编目（CIP）数据

中国海洋社会发展报告. 2020 / 崔凤，宋宁而主编
. -- 北京：社会科学文献出版社，2020.11
（海洋社会蓝皮书）
ISBN 978 - 7 - 5201 - 7199 - 1

Ⅰ. ①中…　Ⅱ. ①崔…　②宋…　Ⅲ. ①海洋学 - 社会
学 - 研究报告 - 中国 - 2020　Ⅳ. ①P7 - 05

中国版本图书馆 CIP 数据核字（2020）第 165208 号

海洋社会蓝皮书
中国海洋社会发展报告（2020）

主　　编／崔　凤　宋宁而

出 版 人／谢寿光
责任编辑／胡庆英
文稿编辑／庄士龙　孙海龙

出　　　版／社会科学文献出版社·群学出版分社（010）59366453
　　　　　　地址：北京市北三环中路甲 29 号院华龙大厦　邮编：100029
　　　　　　网址：www.ssap.com.cn
发　　　行／市场营销中心（010）59367081　59367083
印　　　装／天津千鹤文化传播有限公司

规　　　格／开　本：787mm × 1092mm　1/16
　　　　　　印　张：20.5　字　数：306 千字
版　　　次／2020 年 11 月第 1 版　2020 年 11 月第 1 次印刷
书　　　号／ISBN 978 - 7 - 5201 - 7199 - 1
定　　　价／158.00 元

本书如有印装质量问题，请与读者服务中心（010 - 59367028）联系

主编简介

崔　凤　1967年生，男，汉族，哲学博士、社会学博士后，上海海洋大学海洋文化与法律学院教授、博士生导师，社会工作系主任、海洋文化研究中心主任。研究方向为海洋社会学、环境社会学、社会政策、环境社会工作。入选教育部"新世纪优秀人才"、教育部高等学校社会学类本科专业教学指导委员会委员。学术兼职主要有中国社会学会海洋社会学专业委员会理事长等。出版著作有《海洋与社会——海洋社会学初探》《海洋社会学的建构——基本概念与体系框架》《海洋与社会协调发展战略》《海洋发展与沿海社会变迁》《治理与养护：实现海洋资源的可持续利用》《蓝色指数——沿海地区海洋发展综合评价指标体系的构建与应用》等。

宋宁而　1979年生，女，汉族，海事科学博士，中国海洋大学国际事务与公共管理学院副教授、硕士生导师。研究方向为海洋社会学，主要从事日本"海洋国家"研究等。代表论文有《群体认同：海洋社会群体的研究视角》《社会变迁：日本漂海民群体的研究视角》《日本"海洋国家"话语建构新动向》《从"双层博弈"理论看冲绳基地问题》《"国家主义"的话语制造：日本学界的钓鱼岛论述剖析》。出版著作有《日本濑户内海的海民群体》等。

摘　要

《中国海洋社会发展报告》（2020）是中国社会学会海洋社会学专业委员会组织高等院校的专家、学者共同撰写、合作编辑出版的第五本海洋社会蓝皮书。

本报告就2018～2019年我国海洋社会发展的状况、所取得的成就、存在的问题、总体的趋势和相关的对策进行了系统的梳理和分析。2018～2019年，我国各领域海洋事业继续呈现稳中有进、精准治理的发展动向，海洋综合化管理全面呈现，海洋事业的制度化建设持续推进，发展更具规划性和长远性，国际合作在领域和空间上呈现多元化特征。与此同时，我国海洋事业虽然发展整体平稳，但仍然面临诸多困难和挑战，海洋科技攻坚仍需努力，海洋综合化治理需要持续推进，制度化建设需要加快推进步伐，海洋事业的发展需要进一步加大社会参与力度。可持续的海洋社会发展依然需要在诸多环节上加强治理。

本报告由总报告、分报告、专题篇和附录四部分组成，以官方统计数据和社会调研为基础，分别围绕我国海洋公益服务、海洋生态环境、海洋教育、海洋管理、海洋民俗、海洋法制、海洋生态文明示范区、海洋督察、远洋管理与全球治理、海洋执法与海洋权益维护、海洋灾害社会应对等主题和专题展开了科学描述、深入分析，最终提出了具有可行性的政策建议。

关键词：海洋社会　海洋民俗　海洋环境

前　言

2020 年，必将是一个不平凡的年份，也必将载入人类史册。在全民抗疫乃至全人类抗疫的时刻，除了遵守规定、做好防护之外，我们还要一如既往地做好自己的工作。正是在这样的背景下，《中国海洋社会发展报告》（2020）已经编辑完成，即将出版。

"海洋社会蓝皮书"有一个较大的变化。往年的"海洋社会蓝皮书"都是书名中的年份与出版年份相差一年，如《中国海洋社会发展报告》（2018）汇集的是对 2017 年中国海洋社会发展的分析，却是于 2019 年出版的。这样的结果既降低了"海洋社会蓝皮书"的时效性，也使内容年份与出版年份不一致，容易引起读者误解。因此，为了解决上述问题，《中国海洋社会发展报告》（2020）将汇集呈现对 2018 年、2019 年中国海洋社会发展的分析。

2018 年和 2019 年是中国海洋社会发展比较迅速的两年，其中一个突出的表现是沿海各地区纷纷加大了海洋开发的力度。如山东省在新一轮党政机构改革中，在省委序列设立了海洋发展委员会，在政府序列设立了海洋局，出台了《山东海洋强省行动方案》；再如深圳市利用《中共中央国务院关于支持深圳建设中国特色社会主义先行示范区的意见》提供的契机，开始加快全球海洋中心城市的建设步伐，开始筹建深圳海洋大学等科教机构；继上海、深圳之后，青岛、天津、宁波、舟山、大连等城市也都明确提出了全球海洋中心城市的定位目标。因此，无论是海洋经济、海洋科技、海洋军事，还是海洋文化、海洋环保，在 2018 年和 2019 年都有较大程度的发展，这些发展变化都在本书中有所体现。

本书在结构上依然与前面已出版的 4 本"海洋社会蓝皮书"保持一致，

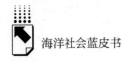

由总报告、分报告、专题篇和附录组成。由于各种原因，个别的分报告和专题篇退出了，当然，也有新的内容出现在本书中。

每次编辑出版"海洋社会蓝皮书"，最让我感动和感激的是各位报告的作者和编辑部的老师与同学们，正是他们在没有任何酬劳情况下的无私奉献，才使"海洋社会蓝皮书"能够坚持出版下去。同时，也要感谢上海海洋大学海洋文化与法律学院的领导们，正是在他们的帮助下才解决了本书的出版经费问题。

科学描述、深入分析、献计献策是"海洋社会蓝皮书"始终坚持的原则。不忘初心，牢记使命，我们一直努力着，一直为为实现海洋强国战略目标而前行。当然，我们也渴望着社会各界的大力支持。

崔　凤

2020 年 4 月 25 日于上海

目 录

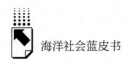
Ⅳ 附 录

皮书数据库阅读**使用指南**

总 报 告

General Report

B.1
中国海洋社会发展报告

崔凤 宋宁而*

摘　要： 2018～2019 年，我国各领域海洋事业继续呈现稳中有进、精准治理的发展势头，海洋综合化治理全面呈现，海洋事业的制度化建设持续推进，发展更具规划性和长远性，国际合作在领域和空间上呈现多元化特征。与此同时，我国海洋事业虽然整体发展平稳，但仍然面临诸多困难和挑战，海洋科技攻坚仍需努力，海洋综合化治理需要持续推进，制度化建设需要加快推进步伐，海洋事业的发展需要进一步加大社会参与力度。可持续的海洋社会发展依然需要在诸多环节上加强治理。

---

* 崔凤，上海海洋大学海洋文化与法律学院教授、博士生导师，主要研究方向为海洋社会学、环境社会学等；宋宁而，中国海洋大学国际事务与公共管理学院副教授，研究方向为海洋社会学，主要从事日本“海洋国家”研究。

关键词： 海洋社会　海洋综合治理　制度化建设

2018～2019年，我国海洋事业继续稳步发展，新一轮党政机构改革已经完成，海洋治理的执行力提升，跨部门、跨领域的综合化治理全面呈现，制度化建设成效显著，制度设计更具规划性，海洋事业多领域的国际合作进展明显，海洋社会发展呈现一片繁荣景象。

一　海洋事业持续稳步推进

2018～2019年，我国各领域的海洋事业呈现稳中有进、精准治理的发展势头，海洋非物质文化遗产保护相关政策不断完善，海洋教育受到更多重视，海洋生态文明示范区数量显著增多，海洋法制建设取得明显成效，海洋环境治理力度逐步加大。与此同时，海洋事业的各领域都呈现行动目标更趋精准化的态势。

（一）海洋事业稳定发展

2018～2019年，我国海洋事业各领域继续呈现稳步发展、持续上升的态势。2018～2019年，我国海洋非物质文化遗产保护的相关政策不断完善，海洋非物质文化遗产保护相关部门出台了有关非物质文化遗产的项目规划与保护的政策，并下达各地方政府及其相关部门。海洋非物质文化遗产项目的打造已成为各沿海城市非物质文化遗产保护工作的重点。2018年以来，我国远洋渔业稳步增长，目前，我国远洋作业渔船的总体规模和产量都居于世界前列。2018～2019年，我国海洋教育发展取得显著成效。海洋高等教育发展迅速，沿海海洋高校数量不断增加。初、中等学校的海洋教育也得到了课时上的保障，教育部已明确表示，要强化中小学生的海洋国土知识教育。社会教育的形式则更趋多样，2018～2019年的海洋社会教育工作中，宣讲、展览、竞赛等多种形式的面向社会公众的海洋教育得以开展。2018～2019年，我国海洋生态文明示范区的数量大规模增加，海洋生态文明建设的力量正在不断壮大。

（二）海洋治理更趋精准化

2018～2019年，海洋事业的发展呈现精品化的建设动向。舟山市政府在海洋非物质文化遗产保护中提出并开展了"海洋非遗"精品专项工作，为"渔工号子"、"渔网编织"和"木船建造"项目提供专项拨款，并开展主题展演活动，打造精品文化。海洋事业的发展呈现目标更趋精准化的发展趋势。近年来，沿海地区的海洋非物质文化遗产发展有了更为明确的目标指向，其中之一是助力精准扶贫，非物质文化遗产保护与扶贫相结合，加大对贫困地区传统工艺振兴的支持力度。长岛县政府在2018年的工作报告中指出，要经略海洋，实现乡村振兴和海洋强省，使海洋文化事业与乡村振兴有效结合，进一步明确海洋文化事业的发展方向。海洋生态环境的保护活动在这一时期也呈现更加精准化的特点。2019年，海洋环境保护与治理的相关工作主要在薄弱环节展开，且主要集中于海洋环保行动与海洋环保政策设计两个领域。海洋生态监测与环境治理的行动与政策设计都更为重视科技力量。2018年以来，我国海洋环境的督察检查力度不断提升，国家海洋督察工作获得有效部署和切实推进。2018年，我国海洋行政管理机构的职能得到优化，海洋环境保护职责被整合到生态环境部，设立了海洋生态环境司；在自然资源部设立了海域海岛管理司和海洋预警监测司等，从而使海洋治理的执行更趋精准化。

2018～2019年，在海上执法力度和海洋权益维护力度显著提升的同时，执法形式更具专题化，执法效果更加精准化。2018年以来，我国海警组织的"碧海2018"专项执法行动与中国渔政的2019"亮剑1号"专项执法行动，都是海上执法精准化的体现。同时，我国职能部门对区域海域的生态环境、海上犯罪的专项整治活动，也是执法趋于精准化的呈现。

二 综合化治理全面呈现

2018年和2019年，我国海洋治理的体系化、制度化、综合化发展特征

日益显著。海洋事业各领域之间的交流与合作日益紧密，跨部门合作加强，社会参与度提升，海陆统筹的理念获得了深入贯彻。

第一，跨部门、跨领域合作。海洋文化的跨领域发展在近年来取得了显著成效。莆田市于2019年11月举办的"妈祖杯"海上丝绸之路国际羽毛球挑战赛正是这一跨领域动向的成果。妈祖文化与体育事业、海运交通业以及文化产业在这一国际赛事中得到了有效结合。海洋事业的不同领域在合作中实现了共同推进。跨领域合作也表现在海洋相关学术交流活动方面。2019年11月，第九届海洋文化与社会发展学术会议在上海海洋大学举行，与会专家、学者分别从社会学、民俗学、人类学、文学等学科对海洋文化的发展做出了思考。海洋民俗文化的创意产业在这一时期也有了长足的发展，民俗文化与产业的合作有了进一步提升。同样，海洋民俗与体育的跨领域结合也体现了海洋社会跨领域合作的特点。浙江舟山的海洋民俗中，舟山船拳、传统渔民竞技等均被列为体育类的海洋非遗项目。2018年，我国首个海上马拉松比赛在辽宁省兴城市成功举办；2019年6月，宁波梅山举办了海洋民俗文化节，文化节不仅设有当地传统文体项目，还推出了梅山非遗文化的青年定位挑战赛，成功完成了带有浓郁海洋民俗文化特色的体育盛会。

海洋督察工作中的跨部门合作成效十分显著。海洋督察强调部门协调，强调各司其职、各负其责，共同完成国家海洋督察的整改工作。海洋督察领域，跨部门的联合执法也在全国范围内推进。天津、广东、上海、浙江等各地都开始推行部门联合执法、严厉惩治违法用海和破坏海洋环境的行为。

跨部门、跨领域的综合化管理特征在2018～2019年的海洋权益维护与海上执法中也得到了清晰的体现。无论是海军航空兵的联合实弹演习，还是渔业安全生产各部门间加强协调配合的部署，抑或是休渔期跨省的联合海上执法，都是这一特征的体现。海洋牧场示范区致力于多渠道、多层次和多元化的长效投入机制建设，这也是综合化管理特点在这一领域中的呈现。

第二，海陆统筹。海洋生态环境保护领域中，海陆统筹的理念也提供了行动新思路，转变海－陆二元观念，践行人海共生的海洋环境保护理念。我国在海岸带治理和发展中，也已经摒弃了重陆轻海的观念，开始以陆海统筹的理念对海岸带进行综合治理。

第三，社会参与程度持续提升。在我国的海洋督察工作中，群众知情权和参与权也获得了更多的保障。地方政府充分运用各种媒体，传递相关信息，保障社会公众的知情权。同时，居民自身通过参与公益活动获得了一定的应对海洋灾害的实践空间。社会在应对各种重大海洋灾害时对志愿者这一群体有特殊需求及强大的认同感，从而催生了各种不同类型的大量志愿者群体活跃在海洋灾害应急处置过程中，社区居民通过投身海洋灾害应对的公益活动实践获得了自身的存在感。

第四，社会组织积极参与。近年来，海洋环保越来越受到重视，社会多元主体越来越多地参与到海洋生态保护事业中来，海洋环保社会组织作为治理主体之一，在海洋环境治理中发挥着越来越重要的作用。当前，我国海洋环保组织生态体系正处于不断完善的过程中。在宏观政策环境支持和引导下，越来越多的国内基金会扮演起我国海洋环保项目和海洋环保组织能力建设的资助方角色，部分国际基金会和国际政府组织也同样扮演着这一角色；资源较多和专业技术较强的社会组织逐步扮演起提升海洋环保组织能力的枢纽型角色；一线实务型海洋环保社会组织数量不断增加，海洋生态环境保护和可持续渔业等领域的社会组织发展迅速，海洋环保组织数量不断增加。

在海洋灾害救助过程中，非政府组织在物资援助、医疗救护和灾后重建等方面也体现出自身的优势，取得了举世瞩目的成绩。2019年台风"利奇马"正面袭击我国，多家社会组织的志愿者参与到了对舟山市的救援中；中国红十字总会将捐款捐物用于支持浙江省红十字会开展救助工作。同时，非政府组织海洋灾害的应对处置反应灵活、及时、迅速，可依据海洋灾害应急救助的需要相应地调整其应对的策略，为受灾地区的民众提供较为个性化的各类服务。

三　体制建设持续推进

海洋社会的制度建设在这一时期有了持续的推进。海洋生态环境保护的

立法范围持续扩大，各级政府的政策相继出台，问责制度不断完善，从中央到省级、地级政府的内部监督机制已经建立。同时，海洋事业的发展也呈现立足长远、注重规划的特点。

（一）制度建设

海洋生态环境保护的制度设计整体趋好，稳步推进。2018～2019年，我国政府持续扩大海洋生态领域的立法范围，各级政府相应出台针对本辖区内海洋环境特点的制度，保障生态修复工作的开展。2018～2019年，我国海洋公益服务相关法律法规体系也更为完善，出台了更具针对性的部门规章和专项专案，致力于切实提升我国海洋公益的服务水平。目前，有关海洋基本法的调研起草工作已经启动。国家海洋督察工作中，制度建设在不断推进，海洋生态环境保护中的问责机制也在不断健全。目前，我国从中央政府到省级政府再到地级市政府的内部层级监督机制已经建立。

此外，海洋灾害应急管理机制也更趋规范化。经过多年的发展，目前我国已经形成了包括监测预警、应急处置与救援、灾后恢复与重建等环节在内的海洋灾害应急工作机制，海洋灾害应急工作机制运作正常且有序高效。我国各相关部门结合自身的职责制定了本部门的相应应急预案。

（二）规划性

同时，海洋事业的发展体现出规划性和长远性。2019年，海洋非物质文化遗产的数字化建设项目在沿海地区开始启动，同年8月，浙江海洋大学的团队对舟山定海白泉镇的柯梅村进行海洋文化数字化建设的调研工作，提出了非物质文化遗产数字化保护的新思路。其间，在海洋非物质文化遗产的整体性保护中，加强文化生态区建设的科学规划受到了重视。2018年12月出台的文化生态保护区的管理办法明确指出，对于国家级文化生态区的建设要依托当地独特的文化生态资源，开展文化休闲观光旅游活动。在莆田市举办的第三届"妈祖杯"海上丝绸之路国际羽毛球挑战赛正是当地妈祖文化与旅游事业结合的成果，为此，莆田市对朝圣旅游码头进行了建设，注重打造以妈祖文化为主题的多层次旅游项目，在推动旅游业可持续发展的同时，也有效地保护了海洋非物质文化遗产。海洋民俗文化事业的发展也呈现更多的规划性和长远性。2018 年 3 月，在田横祭海节活动中，青岛媒体对祭海盛典进行了全程图文视频直播，海洋民俗文化数据库建设已成为新趋势。

2018~2019 年，我国海上执法同样呈现较为显著的重视规划性的特点。国家海洋局对油轮事故溢油扩散与漂移信息的持续性监测正是这一特征的体现。同样地，自然资源部对海域资源的专项摸底普查也是我国注重海洋资源调查制度长期化、持续化建设的表现。渔业渔政管理局对渔业现代化建设的短期、中期、长期目标的提出，也体现了对海洋事业长期规划的重视。

四　国际合作更趋多元

2018 年以来，我国海洋事业各领域的国际合作在稳步推进的同时也呈现显著的领域多元化特征。在合作领域呈现多元化的同时，随着我国海洋开发能力的提升，远洋渔业等活动的范围也更广，从而使合作对象也更趋多元。

（一）领域多元

2018 年以来，在我国海洋文化的对外交流中，海洋非物质文化遗产成为一大亮点。2019 年 11 月，第三届"妈祖杯"海上丝绸之路国际羽毛球挑战赛在莆田市成功举办，莆田借助羽毛球的国际赛事，实现了妈祖文化影响力的对外传播，同时推动了"海上丝绸之路"的遗产申报工作。除莆田市政府外，青岛市政府在这一时期也开始重视海洋文化的对外传播。2019 年青岛市政府在报告中提出，青岛应以海洋文化为名片和平台，举办国际海洋节庆活动，提高国际交流水平。连云港市也在 2019 年 10 月举办了徐福故里海洋文化节，将徐福文化作为对外交流的名片，推动中日韩三国的文化交流事业。2018 年以来，我国海洋公益服务领域的国际合作也有显著进展。2018 年 7 月，我国与欧美签署了蓝色伙伴关系的相关宣言协议，致力于在

海洋综合治理方面建立高层对话机制，扩展蓝色伙伴关系，推动海洋公益服务领域的合作。

国际合作的多元化发展特征也体现在海洋民俗领域。2018 年，第三届世界妈祖文化论坛成功举办，吸引了来自 21 个国家与地区的海外媒体，使海洋民俗文化的海外传播持续扩展和深入。与会学者从各学科领域对妈祖文化进行了深入调查研究，研究涉及明初妈祖文化在琉球、日本及东南亚各地的传播。我国海洋空间管理也呈现国际合作的发展动向，目前我国海洋功能区划已经为其他国家的海洋空间规划提供了有益的经验，在"一带一路"的海上合作建设设想中，也已有了开展海洋规划研究与应用合作的设想。2018 年 3 月，中柬海洋空间规划项目正式启动；2018 年 10 月，我国与泰国的海洋空间规划的共同研究成果已正式提交泰国相关部门。

（二）空间多元

我国远洋渔业的活动范围已从近海向公海、深海逐渐拓展。作业渔船遍布太平洋、大西洋和印度洋，与上述大洋周边的四十多个国家的海域形成关联，合作领域不断拓展。我国远洋渔业需要在"一带一路"倡议的引领下，充分利用国际资源，加速我国远洋渔业的发展。因此，努力遵守国际规则、履行海洋资源养护的责任、建立和完善与合作国家之间的关系是我国远洋渔业发展的需要。

五 问题及对策

从 2018～2019 年我国海洋社会的上述变化可知，海洋事业发展整体平稳，但仍然有诸多问题存在，在海洋科技的攻坚、综合化治理的推进、制度化建设的步伐、社会参与的加强方面，依然需要我们持续付出努力。

（一）科技攻坚仍需努力

海洋公益服务的发展表明，科研业务的有力支撑是重中之重，需要持续攻坚海洋科技，建设覆盖近海低空的海洋环境监测网，建立全面的数据集成中心，为我国海洋信息化建设打下坚实的基础，加快推进智慧海洋工程，全面提升海洋公益服务的信息化水平。海洋民俗文化的数字化建设已经取得了一定成果，但数据库建设并非一朝一夕可以完成的，需要长期不懈的坚持和积累，海洋民俗领域的数字化建设是一项长期工程。

（二）综合化治理需持续推进

海洋民俗的综合化保护同样需要继续努力。2018～2019年，我国海洋民俗取得了比较突出的地域性成果，但是，依托"21世纪海上丝绸之路"，在海洋民俗领域，我国与日本、越南、印度尼西亚等邻近国家的合作交流还有很广阔的空间。海洋民俗的跨地域互动也需要加强，2018～2019年，各地海洋民俗的地域性特色显著，但不同地域之间的关联性仍然薄弱，这是今后保护和传承海洋民俗事业需要拓展的领域。目前，虽然"湾长制"的海岸带保护已经取得了一定成效，但试点也仅限于海口、连云港等几个港口，覆盖范围仍然十分有限，治理效果也有待后续观察。

在海洋教育方面，海洋高等教育的综合化、体系化治理仍是当务之急。目前，海洋高等教育体系仍不完善，地域发展不平衡问题依然突出，高校内部学科设置的布局仍然有待完善。

（三）加快制度化建设的步伐

"海洋基本法"的立法需要尽快推进，海洋倾废、海底电缆管道、深海海底资源勘探等诸多领域仍然需要更为细致准确的法律规定，我国海洋法律法规体系仍需完善。同样，我国当前的国家机构改革仍然需要加快推进，以实现海洋治理能力的全面提升。国家与地方的海洋管理机构之间、地方政府与地方海洋管理机构之间的权责需要进一步厘清。国家海洋督察的可持续性需要增强，"海洋督察方案"应被纳入国家正式法律范畴，要摆脱"运动式"的海洋督察模式，切实推进海洋生态文明的制度建设。海岸带相关法规制度体系也需要尽快完善。直至2018年1月，福建省才正式实施了我国

沿海地区首部海岸带保护的地方性法规，而国家层面的相应法规至今未出台。为解决海岸带诸多问题，相应的制度建设理应尽快跟上，使我国海岸带管理有规可依，有章可循。

（四）海洋事业发展的社会基础需要更加重视

我国海洋环境保护领域的社会参与度不高，也是目前海洋生态文明建设的一大困境。社会公众既是海洋环境的监督者与维护者，也是海洋环境治理的参与者。目前，我国海洋环境保护宣传力度不够，社会公众的海洋环境意识仍不强，致使社会大众反而在很大程度上成为环境污染的主体。进一步激发群众的海洋环境治理参与热情，营造人人参与的社会氛围是当务之急。同样，海洋公益服务也需要进一步加大社会宣传力度。目前，我国主流媒体对海洋公益服务还缺乏深度报道，海洋公益服务的宣传小众性依然明显，提升公众对海洋减灾、海洋公益服务的认知度势在必行。海岸带治理的社会参与也需要加强。当前，我国民众对环境保护的参与度并不高，获取相应信息的渠道也仍然狭窄，提升民众环保意识、鼓励民众对违法行为的举报是海岸带保护顺利推进的关键。海洋教育领域尤其需要提升社会参与度，包括政府、媒体、非政府组织、企业在内的各主体都应开展侧重点各异的活动，相互配合，更好地推进社会公众的海洋教育。

2018～2019年，我国海洋事业的发展整体稳中有升，各领域呈现全面发展的态势，但可持续的海洋社会发展依然需要在诸多环节上加强治理，因此，也需要付出更多艰辛的努力，海洋社会的发展，依然任重而道远。

分 报 告

Topical Reports

B.2

中国海洋公益服务发展报告

崔凤 沈彬*

摘 要： 2018 年与 2019 年是海洋公益服务事业发展的关键时期，是
"十三五"海洋公益服务事业规划的重点发展时期，在此期间，
我国海洋公益服务事业的统筹规划能力不断提升，机构改革也
带来了海洋公益事业发展的新机遇，各地方海洋公益事业取得
了发展的新成果。海上救助保持了较高的救援成功率，海洋观
察监测能力、海洋预报能力和海洋防灾减灾能力不断提升，从
而在更广阔的范围为更多人提供了更优质的海洋公益服务产
品，更有力地保障了人民生命财产安全。但在海洋公益服务信
息化水平、人才建设水平和宣传水平等方面仍需不断提升。

---

* 崔凤，哲学博士、社会学博士后，上海海洋大学海洋文化与法律学院教授、博士生导师，研
究方向为海洋社会学、环境社会学等；沈彬，中国海洋大学法学院公共政策与法律专业博士
研究生，研究方向为社会政策与法律。

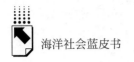
关键词： 海洋公益服务　海上救助　海洋预报　海洋防灾减灾

习近平总书记指出，我国要坚持走依海富国、以海强国、人海和谐、合作共赢的发展道路，通过和平、发展、合作、共赢方式，实现建设海洋强国的目标。① 在海洋强国总目标的指导下，海洋公益服务事业也迎来了新挑战，实现了新发展。全国科学技术名词审定委员会对"海洋公益服务"的定义是"为认识海洋环境，减轻和预防海洋灾害，保障海上活动安全而为社会提供的公共服务"。② 根据具体业务情况，本报告将从海上救助、海洋观测调查与预报和海洋防灾减灾三方面入手对2018～2019年我国海洋公益服务状况做相关介绍与分析。

一　海洋公益服务事业发展状况概览

（一）海上救助

随着人类海上活动的增多，海上事故的种类和发生次数也在不断增多，海上船舶交通事故、海上溢油事故、港口化学物品泄漏事故等都是常见的海上突发意外事故，海上事故发生的时空特性导致事故往往会对遇险人员的生命安全造成巨大威胁，也会对海洋生态环境造成重大破坏，这对各类海上救助活动的开展形成严峻挑战。

中国海上搜救中心每月发布的《全国海上搜救情况》统计显示，2018

① 《习近平：进一步关心海洋认识海洋经略海洋 推动海洋强国建设不断取得新成就》，http：//www. xinhuanet. com/politics/2013－07/31/c_ 116762285. htm，最后访问日期：2020 年 8 月 27 日。

② 全国科学技术名词审定委员会事务中心术语在线数据库，http：//www. termonline. cn/list. htm？k＝% E6% B5% B7% E6% B4% 8B% E5% 85% AC% E7% 9B% 8A% E6% 9C% 8D% E5% 8A% A1，最后访问日期：2020 年 8 月 27 日。

年全国各级海上搜救中心共核实遇险 1925 起，平均每天超过 5 起。2019 年共核实遇险 1916 起，比上一年度略有减少。从表 1 数据可以看出，在接警后，各级海上搜救中心能保证 100% 的组织协调搜救率，会在第一时间出动大量搜救船舶和飞机，尽可能提高救援效率和救援质量，展现了对人民生命财产安全的极大负责。

表1　2018～2019 年全国各级海上搜救中心搜救情况

时间	接到各类遇险报警（次）	核实遇险（起）	组织搜救（次）	搜救船舶（艘次）	飞机（架次）
2018 年第 1 季度	780	410	410	2209	108
2018 年第 2 季度	N/A	420	420	2685	73
2018 年第 3 季度	900	548	548	2545	101
2018 年第 4 季度	920	547	547	3794	118
2019 年第 1 季度	783	427	427	1754	103
2019 年第 2 季度	762	400	400	2228	47
2019 年第 3 季度	892	522	522	2305	75
2019 年第 4 季度	1015	567	567	5412	126

资料来源：根据中国海上搜救中心的海上搜救统计月报信息整理。

海上突发事件的时间紧迫性和空间广阔性决定了海上救助工作的高难度性。一旦核实警情，管辖海域的相关部门会立即开展应急反应行动，通过资源协调迅速赶往事发海域，最大限度地减少海上突发事件造成的人员伤亡和财产损失。由表 2 数据计算可知，2018 年，全国各级海上搜救中心共对 1642 艘遇险船舶实施搜救，其中共有 1352 艘船舶获救；2019 年则有 1578 艘遇险船舶获得搜救，其中 1262 艘船舶成功获救，获救率接近 80%。在遇险人员搜救过程中，2018 年共对 13242 名遇险人员实施了搜救，其中有 12661 名遇险人员成功获救，遇险人员获救率达 95.61%；2019 年对 14387 名遇险人员实施了搜救，其中有 13859 名遇险人员成功获救，尽管出现了更多遇险人员，但遇险人员获救率同比有所上升，达到96.33%。

表2　2018~2019年全国各级海上搜救中心搜救概况

时间	搜救遇险船舶(艘)	获救船舶(艘)	遇险船舶获救率(%)	搜救遇险人员(人)	获救人员(人)	遇险人员获救率(%)
2018年第1季度	360	293	81.39	2671	2532	94.80
2018年第2季度	386	317	82.12	2861	2719	95.04
2018年第3季度	476	395	82.98	4147	3984	96.07
2018年第4季度	420	347	82.62	3563	3426	96.15
2019年第1季度	368	289	78.53	3654	3529	96.58
2019年第2季度	353	295	83.57	3425	3309	96.61
2019年第3季度	400	320	80.00	4000	3879	96.98
2019年第4季度	457	358	78.34	3308	3142	94.98

资料来源：根据中国海上搜救中心的海上搜救统计月报信息整理。

从对海上事故的分析可以发现，从遇险性质来看，因船舶碰撞而产生险情的海上事故占相当高的比例，这类事故通常又会造成严重的人员伤亡和财产损失。其中，"桑吉轮事故"是一起重大海上船舶事故，在造成重大人员伤亡的同时，也对海洋生态环境产成了巨大威胁。

"桑吉轮事故"是一起重大的海上交通事故，我国政府对此高度重视，在展开海上救助工作的同时，还牵头成立了由中国内地、伊朗、巴拿马和中国香港特区海事主管机关联合组成的调查组，直到5月调查组才共同签署了事故安全调查报告。我国作为负责事故调查的牵头国，于当月11日向国际海事组织提交了公开的事故安全调查报告。

海上意外事故会造成船上人员伤亡，需要第一时间进行海上人道主义救助，尽可能挽救遇险人员的生命，同时海上交通运输的特性也决定了很多海上运输船舶会装载大量危险化学物品，发生事故后，化学物品泄漏通常会严重影响海洋生态环境。2018年11月4日，正在泉州码头执行装载碳九任务的"天桐1号"运输船与码头的连接管道出现问题，公司通报共有6.97吨碳九化学品泄漏，造成泉港肖厝海域生态环境遭到毁灭性打击，同时，有几十人与泄露化学品接触后身体出现不良反应而紧急入院治疗。多个部门接报后立即启动应急处置预案，赶赴现场进行水质监测的同时开展清污作业，直至 14 日基本完成全部清污作业。25 日，泉州市政府召开新闻发布会，通报泉港碳九泄漏事件处置和事故调查最新情况，确认中港石化公司在本次事件中存在瞒报、谎报行为，实际共有 69.1 吨碳九泄漏。① 27 日，泄漏事故相关责任人被批捕。"在 30 日召开的生态环境部新闻发布会上，发言人针对此次海上事故指出海上救助应急机制不健全、工作经验不足、信息公开不到位、回应公众关切滞后等问题，并强调今后生态环境部将对各地突发环境事件中的信息公开工作提供更多指导。"②

海上事故的多类型和高发性对我国海上救助能力提出了新要求。近年来，我国不断完善海上救助机制和配套制度，极大地提高了海上救助行动的指挥处置能力。与此同时，各类海上救助高科技、新装备的投入使用切实提高了海上救助行动效率。海上救助行动的成功开展离不开参与人员的熟练操作和密切配合，因此，开展不同目标设定和科目的各类各级别海上救助演习有助于我国的海上救援队伍在各类仿真演习中查漏补缺，积累救助经验，全面提高海上应急救援能力。

海上救援能力的提高还与高科技设备的不断投入密切相关。由我国完全自主研制的世界上在研最大的水陆两栖飞机——"鲲龙" AG600 在 2018 年完成水上首飞。"鲲龙" AG600 救援半径可达 1500 公里，除了能进行水面低空搜索外，还能在 2 米高海浪的复杂气象条件下实施水面救援。③ "鲲龙" AG600 投入使用将会为中远海上救援、远洋航行安全巡护提供有力保障。2019 年 1 月 22 日，被称为"消防航母"的我国首艘大型多功能应急救援保障船正式在舟山石化港区服役。7 月，由我国自主创新建造的中型海洋救助船"东海救 151"轮正式下水，为海上搜救医疗，消防灭火和海上污染处理提供了极大的助力。2016 年投入运营的"国家海上搜救环境保障服务平台"

---

① 《泉州市人民政府召开新闻发布会通报泉港化学品泄漏事故调查及处置情况》，http://www.quanzhou.gov.cn/zfb/xxgk/zfxxgkzl/qzdt/qzyw/201811/t20181126_794546.htm，最后访问日期：2020 年 4 月 12 日。

② 《生态环境部 2018 年 11 月例行新闻发布会实录》，http://www.mee.gov.cn/xxgk2018/xxgk/xxgk15/201812/t20181201_676865.html，最后访问日期：2020 年 8 月 27 日。

③ 张洲：《"鲲龙" AG600 水上试飞成功》，《珠海特区报》2019 年 1 月 16 日，第 3 版。

智能交互搜救系统在 2018 年推出全新的面向用户的海上搜救漂移预测和海洋环境信息查询服务。搜救平台试运行和业务化运行期间，有效服务次数为 1500 余次。[①] 除搜救服务外，智能交互搜救系统还能提供绿潮、溢油和浮标跑位等漂移预测服务。自 2019 年 7 月 10 日起，95110 海上报警电话正式启用，为第一时间回应海上求救、迅速组织搜救力量、挽救遇险人员的生命提供了保障。

（二）海洋观测调查与预报

海洋公益服务能力的提升需要不断提高对海洋的认知程度，开展海洋勘探、科考、观测等活动，为海洋环境养护和资源的可持续利用以及各类海上活动提供更高质量的海上公共产品。

国家海洋调查船队作为我国海洋科考的中坚力量，在 2018～2019 年继续派遣各类科考船在全球各个洋面执行海洋科考任务，为海洋搜救、海洋预报和海洋防灾减灾等工作提供更多更精确的信息保障。"向阳红 18"船执行了东印度洋南部水体综合调查冬季航次；[②]"向阳红 10"号船在目标海域回收多套海底地震仪；[③]"大洋一号"船则首次装载"潜龙"和"海龙"海底机器人进行海洋科考活动；[④]"向阳红 03"船在西太平洋海域执行多项综合性海洋环境监测航次，为海洋预警体系建设打下了坚实的信息基础。[⑤]

根据海洋科考、海洋观测和海洋防灾减灾工作的不同需求，我们不断研发生产有针对性的新装备。6 月 29 日，配备国际先进 DP3 动力定位、锚泊

---

① 刘潇然：《智能交互搜救系统助力"安全海洋"》，《中国海洋报》2018 年 11 月 28 日，第 3 版。

② 《"向阳红 18"船圆满完成"东印度洋南部水体综合调查冬季航次"调查任务》，http://www.fio.org.cn/news/8290.htm，最后访问日期：2020 年 8 月 27 日。

③ 《"向阳红 10"船在印度洋回收多套海底地震仪》，http://news.sciencenet.cn/htmlnews/2018/5/412366.shtm，最后访问日期：2020 年 8 月 27 日。

④ 《"潜龙三号"创中国自主潜水器深海航程纪录》，http://news.cnr.cn/native/gd/201805 03/t20180503_524221111.shtml，最后访问日期：2020 年 8 月 27 日。

⑤ 《"向阳红 03"科考船在厦门起航 执行中国大洋 50 航次科考》，http://www.xinhuanet.com/politics/2018-07/14/c_1123126120.htm，最后访问日期：2020 年 8 月 27 日。

定位双系统和自动防横倾系统的 5000 吨打捞起重船"德合"轮正式交付烟台打捞局，① 随着大型打捞起重船的不断投入使用，我国应对海上突发事件的海上救援和处置能力也在不断提升，能够为人民生命财产安全提供更多保障。9 月 10 日，"雪龙 2"号作为我国首次自主建造的极地科考破冰船正式下水，② 将为极地的海洋科考、综合保障和海上救助提供更强大的保障和支撑能力。首艘 3000 吨新型专业海洋浮标作业船"向阳红 22"和多功能多手段的"大洋"新型综合资源调查船也相继下水。③④ 截至 2019 年 5 月，国家海洋调查船队已有各类船舶 37 艘，能够在多海域实现多船调查，作业范围从近海延伸到深海和极地。⑤

除了专业船舶陆续服役，其他各类专业装备也相继完成研发并正式投入使用。国家海洋技术中心于 10 月完成了海域无人机监视监测项目，从而完善了我国海洋动态监视监测体系的结构，并扩大了动态监测范围。海域无人机可以在海上突发意外事故发生后的极短时间内完成到达、启动和作业。此无人机可以获取海洋灾区高达 0.04m 分辨率的影像资料，为海洋灾害处置提供实时资料，有利于减灾工作的精准推进。⑥ 中国海监第九支队研制的执法取证无人艇也能应用在海洋监测、搜救和防灾减灾等多个领域，⑦ 通过实时记录为海洋公益服务的深入与扩展提供技术支持。"在台风'安比'影响我国沿海之际，由多家科研院所联合完成了首套具有智能剖面观测能力的三

---

① 《我国起重能力最大的深水打捞起重船"德合"轮正式列编》，http：//www.xinhuanet.com/fortune/2018－06/29/c_ 129903771.htm，最后访问日期：2020 年 8 月 27 日。

② 《首艘国产极地科考破冰船"雪龙 2"号下水》，http：//www.sastind.gov.cn/n152/n6760142/n6760143/n6760150/c6807518/content.html，最后访问日期：2020 年 8 月 27 日。

③ 《我国首艘大型浮标作业船"向阳红 22"交付入列》，http：//www.cjrbapp.cjn.cn/wuhan/p/140685.html，最后访问日期：2020 年 8 月 27 日。

④ 《我国首艘全球级综合调查船下水》，《船舶物资与市场》2018 年第 6 期。

⑤ 《国家海洋调查船队初步形成多专业调查能力》，http：//www.mnr.gov.cn/dt/ywbb/201905/t20190509_ 2411083.html，最后访问日期：2020 年 8 月 27 日。

⑥ 由于机构改革工作的推进，国家海洋技术中心网站目前已无法打开，因此不能提供这段材料的出处，可以删去。

⑦ 《中国海监九支队新研发无人艇成功下水》，http：//www.hellosea.net/USV/1/2018－03－23/48436.html，最后访问日期：2020 年 8 月 27 日。

锚式浮标综合观测平台的布放。① 这套平台可以同时进行包括水面观测、水体观测和海底观测等多个项目综合观测作业，也能对应急生态灾害进行针对性监测监控。"

从 2018 年 10 月 31 日开始，南沙群岛的永暑礁、渚碧礁、美济礁 3 个海洋观测中心正式开始工作，这 3 个中心将对南海岛礁及周边实现常态化海洋观察与监测，还可向过往船只和有关企事业单位发布 72 小时海洋预报和海洋灾害警报。南沙群岛海洋观测中心的启用完善了我国海洋观察监测体系，为南海海域的海洋公益服务提供了更加充分的保障。2018 年底，北海航海保障中心正式宣布已经初步建成管辖海域的北斗地基增强系统，由 26 个基准站、海区数据处理服务中心和全海区数据处理服务中心组成的系统作为我国沿海北斗地基增强系统的组成部分，将北斗定位精准度提高到厘米级。

海洋卫星是海洋公益服务数据获取的重要手段之一，在《海洋卫星业务发展"十三五"规划》指导下，我国海洋卫星体系已经形成了多种型谱系列化、业务化的发展格局。两年时间内，我国先后发射多颗海洋卫星，具备了全球海洋水色、海洋动力环境观测和海洋监视监测能力。2018 年 9 月 7 日升空的海洋一号 C 卫星主要提供大洋水色水温环境监测。一个多月后，太原卫星发射中心发射了首颗海洋动力环境业务卫星——海洋二号 B 卫星。同年 10 月，酒泉卫星发射中心成功发射一颗中法海洋卫星，这次与法国的合作将实现海风和海浪同步观测，极大提高对风暴潮的监测预报精度与时效。在经过严格测试后，首批海洋观测业务卫星于 2019 年 6 月正式进入业务化应用，这是我国建设全球海洋立体观测网的关键步骤之一，将会全面提升我国海洋公益服务能力。2019 年 9 月 12 日，京师一号作为我国首颗极地观测遥感小卫星将聚焦极地的海冰情况，为开拓北极航向提供必要的数据支持。

---

① 《我国首套具有智能剖面观测能力的三锚式浮标综合观测平台顺利完成布放》，http：//www.cas.cn/yx/201807/t20180723_4658991.shtml，最后访问日期：2020 年 8 月 27 日。

雷达技术是海洋观测的重要手段，在海洋预报、海洋灾害实时监测和海上搜救等多领域都有广泛的应用。在主管部门的推动下，雷达网络建设已经实现了近海雷达站的组网观测，利用地波雷达和 X 波雷达可以获取大量高精度观测数据，既能监测预测绿潮和赤潮海洋灾害的发展状况，也能协助海上意外事故处置和搜救工作的开展。2018 年 10 月，全国海洋渔业生产安全环境保障服务系统实现了系统和功能的双升级，将渔港信息、渔船位置和各类预报产品进行了信息叠加处理，使监测、管理、预报预警和应急救援的综合性服务供给成为可能。

我国海洋观测监测能力的提升将最终服务于广大人民，让更多人享受到更加优质的海洋公益服务。这需要切实解决我国海洋公益服务的"最后一公里"问题，让海洋公益服务产品在内容上满足民生需求，在获取手段上根据大众的信息获取习惯简化淘汰落后产品，拓展新服务供应形式。

西北太平洋和黄渤东海海洋生态水质预报系统的上马使 120 小时黄渤东海和西北太平洋海洋生态环境预报成为可能，下一步在此基础上系统将持续上架赤潮灾害和绿藻灾害等海洋灾害风险预警等预报类产品。[1] 72 小时海洋环境预报则于 2018 年 6 月 8 日正式扩容至南澳岛、分界洲岛和蜈支洲岛等 22 个海岛，至此国内共有 35 个海岛可以查询到未来 72 小时的海洋环境综合预报，[2] 针对不同岛屿的发展需求，预报还提供了海岛旅游、出海捕捞和休闲渔业等方面更详细的预报产品。在同一天，广州海岸电台开始播报由国家海洋局南海预报中心提供的首条英文南海海况预报，对西沙、中沙和黄岩岛海域形成有效覆盖。[3]

中国海洋预报网（www. oceanguide. org. cn）作为一个综合性海洋公益服务信息供给的门户网站于 2018 年 12 月正式上线。网站信息不仅可以覆盖

---

[1] 《国家海洋环境预报中心研发出西北太平洋和黄渤东海海洋生态水质预报系统》，https：//www. sohu. com/a/227130594_ 100114057，最后访问日期：2020 年 8 月 27 日。

[2] 《我国 35 个岛屿有了 72 小时"海岛预报"》，http：//ocean. china. com. cn/2018 - 06/14/content_ 52188325. htm，最后访问日期：2020 年 8 月 27 日。

[3] 《南海海域首次实现中英文海况预报》，http：//news. cnr. cn/native/city/20180611/t201806 11_ 524265601. shtml，最后访问日期：2020 年 8 月 27 日。

全国1429个渔区和213个沿海县级岸段，在"海洋丝绸之路"板块还将信息覆盖范围扩展到"21世纪海上丝绸之路"所在海域，对全球各大洋和南北极地区也能实现覆盖。中国海洋预报网是目前我国最权威、最全面的海洋预报中枢，主要包括海洋灾害、近海近岸、滨海旅游、"海上丝绸之路"、极地与气候、专业产品和资讯互动7个板块，提供包括风暴潮、海浪、海冰和海啸等预警产品，渔场、浴场和旅游海岛预报等海洋预报产品以及海洋知识、海洋公益服务科普等公共宣传产品。其为海洋科考、海洋生产和海洋休闲等行业提供专业化、高精准度、即时性海洋公益产品的同时，也向社会提供海洋防灾减灾、海洋公益服务和海上搜救等专业知识的科普教育，有利于全面提升我国的海洋公益服务能力。与此同时，由海洋一所开发的"'21世纪海上丝绸之路'海洋环境预报系统"正式上线为全球提供海洋预报服务。只要下载"掌中海洋"（Global Ocean on Desk）手机应用程序或者登录中国海洋预报网的"海上丝绸之路"板块就能查询和下载中英双语的航行安全保障、风场、海浪、风暴潮、海啸、溢油、搜救和三维温盐流情况和未来5天的相关预报。国家海洋环境预报中心与三沙卫视于2019年1月达成合作意向，推出3档海洋公益节目，有《滨海旅游环境预报》、《海岛环境预报》和《海丝路环境预报》。① 多形式的海洋公益服务产品为"海上丝绸之路"的海上运输、防灾减灾和护航搜救提供大量及时有效的信息保障，为全球海洋治理贡献出了中国智慧。

（三）海洋防灾减灾

在2018年10月10日召开的中央财经委员会第三次会议上，习近平总书记为海洋防灾减灾工作提供了思想和行动指南。他指出我国自然灾害防治能力总体较弱，防灾减灾救灾体制机制有待完善。他强调只有建立高效科学的自然灾害防治体系，提高全社会自然灾害防治能力，才能为保护人民群众

---

① 《国家海洋环境预报中心与三沙卫视合作推出海洋服务节目》，http://ocean.china.com.cn/2019-01/11/content_74362805.htm，最后访问日期：2019年1月20日。

生命财产安全和国家安全提供有力保障。①

经过 5 年试行后，《海洋灾情调查评估和报送规定》于 2018 年 1 月正式出台，规定明确了"五个清楚"，即清楚当次海洋灾害的自然过程、清楚致灾过程、清楚灾害的损失与影响、清楚灾害的应对举措与薄弱环节、清楚减灾效益状况；"四个服务"，即服务于核灾和定损、服务于国家海洋局预报减灾业务工作、服务于全国海洋减灾管理和海洋督察、服务于海洋灾害致灾机制研究。《海洋灾情调查评估和报送规定》的正式施行对海洋灾情调查评估和报送工作做出了明确要求，有利于提高我国海洋灾情管理水平。

2018 年 5 月 12 日，自然资源部首次发布我国海洋灾害综合风险等级图，在海洋灾害风险评估和区划成果的基础上，结合灾害发生频次、致灾强度及损失等因素，对风暴潮、海浪、海冰、海啸、海平面上升等五类海洋灾害以沿海县（市、区）为单元界定了灾害风险等级和空间分布状况。风险等级图可以为海洋资源管理、海洋空间规划和涉海工程建设等提供参考。在《海洋灾害承灾体调查工作方案》的安排下，我国于 2018 年首次完成了重点区域海洋灾害承灾体调查，为海洋防灾减灾工作提供了扎实的数据支撑。

2018 年 7 月 16 日印发的《自然资源部办公厅关于进一步加强当前安全防范工作的通知》提出，要强化汛期海洋预警预报和风险提示，畅通信息传递沟通渠道，确保险情、灾害信息第一时间通知到有关部门、企业和人员，指导企业和社会公众做好防范应对；要求提升应急响应能力，推进海洋灾害重点防御区划定等。划定与建设海洋灾害重点防御区是目前我国海洋防灾减灾工作重点之一。《关于完善主体功能区战略和制度的若干意见》已明确表示要划定海洋灾害重点防御区。由于风暴潮灾害是对我国危害最大的海洋灾害，因此在对沿海各区域风暴潮灾害分析结果基础上建立风暴潮灾害重点防御区成为海洋灾害重点防御区建设工程的首要工作内容。国家海洋局出台了《海洋灾害重点防御区划定技术导则：风暴潮部分》，为沿海各地建立

---

① 《习近平主持召开中央财经委员会第三次会议》，http://www.xinhuanet.com/politics/2018 - 10/10/c_ 1123541018.htm，最后访问日期：2020 年 8 月 27 日。

风暴潮灾害重点防御区提供了详细的技术指导，在 2019 年结束前各省（自治区、直辖市）及计划单列市已基本完成风暴潮灾害评估和防御区划分。

我国海洋灾害主要类型有风暴潮、海浪和海冰等，2018 年各类海洋灾害共造成直接经济损失 47.77 亿元，死亡（含失踪）73 人。沿海的 11 个省（自治区、直辖市）均有不同程度的经济损失和人员伤亡，其中广东省直接经济损失最为惨重，超过 23 亿元；浙江省因灾死亡（含失踪）人员最多，有 31 人。[①]

2018 年，我国海洋灾害以风暴潮、海浪、海冰和海岸侵蚀等灾害为主，赤潮、绿潮、海水入侵与土壤盐渍化、咸潮入侵等灾害也有不同程度发生。海洋灾害对我国沿海经济社会发展和海洋生态环境造成了诸多不利影响。在各类海洋灾害造成的直接经济损失 47.77 亿元、死亡（含失踪）73 人中，风暴潮灾害造成直接经济损失 43.19 亿元，死亡（含失踪）3 人（见表 3）；海浪灾害造成直接经济损失 0.35 亿元，死亡（含失踪）70 人；海冰灾害造成直接经济损失 0.01 亿元；海岸侵蚀灾害造成直接经济损失 2.85 亿元。[②]

表3   2018 年台风风暴潮灾害损失统计

	发生时间	受灾地区	直接经济损失（亿元）	死亡（含失踪）人口（人）
"1808 玛莉亚"	7 月 10~11 日	江苏、浙江、福建	15.76	0
"1810 安比"	7 月 21~24 日	河北、江苏、浙江	1.16	0
"1812 云雀"	8 月 2~3 日	浙江	0.07	0
"1814 摩羯"	8 月 12~14 日	山东、上海、浙江	0.82	0
"1818 温比亚"	8 月 16~20 日	辽宁、江苏、浙江	0.81	3
"1822 山竹"	9 月 16~17 日	福建、广东、广西	24.57	0
"1823 百里嘉"	9 月 12~13 日	广东	0.00*	0

＊ 在"百里嘉"台风风暴潮灾害过程中，广东省的直接经济损失为 3.8 万元。

资料来源：自然资源部海洋预警监测司：《2018 中国海洋灾害公报》，http://gi.mnr.gov.cn/201905/t20190510_ 2411197.html，最后访问日期：2019 年 9 月 1 日。

---

① 自然资源部海洋预警监测司：《2018 中国海洋灾害公报》，http://gi.mnr.gov.cn/201905/t20190510_ 2411197.html，最后访问日期：2019 年 9 月 1 日。

② 自然资源部海洋预警监测司：《2018 中国海洋灾害公报》，http://gi.mnr.gov.cn/201905/t20190510_ 2411197.html，最后访问日期：2020 年 8 月 27 日。

我国政府高度重视防治风暴潮灾害，每年年初都会组织召开海洋灾害预测会、全国海洋预报台长会等多场全国性筹备会议。国家海洋技术中心一般在第二季度主导完成对全国海洋观测网的年度仪器设备巡检。在进入主汛期台风正式形成后，预报部门通过发布准确、及时的台风风暴潮预报预警，为各部门防灾抗灾工作提供足够的数据信息，也为沿海居民撤离争取时间，在2018年的台风风暴潮灾害过程中，我国沿海地区共对364.5万人进行了紧急转移安置。

在台风风暴潮灾害发生过程中，各级政府及其各部门分别根据灾害状况启动了相应的应急预案，负责海洋预报、台风研判、抢险救灾等环节的责任单位实行24小时全天候值班制度，确保防灾减灾工作的持续性推进。从2018年开始，海洋减灾中心的现场工作组不仅完成了例行的督导工作，还参与了调查评估和灾情统计工作，有效提高了防灾减灾能力和工作成效。2019年1月，由多部门、多单位联合启动的粤港澳大湾区海洋灾害预警报服务建设，计划向目标地区供应多个面向大众和专业人员的街区尺度风暴潮漫滩预报。

海冰灾害是由于气温下降导致海水结冰，从而对人类的生产生活造成危害。我国的海冰灾害主要发生在渤海和黄海北部海域。目前，我国海冰灾害防灾减灾工作的重点集中在预测预警层面，形成了由卫星、雷达和海洋站等为基点的立体监测系统，2019年1月，海冰调查队首次启用测绘无人机，通过准确的预报采取相应的防范和规避措施，以降低海冰灾害带来的损失。在冬季来临，即海冰灾害即将发生之前，国家海洋环境预报中心和中国海洋学会海冰专业委员会通过年度海冰预测会商会，对本年度海冰灾害发生的时间段和严重程度做出研判和预测，为接下来的防灾减灾工作提供指导。

赤潮和绿藻都是由生物引起的生态异常现象，赤潮是海洋中的微藻、原生动物或细菌聚集到一定程度引起水体变色并对海洋生态环境造成危害的现象，2018年我国海域共发生赤潮36次，累计面积1406平方公里。与往年相比，赤潮灾害发生次数和面积均有大幅下降。绿藻则是由海洋中的大型绿藻所引起一种海洋灾害，2018年和2019年引发大面积绿潮的绿藻种类均是

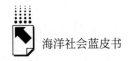

浒苔。浒苔治理是当前的热门科研议题，科学家们发现气温、水温和光照等是绿潮藻浒苔发生的关键因素，但对其成因并没有形成一致性结论。在大量科研成果的基础上，在绿潮藻浒苔长期治理层面，我们可以通过推进河长制和湾长制对海洋生态湿地进行养护和修复，严格控制入海污染物总量。

江苏海域作为浒苔出现的第一现场，既是防灾减灾工作的重点之一，也是防灾减灾的第一道防线。江苏省采取拦截打捞的方式尽可能减小绿潮藻浒苔的发生规模，并减少危害。2018 年 5 月中下旬，由 2 艘指挥船、48 艘打捞船以及 1 个海上综合处置平台"海状元"号组成的江苏省浒苔打捞船队开始浒苔打捞工作。青岛附近海域作为历年浒苔发生的重灾区，在 2018 年通过设置长达 40 公里的海上拦截网和由 320 艘打捞船组成的浒苔打捞队共同完成防灾减灾工作，并且 2019 年，将拦截网延长至 55 公里并建立了"三道防线"，成功实现了浒苔到岸量历年同期最少。[①]

海啸灾害威力巨大，破坏力惊人，一旦发生就会造成极其重大的经济损失和人员伤亡，这两年来我国均没有发生海啸灾害，但是对海啸灾害的防灾减灾工作却常抓不懈。2018 年 2 月 8 日，由国家海洋局领导建设的首个 24 小时业务化运作的国际预警中心——南中国海区域海啸预警中心投入业务化试运营，该中心将对发生在业务覆盖范围内的 6.0 级以上海底地震事件向周边的文莱、柬埔寨和印尼等国家和地区及时提供地震海啸监测预警服务，并组织相关预警和应急响应培训工作。

二 发展特色

（一）顶层设计坚持整体谋划

在国家层面全局性的统筹规划下，海洋公益服务建设对完善法律法规体

---

① 《山东省青岛市今年浒苔到岸量历年同期最少》，http://aoc.ouc.edu.cn/2019/0808/c15170a254604/pagem.htm，最后访问日期：2020 年 8 月 27 日。

系做出了更加细致深入的研究，根据现实需要出台更具针对性的部门规章、专项专案和指导意见等，从上至下致力于实现力往一处使，切实全面提升我国的海洋公益服务水平。

海洋强国建设离不开法律制度的规范和指导，出台统领我国涉海法律法规的"海洋基本法"能有效完善海洋法律法规体系，为提高海洋公益服务能力提供法律保障。在 2018 年 9 月公布的全国人大常委会立法规划中，"海洋基本法"作为第二类立法项目名列其中，这说明"海洋基本法"已经启动调研起草工作，一旦条件成熟，即可拟提请审议。同月，以"推进国家海洋救助保障体系建设"为主题的十三届全国政协第十一次双周协商座谈会召开。该座谈会通过梳理我国海洋救助的发展过程，提出了海洋救助存在的国家立法、部级联席会议制度、属地责任、救助能力和国际合作等 5 方面的主要问题。会议提出，海上搜救工作亟须系统的、有针对性的法律法规的规范和指导，厘清工作过程中各方的权责，为海上搜救程度确定提供法律依据。因此，应尽快对《中华人民共和国海上交通安全法》做出修订，新增海上搜救相关规定，明确海上搜救工作的基本原则、权责分配和具体程序。或者推动出台海上搜救指导意见，在恰当的时候启动"海上人命搜寻救助条例"的立法工作。

海洋公益服务内容繁多，因此，各负责主管单位需要根据自身管理实际情况出台更具专业性和针对性的专项规定、预案和工作办法等，切实补齐短板，实现海洋公益服务水平的全面提升。交通运输部作为我国海上交通安全的主管单位，先后印发的《国家重大海上溢油应急处置预案》和《中华人民共和国船舶污染海洋环境应急防备和应急处置管理规定》，对海上溢油事故和船舶污染事故的处置做出了专业性的指导。当省级行政区域或行业行政主管部门遭遇超出其能力的重大海上溢油事故时，可查询《国家重大海上溢油应急处置预案》，该文件对这类事故的处置从指挥体系、监测信息汇报、应急响应处置和综合保障等方面做出了详细规定。早在 2011 年就已经开始施行了《中华人民共和国船舶污染海洋环境应急防备和应急处置管理规定》，其后根据现实状况又对其进行了多次修订。2018 年，对《中华人民

共和国船舶污染海洋环境应急防备和应急处置管理规定》进行了第 5 次修正，提高了与上位法的匹配度和其他法律法规的适应度。

我国的海洋公益服务事业离不开国际合作，随着全球海洋治理的深化，我国以更积极的姿态参与全球海洋公益服务，强化双边和多边合作，为构建海洋人类命运共同体贡献更多的中国智慧和方案，树立了负责任大国的形象。

在南海地区，我国致力于和周边各国的通力合作，建立常态化的海上搜救合作、防灾减灾信息交流和共享等合作机制，通过提供更加优质的公益服务，共同努力将南海打造成和平、友谊和合作之海。特别是刚刚投入业务化运营的南中国海区域海啸预警中心将为南海沿海各国提供更加准确及时的海啸预警公益服务产品和服务，为南海地区各国人民的生命财产安全提供更有效的保障。2018 年 11 月在新加坡召开的第 21 次中国 - 东盟领导人会议上，李克强总理表示，中方将增强公益服务供给能力，为本地区提供更多更优质的海上公益服务。双方将积极开展海上务实合作，充分发挥在搜救领域的合作潜力。在东亚合作系列外长会上，我国继续表态，将在地区海洋公益服务中发挥稳定的重要作用。其中，南沙地区已经部署了目前最先进的海洋救助船，为往来的船舶提供海上救助服务。

在《中华人民共和国政府与欧盟委员会关于在海洋综合管理方面建立高层对话机制的谅解备忘录》基础上，我国与欧盟的蓝色伙伴关系得到持续性强化。双方通过磋商会谈不断拓展蓝色伙伴关系内容，深化海洋公益服务合作。2018 年 7 月 16 日，第二十次中国 - 欧盟领导人会晤期间，双方签署了《中华人民共和国和欧洲联盟关于为促进海洋治理、渔业可持续发展和海洋经济繁荣在海洋领域建立蓝色伙伴关系的宣言》。

（二）机构改革创造新机遇

2018 年 3 月，国务院机构改革方案正式出台，对海洋管理机构做出调整。国家海洋局不再作为单独的机构实体存在，将国家海洋局的职责整合进新组建的自然资源部，对外保留国家海洋局牌子。由自然资源部管理的国家林业和草原局整合了国家海洋局对自然保护区、风景名胜区、自然遗产、地质公园等的管理职责。新组建的生态环境部则整合了国家海洋局的海洋保护职责。在海洋公益服务层面，自然资源部主要负责海洋监测预报、海洋防灾减灾和海上重大灾害应急处理等，海上交通安全和海上突发交通事故则由交通运输部处理，中国人民武装警察部队海警总队和中国人民解放军海军等部门也会在海上搜救、海洋灾害应急处理等方面提供必要的援助。

机构改革能够重塑政府的权力模式，明确行政边界，推动政府、市场、社会的整体协作。[①] 本次机构改革在海洋公益服务能力建设层面充分体现出问题导向性，按照海洋公益服务的问题属性明确各个主管机构的权责边界，突出了优化协同高效的改革原则，避免出现"多规打架"和"三个和尚没水喝"的服务困境；提高了海洋公益服务的整体性和系统性；创新机构管理模式，实现了海洋公益服务能力的提升。机构改革加速了海洋与其他自然资源政策的整合和优化，是海洋公益服务顶层设计不断优化的结果，契合了党的十九大"陆海统筹"的战略部署。

（三）地方性建设卓有成效

我国从南至北分布的辽宁省、河北省、天津市、山东省、江苏省、上海市、浙江省、福建省、台湾省、广东省、海南省、广西壮族自治区以及香港和澳门2个特别行政区都与海洋紧密相连。在中央对海洋公益服务的总体布局和指导下，各省（自治区、直辖市）根据自身实际情况在落实上级要求的同时，也发展出具有特色的地方海洋公益服务内容。

上海市在2018年1月正式公布海洋工作的指导性文件——《上海市海洋"十三五"规划》，将提升海洋综合管理能力、提高公共服务水平作为四大发展重点之一。到2020年，上海要实现主要海洋灾害预警报服务系统业务化运行，公共服务水平能够得到显著提升。根据浙江省海洋灾害

---

① 姜秀敏、王舒宁：《机构改革视角下我国海洋治理能力提升对策探析》，《世界海运》2019年第3期。

的受灾属性和特点，《浙江省海洋灾害应急防御三年行动方案》提出，通过完成海洋灾害隐患核查与整治，建设市级风暴潮重点防御区、县级海洋灾害防灾减灾综合示范区和基层海洋综合减灾社区，提高防灾减灾应急处置水平。广东省将海洋公益服务的重心放在防灾减灾工作上，广东省海岸带综合保护与利用总体规划支撑保障增加了海洋防灾减灾维度。《山东海洋强省建设行动方案》在"创新科技支撑机制"中特别重视对公益类海洋科研机构的激励和支持。与此同时，2018年被确定为山东省海洋与渔业"发展转换年"，政府的财政资金会对公共服务做出倾斜，以大力提升海洋公益服务能力。

结合地区实际建设海洋防灾减灾示范区，树立地区海洋防灾减灾工作榜样，能够为全面提升我国基层海洋防灾减灾能力提供实用的建设经验。江苏南通的海洋预报减灾示范区从2014年开始运行以来一直根据当地实际情况和需求，不断完善业务内容、提升公共产品供应水平。目前示范区已经建成沿海观测系统、预报服务平台和海浪灾害辅助决策系统三大主要板块。针对目标对象实现了点对点72小时预报预警，有效降低了海洋灾害造成的各类损失。浙江省苍南县作为全国海洋灾害受灾最严重的县之一，经常发生风暴潮、赤潮和海浪等海洋灾害，而且所辖海域也时常会发生海上突发事故。因此，2014年苍南县被列为全国减灾综合示范区重点区域，在示范区建设过程中，海洋灾害疏散避险图、紧急避难点和紧急疏散路线铺开到村镇级，通过"网格化"管理形式将防灾减灾工作落到实处。

2017年，山东滨州国家海洋减灾先导区正式成立，2018年10月，该先导区取得第一个成果——"滨州市海洋防灾减灾综合管理系统"，为其他地区的海洋防灾减灾工作提供了参考和示范。该系统作为海洋防灾减灾大数据的集成智能信息平台可以对海洋灾害全过程实现信息化管理，可以为满足各单位部门的多种需求提供多样化的海洋公益服务产品。2016年出台的《中共中央国务院关于防灾减灾救灾体制机制改革的意见》对我国的防灾减灾工作做出了进一步指导，全国海洋减灾综合示范区建设工作根据这一文件要求，在深入调研的基础上，做出了建设全国海洋减灾社区建设试点地区的新部署，计划在南北方各选取一个试点。2018 年 11 月，山东省寿光市羊口镇成为首批海洋减灾社区建设试点。羊口镇将在各上级单位的指导下，根据实际情况探索海洋减灾社区建设方法，为全国海洋防灾减灾工作提供宝贵的试验经验。

三 相关建议

（一）提升海洋信息化水平

海洋公益服务水平的提升需要强有力的科研业务支撑，目前我国海洋信息建设已经有了坚实的基础，对近海水面和低空实现全覆盖的海洋环境观测网为公共产品供给提供了丰富的数据支撑。但是在当前海洋公益服务供给过程中，也出现了海上信号过多造成通信通道阻塞的技术问题，从而导致无法实现海洋公益服务过程中的数据传输和解析，极大地影响了工作的进一步展开。在海上救助行动开展和海洋灾害抗灾减灾工作推进过程中，由于缺乏全面的数据集成，在一定程度上降低了指挥中心做出应急指挥决策的速度和应急处置的行动效率。

加快推进智慧海洋工程，全面提升海洋公益服务信息化程度已经成为海洋公益服务事业发展的重点任务之一。在充分考虑社会对海洋公益服务多元化需求的前提下，运用大数据技术，全面集成整合海洋公益服务信息资源，实现多元数据共享，建设国家级海洋公益服务大数据应用平台，协同多方主体，实现海洋公益服务的全覆盖，从而全面提升海洋公益服务效果。

（二）培养专业型人才队伍

近年来，海洋公益服务需求不断扩大对我国海洋公益服务能力提出了新要求。目前，我国海洋公益服务事业要取得新突破的关键之一在于培养海洋公益服务专业型的人才队伍。

海洋公益教育要从娃娃抓起，海昌极地海洋公园通过成立"海博士科

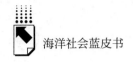

研局"走进海洋馆、商场和校园,用轻松活泼的授课、实验和展播动画片等形式带领少年儿童探索海洋、了解海洋公益服务事业的发展状况,引导少年儿童正确积极地参与海洋公益服务,享受海洋公益服务产品。在义务教育阶段应该通过更多寓教于乐的方式培养少年儿童对海洋的兴趣,以此增进他们对海洋公益服务事业的认知水平。

高等院校是我国人才培养的重要基地,高校的人才培养要适合社会的需求和国家发展的需要。目前,我国海洋高等教育发展较快,已经成立了中国海洋大学、上海海洋大学、广东海洋大学、浙江海洋大学和大连海洋大学等5所"海洋大学",为我国的海洋事业发展输送了大量专业人才。但是海洋专业型人才总量不足也是目前我国海洋教育事业所面临的客观问题,且海洋教育区域发展、海洋教育资源分配和海洋学科设置等也存在不足。因此,在海洋高等教育人才培养过程中,教育部要更加积极地鼓励各高校开设海洋专业,为系统性地培养海洋专业人才队伍奠定基础。各高校应主动适应社会发展需求,充分利用自身的办学优势,采用更加灵活的方式对现有的人才培养方式做出调整,为我国海洋公益服务事业持续性地输送优质人才。

海洋公益服务的基层志愿者队伍也是专业型人才队伍的组成部分。志愿者队伍在海洋灾害信息收集、海洋公益服务宣传和海上救助等活动中常常发挥着重要作用。温州苍南已经成立多支乡一级的海洋公益服务志愿者队伍,一旦志愿者发现赤潮和其他海上突发性环境事件,就会上报当地海洋环境监测站,相关部门则启动专业的海洋观察监测程序,在第一时间对海洋灾害过程进行监测并开展抗灾救灾行动。目前,海洋公益服务基层志愿者队伍数量少,分布区域不均衡。下一步,应在有关部门的支持下充分发动群众参与到海洋公益服务的志愿者建设队伍中去,同时,为已经成立的志愿者队伍提供更加专业的技术性指导,从而提升志愿者队伍的工作成效。

(三)提高海洋公益服务宣传效果

海洋新闻信息传播能力在近年来得到了极大的提升,新媒体宣传平台建设顺利,陆续开通了微博、微信公众号、多个专业门户网站和手机应用。

《中国海洋报》在 2018 年新开辟"减灾"版块，深度聚焦我国的海洋防灾减灾事业发展。但是主流媒体对海洋公益服务新闻的深度报道仍显欠缺，海洋公益服务宣传仍显小众性。应加强对海洋公益服务事业的新闻挖掘、主题新闻策划，增加多形式的新闻报道。提高效果，提升认知了解程度。

目前，海洋公益服务宣传已经成功打造出两个品牌，分别是立足于 5 月 12 日全国防灾减灾日的"海洋防灾减灾主题宣传活动"和"世界海洋日暨全国海洋宣传日"。围绕着全国防灾减灾日和防灾减灾宣传周的宣传主题，在自然资源部的统一部署下，各级部门会通过现场发放宣传资料、微信公众号推送专题宣传文章和举行海洋防灾减灾演习等多种形式的宣传活动，普及海洋防灾减灾知识，宣传相关产品，介绍海洋防灾减灾建设成果，增强大众海洋防灾减灾意识，提高大众防灾减灾能力。尽管近年来海洋防灾减灾主题宣传活动搞得有声有色，但是作为防灾减灾宣传活动的一部分始终无法形成具有"海洋特色"的品牌效应，宣传效果也具有局部性，接下来应对海洋防灾减灾的宣传方式和宣传内容做出更多创新，打造一个独特的、真正属于海洋防灾减灾的宣传品牌。

早在 2008 年，在国家海洋局的大力推动下，每年的 7 月 8 日被确定为"全国海洋宣传日"，随后根据联合国大会的变更，我国将"全国海洋宣传日"提早到 6 月 8 日。"世界海洋日暨全国海洋宣传日"主题活动会评选有影响力的名人担任海洋公益形象大使以充分发挥宣传作用，其中 2018 年的海洋公益形象大使分别由文艺界知名人士白岩松和苗苗担任。在海洋宣传主题活动中，还会揭晓年度海洋人物评选结果，通过对杰出榜样的表彰来宣传他们的先进事迹。"全国海洋宣传日"作为海洋事业最成功也是影响力最大的宣传品牌，每年通过评选榜样人物、宣传大使等活动能让更多人了解海洋，认识海洋，提高对海洋探索的兴趣。虽然品牌活动的短期高潮性使宣传效果比较有效，但还应该深入挖掘"海洋宣传日"品牌价值，让宣传效果更具持续性，能对大众形成常态化的激励作用，促使更大范围的更多人参与到海洋公益服务事业中来。

B.3
中国海洋生态环境发展报告[*]

赵缇 赵萱[**]

摘 要： 中国海洋生态环境质量呈现稳中趋好的发展趋势。通过对
《中国海洋生态环境状况公报》中相关指标的分析以及对
2019年我国典型海洋生态实践的归纳总结，可以发现2018~
2019年我国加大了利用科技力量保障海洋生态环境治理工作
的力度；相关制度设计也日趋完善；在海洋生态保护总体思
路上体现出由"海陆二元"向"海陆一体"的一元观转变的
趋势。但是，目前我国海洋环境保护过程中的群众参与并不
乐观，成为实现海洋生态文明建设目标的一大困境。另外，
入海污染物也朝着更加多样化的方向发展，这都给未来海洋
生态带来巨大压力。

关键词： 海洋环境 海洋环境质量 海洋生态环境保护

一 中国海洋生态环境状况概述

2018年，我国海洋生态环境工作进展集中体现在"海洋生态环境的质
量状况"和"海洋环境保护职责机构调整"两个方面。首先，在质量状况

---

* 本报告系赵缇主持的青岛农业大学博士基金项目"我国海洋民俗传承制度变迁的驱动机制分
析"（项目编号：663/1119723）的阶段性成果。
** 赵缇，青岛农业大学人文社会科学学院讲师，法学博士，研究方向为海洋社会学；赵萱，山
东青年政治学院现代服务管理学院讲师，理学博士，研究方向为旅游生态。

方面，2018 年，我国海洋生态环境状况整体呈现"稳中向好"的发展趋势。与以往年份相比，海洋环境质量与入海河流水质较上年同期均有所改善；赤潮发生频次与累计面积大幅减少；典型海洋生态系统和海洋保护区健康状况基本稳定；海洋倾倒区和油气区的环境质量基本符合环境保护要求；海洋渔区的水体环境总体良好。值得注意的是，入海河流水质污染状况依然严峻，近岸局部海域污染仍然严重。其次，在机构调整方面，2018 年，我国海洋环境保护职责的机构调整实现了平稳过渡，通过整合原国家海洋局的职责功能，合并组建了自然资源部。① 自然资源部的组建体现了国家多规合一的规划特点，合并机构职能有利于未来更好地实施多规合一、真正践行生态文明理念。机构改革是全新的开始，这将赋予自然资源部更大的责任和空间。

二 2018年我国海洋生态环境质量详论

根据《中国海洋生态环境状况公报》的数据，我国海洋生态环境质量测量指标大致分为以下几个方面：一是海洋环境清洁程度；二是海洋生物资源量；三是海洋生态健康状况。其中，海洋环境清洁程度主要通过海水质量状况、海湾水质状况、海水富营养化状况、入海河流水质状况、海洋垃圾状况等五项指标反映出来。海洋生物资源量主要通过浮游植物、浮游动物、大型底栖生物、海草、红树植物、造礁珊瑚等物种数量反映出来。海洋生态健康状况主要通过沉积物质量、典型海洋生态系统健康状况、滨海湿地健康状况、赤潮和绿潮发生状况等指标反映出来。

（一）海洋环境清洁程度

1.海水质量

海水质量状况主要通过"管辖海域海水水质状况"和"近岸海域水质

---

① 《国务院机构改革方案》，http://www.gov.cn/guowuyuan/2018 – 03/17/content_ 5275116. htm，最后访问日期：2019 年 12 月 20 日。

状况"两项指标反映出来。2018 年，我国管辖海域水质状况整体保持在较好水平，一类水质海域面积（夏季）占比为 96.3%，较上年提高了 0.3 个百分点。二类水质海域总面积约 38070 平方公里，除渤海外，黄海、东海、南海海域二类水质面积较上年均有较大幅度缩减，全海域二类水质较上年共减少了 11760 平方公里。2018 年，三类水质海域总面积约 22320 平方公里，除渤海海域增加、黄海海域下降不多外，东海、南海海域三类水质面积也较上年有大幅度缩减，全海域三类水质面积共减少了 6220 平方公里。四类水质海域总面积约 16130 平方公里，其中东海与南海海域四类水质面积呈现缩减趋势，而渤海与黄海海域四类水质面积大幅增加。特别是在黄海海域，四类水质面积由 2017 年的 2610 平方公里骤增至 2018 年的 6870 平方公里，水质状况不容乐观。但整体上看，2018 年，我国全海域四类水质面积较 2017 年仍减少了 2110 平方公里，这主要归因于东海海域四类水质面积较上年有大幅减少，减少了约 7020 平方公里。与上年同期相比，劣四类水质的海域面积减少了 450 平方公里，除黄海海域的面积有所增加外，其他海域的劣四类水质面积均有所减少或与上年同期基本持平（见表 1）。

表 1　2017~2018 年我国管辖海域未达到第一类海水水质标准的各类海域面积

单位：平方公里

海区	2017 年	2018 年	2017 年	2018 年	2017 年	2018 年	2017 年	2018 年
	二类水质海域面积		三类水质海域面积		四类水质海域面积		劣四类水质海域面积	
渤海	8940	10830	3970	4470	2120	2930	3710	3330
黄海	17280	10350	7090	6890	2610	6870	1240	1980
东海	17610	11390	9260	6480	11400	4380	22210	22110
南海	6000	5500	8220	4480	2110	1950	6560	5850
全海域	49830	38070	28540	22320	18240	16130	33720	33270
差值	-11760		-6220		-2110		-450	

数据来源：2017~2018 年《中国海洋生态环境状况公报》。

在近岸海域水质质量方面，2018 年我国海洋近岸海域水质状况总体稳中向好，水质级别一般，其中主要超标元素为无机氮和活性磷酸盐。根据近岸海域 417 个点位水质类别分析，所得数据如下：一类水质海域面积占比为 46.1%；二类水质海域面积占比为 28.5%；三类水质海域面积占比为 6.7%；四类水质海域面积占比为 3.1%；劣四类水质海域面积占比为 15.6%。优良水质（一类、二类水质）的比例为 74.6%，较 2017 年增长了 6.7 个百分点。[①] 其中，近岸水质较优的省份集中在河北、海南和广西三省海域；近岸水质状况良好的省份主要有辽宁、山东和福建三省；近岸海域水质一般的省份主要有江苏和广东两省；天津市的近岸海域水质状况较差，而上海和浙江两地的近岸海域水质极差。

2. 海湾水质状况

海湾区域地理位置优越，自然资源与环境条件良好，是一个涉及多层次、多领域、多资源的复杂系统，因此其生态状况极为重要，海湾生态环境的好坏直接影响着区域经济的可持续发展。其中，最为直观的环境要素就是海湾水质。2018 年，对全国范围内面积大于一百平方公里的 44 处海湾进行水质监测的结果显示，有 16 处（比 2017 年减少 4 个）海湾一年四季皆出现了劣四类水质，其超标元素主要是无机氮和活性磷酸盐。莱州湾、渤海湾、杭州湾、象山湾、三门湾、三沙湾、镇海湾等几处主要湾区水质状况依旧不容乐观。

3. 海水富营养化状况

海水富营养化状况也是反映海水质量的重要指标之一，主要是指海水营养盐含量过高而引起的海水水体污染现象。2018 年，我国海域海水富营养化总面积为 56680 平方公里，与往年数据相比，海水富营养化面积总体呈缩减趋势。整体来看，2018 年，全海域水体富营养化面积比 2017 年减少了 3880 平方公里。渤海与东海海域水体富营养化面积均较上年有所减少，而黄海与南海海域水体富营养化面积则有所扩大。其中，2018 年，轻度富营养化海域面积为 24590 平方公里，与上年相比减少了 5370 平方公里。最为

---

① 中华人民共和国生态环境部网站：《2018 年中国海洋生态环境状况公报》，http：//www. mee. gov. cn/hjzl/shj/jagb/，最后访问日期：2020 年 8 月 29 日。

显著的是东海水域轻度富营养化面积由 2017 年的 14450 平方公里缩减至
2018 年的 7960 平方公里,渤海海域的轻度富营养化面积也有所缩减。而黄
海与南海海域的轻度富营养化面积则呈扩大趋势。令人担忧的是,2018 年
全海域中度富营养化面积较 2017 年有所扩大,由 2017 年的 15470 平方公里
增加至 2018 年的 17910 平方公里。2018 年,黄海、东海、南海海域中度富
营养化面积均较 2017 年有所增加,而渤海海域中度富营养化面积有所缩减,
由 2017 年的 1490 平方公里减小至 2018 年的 660 平方公里。2018 年,全海
域重度富营养化面积为 14180 平方公里,较上年减少了 950 平方公里(见表
2)。渤海、黄海、东海、南海各海域重度富营养化面积均较上年有不同程
度的减少,而辽东湾、渤海湾、长江口、杭州湾、珠江口等海湾与河口附近
的海域重度富营养化程度则较为严重。

表 2　2017~2018 我国管辖海域呈富营养化状态的海域面积

单位:平方公里

海区	2017 年	2018 年	2017 年	2018 年	2017 年	2018 年	2017 年	2018 年
	轻度富营养化		中度富营养化		重度富营养化		合计	
渤海	4450	3220	1490	660	710	370	6650	4250
黄海	8120	9240	1950	4630	350	310	10420	14180
东海	14450	7960	9950	10030	12200	11740	36600	29730
南海	2940	4170	2080	2590	1870	1760	6890	8520
全海域	29960	24590	15470	17910	15130	14180	60560	56680
差值	−5370		+2440		−950		−3880	

数据来源:2017~2018 年《中国海洋生态环境状况公报》。

4. 入海河流水质状况

海洋环境的清洁程度也可由"入海河流水质状况"这一指标反映出来,
入海河流的水质状况直接影响着近岸海域海水质量的良好与否。对比 2017
年数据,2018 年,我国入海河流断面的Ⅱ类、Ⅳ类、Ⅴ类水质面积比例均
较上年有所增加,增幅分别为 6.8%、2.2% 和 5.7%。2018 年,入海河流
断面的Ⅲ类和劣Ⅴ类水质面积则较 2017 年有所减少,其中Ⅲ类水质面积比

2017 年缩减了 8.5%，劣 V 类水质面积比 2017 年缩减了 6.1%（见表 3）。影响入海河流断面水质的因素主要有自然因素和人为因素两个方面。其中，自然因素主要包括水质受到水文地质因素、地形地貌因素、气候因素的影响。而人为因素是造成断面水质良好与否的关键性因素，比如人们对地下水的过度开采、建筑施工导致的水位降低、河道中下游的采砂活动愈加剧烈等都会加剧入海河流水质状况的恶化。

表 3　2017～2018 我国入海河流断面水质状况

单位：%

年份	II 类	III 类	IV 类	V 类	劣 V 类
2017	13.8	33.8	24.6	6.7	21
2018	20.6	25.3	26.8	12.4	14.9
差值	+6.8	-8.5	+2.2	+5.7	-6.1

数据来源：2017～2018 年《中国海洋生态环境状况公报》。

5. 海洋垃圾状况

对海洋垃圾的监测重点是关注海面漂浮垃圾、海滩垃圾、海底垃圾这三项指标，范围基本覆盖全部海洋生态环境。整体上看，海洋垃圾密度较高的地区多集中在旅游休闲娱乐区、农渔业区、港口航运区及邻近海域。其中，从海面中/小型漂浮垃圾和海底垃圾的监测结果来看，2018 年两类海洋垃圾数量均较上年有所下降，降幅较小。而海滩垃圾数量在 2018 年有显著上升，为每平方公里 60761 件，较上年增长了 16.6%（见表 4）。

表 4　2017～2018 年我国海洋垃圾的状况

	数量（件/km²）		密度（kg/km²）	
	2017 年	2018 年	2017 年	2018 年
海面漂浮垃圾（中/小型）	2845	2358	22	24
海滩垃圾	52123	60761	1420	1284
海底垃圾	1434	1031	43	18

数据来源：2017～2018 年《中国海洋生态环境状况公报》。

21 世纪以来，微塑料作为重要海洋污染物的概念逐渐受到人们的重视。特别是近些年，微塑料这一指标已经成为衡量海洋垃圾状况的重要参考。一般来说，将直径小于 5 毫米的塑料碎片和颗粒界定为微塑料，微塑料主要包括海洋中的碎片、纤维、线等垃圾形态。据监测，2018 年，我国渤海、黄海、南海监测区域表层水体微塑料平均密度为每立方米0.42个。[①] 由于颗粒细小，微塑料极易通过食物链进入人体循环系统，从而影响人类健康。

（二）海洋生物资源量

海洋生物不仅是海洋生态系统的重要维持者，而且为人类的生存发展提供了更为广阔的空间，良好的海洋环境孕育着多种多样的海洋生物。我国海域范围内生物类型主要有浮游植物、浮游动物、大型底栖生物、海草、红树植物、造礁珊瑚六大类。2018 年，我国海域内海草、红树植物、造礁珊瑚的种类数较上年有所增加，而浮游植物、浮游动物和大型底栖生物的种类均较上年分别减少了37 种、38 种和187 种，降幅明显（见表5）。当然，除生态环境的健康状况外，海水的温度、盐度、洋流状况等物理条件也是影响海洋生物多样性的重要因素。

表5　2017～2018 年我国海域生物多样性状况

单位：种

	浮游植物	浮游动物	大型底栖生物	海草	红树植物	造礁珊瑚
2017 年	755	724	1759	6	10	83
2018 年	718	686	1572	7	11	85
差值	−37	−38	−187	+1	+1	+2

数据来源：2017～2018 年《中国海洋生态环境状况公报》。

---

① 中华人民共和国生态环境部网站：《2018 年中国海洋生态环境状况公报》，http：//hys. mee. gov. cn/dtxx/201905/P020190529532197736567. pdf，最后访问日期：2020 年 8 月 29 日。

（三）海洋生态健康状况

1. 沉积物质量

2018 年，我国海洋沉积物质量监测主要是对辽河口、海河口、黄河口、长江口、九龙江口、珠江口等主要河流入海口处的沉积物状况进行集中监测。结果显示，六个河口区域沉积物质量总体趋好，其中辽河口、海河口、黄河口、长江口沉积物质量"良好"的点位比例均为100%。与2017年的数据相比，2018年渤海和黄海沉积物质量继续保持"良好"，东海沉积物质量状况显著改善，"良好"所占比例由上年的97%上升至今年的100%。

2. 典型海洋生态系统健康状况

2018 年，国家主要对河口、海湾、滩涂湿地、珊瑚礁、红树林、海草床六类典型海洋生态系统的健康状况进行了监测。其中，河口生态系统、滩涂湿地生态系统、红树林和海草床生态系统的健康状况相对稳定，与上年持平。而在海湾生态系统中，2018年锦州湾的生态状况较上年有所改善，健康状态由不健康转为亚健康。在珊瑚礁生态系统中，与2017年的数据相比，2018年新增雷州半岛西南沿岸珊瑚礁监测点，监测结果为"健康"，但活珊瑚盖度较五年前仍有所下降。总体上，2018年，我国典型海洋生态系统健康状况与上年相比基本持平（见表6）。

表6　2017～2018典型海洋生态系统健康状况

生态系统类型	生态监控区名称	2017 年	2018 年
河口	双台子河口	亚健康	亚健康
	滦河口－北戴河	亚健康	亚健康
	黄河口	亚健康	亚健康
	长江口	亚健康	亚健康
	珠江口	亚健康	亚健康
海湾	锦州湾	不健康	亚健康
	渤海湾	亚健康	亚健康
	莱州湾	亚健康	亚健康
	杭州湾	不健康	不健康

续表

生态系统类型	生态监控区名称	2017 年	2018 年
海湾	乐清湾	亚健康	亚健康
	闽东沿海	亚健康	亚健康
	大亚湾	亚健康	亚健康
滩涂湿地	苏北浅滩	亚健康	亚健康
珊瑚礁	广西北海	健康	健康
	雷州半岛西南沿岸	—	健康
	海南东海岸	亚健康	亚健康
	西沙珊瑚礁	亚健康	亚健康
红树林	广西北海	健康	健康
	北仑河口	健康	健康
海草床	广西北海	亚健康	亚健康
	海南东海岸	健康	健康

数据来源：2017～2018 年《中国海洋生态环境状况公报》。

3. 滨海湿地健康状况

滨海湿地是重要的生命保障系统，其健康状况直接关系着海洋生物多样性状况，是海洋生态环境的重要体征之一。我国东部沿海地区滨海湿地的特点是迁徙鸟类种类多、分布广、生态习性多样，珍稀濒危种类比例较高。2018 年，我国对 24 处滨海湿地开展了鸟类和植被监测。与上年相比，监测地点新增 16 处，监测范围扩大，覆盖面拓宽。其中，受威胁鸟类物种数由 2017 年的 11 种减少为 2018 年的 7 种，情况有所改善。同时，在 7 种受威胁的鸟类中，有 3 类处于濒危状态，有 4 类处于易危状态，无极危物种（见表7）。

表7　2017～2018 年滨海湿地受威胁鸟类物种情况

单位：种

年份	监测点（处）	受威胁鸟类物种总数	受威胁鸟类物种		
			极危	濒危	易危
2017	8	11	2	6	3
2018	24	7	—	3	4

数据来源：2017～2018 年《中国海洋生态环境状况公报》。

近年来，候鸟栖息地的丧失已经对迁徙水鸟造成严重威胁，而对滨海湿地的围垦与填海造陆工程是导致栖息地减少的直接原因。因而，滨海湿地也是湿地保护的薄弱环节，存在明显的保护空缺。对此，我们呼吁应扩大滨海湿地保护区范围，尽快填补保护空缺，并建立和完善整个滨海湿地的保护体系。

4. 赤潮、绿潮发生状况

赤潮或绿潮是指在特定环境条件下，海水中某些藻类暴发性增殖和高密度聚集所产生水体变色的生态现象，属于海洋生态系统的一种异常现象。赤潮和绿潮的诱发受多因素影响，通常发生在营养化水平较高且阳光充足、海面较为平静的港湾区域。在社会因素方面，人为地将过量污染物排入大海，加重了水体富营养化程度也是诱发赤潮和绿潮的重要原因。在自然因素方面，赤潮多发生在温热带地区半封闭大陆架的浅海区域，海湾水体流动性差、交换频率低，营养物质不易扩散进而引发赤潮。赤潮发生的海域水体严重缺氧，易造成海洋生物窒息死亡，某些有毒藻类分泌的毒素也可通过海洋生物进入人类食物链，影响生命健康。

表 8 数据显示，2018 年我国各海区赤潮发生次数总计 36 次，较 2017 年减少了 47%；赤潮累计面积 1406 平方公里，较上年（3679 平方公里）也大幅缩小，减幅约 62%。2018 年各海区赤潮发生次数与累计面积均较上年有不同程度的减少，其中渤海海区赤潮发生次数较上年减少 7 次，面积减少 280 平方公里；黄海海区赤潮发生次数较上年减少 2 次，面积减少 65 平方公里；东海海区赤潮发生次数较上年减少 17 次，面积减少 1082 平方公里；南海海区赤潮发生次数较上年减少 6 次，面积减少 846 平方公里。

表 8　2017～2018 年我国各海域赤潮情况

海域	2017 年		2018 年	
	发生次数（次）	累计面积（平方公里）	发生次数（次）	累计面积（平方公里）
渤海	12	342	5	62
黄海	3	100	1	35
东海	40	2189	23	1107
南海	13	1048	7	202
合计	68	3679	36	1406

数据来源：2017～2018 年《中国海洋生态环境状况公报》。

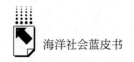

2018 年,我国全海域的绿潮发生状况得到显著改善。以黄海海域为例,2018 年,绿潮最大分布面积为 38046 平方公里,与上年相比分布面积扩大了 8524 平方公里,但远低于 2014～2018 年的平均值,且整体分布面积呈波动缩减趋势。从绿潮最大覆盖面积来看,2018 年,黄海海域绿潮最大覆盖面积为 193 平方公里,达到 2014～2018 年的最低值。与往年相比,2018 年绿潮最大覆盖面积缩减幅度较大,其中与 2017 年相比减少了 88 平方公里,与 2016 年相比减少了 361 平方公里(见表 9)。整体来看,最大覆盖面积分布也呈波动缩减趋势。

表 9　2014～2018 年我国黄海绿潮规模

单位:平方公里

年份	最大分布面积	最大覆盖面积
2014	50000	540
2015	52700	594
2016	57500	554
2017	29522	281
2018	38046	193
5 年平均值	45553	432

数据来源:2014～2018 年《中国海洋生态环境状况公报》。

三　2019年我国海洋生态环境保护行动

2019 年,我国海洋生态环境状况整体良好,在历年海洋环境数据的指导下,本年度针对海洋环境治理和海洋生态保护中的薄弱环节开展了一系列相关活动,主要归纳为海洋环保行动和海洋环保政策设计两大方面。

(一)海洋环保行动

在海洋垃圾和塑料污染防治宣传方面,对比全球范围内,我国海洋垃圾污染总体处于中低水平,陆源入海污染物占较高比例,是海洋垃圾和塑料污染治理中最重要的污染物。为进一步减少和控制海洋垃圾数量，2019年全国多个地市组织发起倡议，组织群众开展海洋垃圾清扫活动。比如烟台、大连、日照等海滨城市在组织群众开展海滩垃圾清扫活动的同时还向群众宣传海洋垃圾污染防治，借此契机呼吁公众减少一次性塑料用品的使用，转变消费理念和消费方式，强化海洋垃圾污染的防治意识。①

在海洋垃圾污染监测与治理的国际合作方面，2019年，相关领域的国际合作也在顺利推进。2019年11月，中日两国科学家在我国黄海海域开展了海洋垃圾联合调查，此次调查旨在加强两国在海洋垃圾监测方面的合作。调查内容包括了海面漂浮垃圾、海水表层垃圾及沉积物微塑料的采集。其间，双方科技人员就采样技术方法、海洋垃圾监测领域最新进展、海洋微塑料实验室分析方法等进行了交流探讨，对于未来建立统一监测方法达成了基本共识。② 同年12月，APEC海洋垃圾与微塑料研讨会在福建召开，来自国际社会11个APEC经济体的120余位代表参会。会议聚焦APEC海洋垃圾与微塑料治理、海藻利用、渔业减损、水产加工、废弃物高效利用等议题，旨在通过大会强化各国应对海洋污染及海洋资源可持续利用方面的合作。会议还通过"蓝色市民"倡议，号召社会各界从源头上减少垃圾产生，缓解海洋污染。③

在海洋生态环境修复方面，针对一直以来在防治海洋生态退化的理论和技术层面支撑较为薄弱的问题，2019年，福建省海洋生态保护与修复重点实验室获批建设。该实验室将主要围绕近岸海域生态保护与修复技术、海岛与海岸生态保护与修复技术、海洋生态修复规划与评价技术开展研究，范围涵盖近岸海域、海岸带、海岛的完整海洋生态系统。重点关注

① 《生态环境部：将持续加大海洋垃圾和塑料污染的防治力度》，https：//m. thepaper. cn/baijiahao_ 4816668，最后访问日期：2019年12月20日。
② 《中日加强监测合作开展海洋垃圾联合调查》，http：//www. nmdis. org. cn/c/2019 – 11 – 21/69797. shtml，最后访问日期：2019年12月20日。
③ 《APEC海洋垃圾与微塑料研讨会暨海洋资源可持续利用研讨会在厦顺利召开》，http：//www. tio. org. cn/OWUP/html_ mobile/xshd/20191205/1280. html，最后访问日期：2019年12月20日。

河口海湾生态修复与综合整治、珊瑚礁生态修复、滨海湿地保护与修复、海洋珍稀生物保护、海岛生态保护与修复、海滩养护与生态修复、海洋生态修复评价、海洋生态修复规划等前沿关键问题，提高福建省乃至全国海洋生态保护与修复的理论与技术水平，着力构建起我国海洋生态修复科技支撑体系。①

在海岸带环境治理方面，2019 年 6 月，唐山、天津、大连、烟台环渤海四市对入海排污口进行了现场排查。重点对沿海城镇、港口、码头、工业、渔业和自然岸线等区域开展了为期一周的拉网式排查，摸清所有向渤海排污的"口子"，实现"有口皆查、应查尽查"的目的。各类直接或间接向渤海排放污染物的涉水排口，如管道、涵洞、沟渠、河流、溪流等，均列为排查对象。②

在海洋环境安全方面，2019 年，我国自主海洋环境安全保障技术建设成果丰硕。该项技术围绕"21 世纪海上丝绸之路"沿线国家的海洋公共服务需求，推广我国海洋观测与监测、海洋预报、海洋灾害应急监测与处置技术，形成海洋联合观测数据共享服务能力。具体提供以下三方面的海洋公共服务：①我国自主研发的"白龙"浮标实现了对"海上丝绸之路"沿线国家海洋环境的实时监测；②我国自主研制的"多过程耦合海洋环境数值预报系统"为印度洋沿岸国家提供精准预报服务；③我国自主研发的"无人智能海洋观测和高分辨率遥感技术"也已应用于"海上丝绸之路"沿线国家的海洋生态环境保护。③ 2019 年，我国海洋生态环境监测数据传输系统已正式启用。该系统集成了中国环境监测总站近岸海水水质报送系统和监测中心海洋生态环境监管系统数据报送模块功能，采用虚拟专用网络方式对海水水质、大气污染物沉降、海水浴场水质、海洋垃圾

---

① 《福建省海洋生态保护与修复重点实验室揭牌》，http://www.mnr.gov.cn/dt/hy/201912/t20191217_ 2489945.html，最后访问日期：2019 年 12 月 20 日。

② 《生态环境部启动环渤海 4 市入海排污口现场排查》，http://www.xinhuanet.com/2019 – 06/24/c_ 1210168440.htm，最后访问日期：2019 年 12 月 20 日。

③ 《我海洋环境安全保障技术服务"海丝"建设成果丰硕》，http://www.oceanol.com/content/201906/20/c87645.html，最后访问日期：2019 年 12 月 20 日。

等数据进行传输，旨在通过信息化手段有效支撑生态环境监测数据的"真""准""全"。①

（二）海洋环保政策设计

在政策的顶层设计方面，2019 年 5 月，中共中央印发了《国家生态文明试验区（海南）实施方案》（以下简称《方案》）。《方案》强调要通过加强海洋环境资源保护、建立陆海统筹的生态环境治理机制、开展海洋生态系统碳汇试点等措施，加快推动海南生态文明试验区建设，形成陆海统筹保护发展新格局，将海南省打造成为我国生态文明体制改革样板区。② 6 月，自然资源部印发的《自然资源"十四五"规划编制工作方案》是对未来五年我国生态资源环境领域的顶层设计，要求在"十四五规划"中要明确国家、海区、湾区、地市等不同层的目标任务、具体措施，压实工作责任，针对突出的海洋生态环境问题，提出相关的改善对策。推动海洋生态环境质量持续稳定改善。③ 8 月，司法部就《中华人民共和国海洋石油勘探开发环境保护管理条例（修订草案征求意见稿)》公开征求意见，明确将海洋环境保护列入勘探者的法定义务，强化其法律责任，旨在借此有效防控人为造成的海洋石油污染。④

在地方海洋环保政策方面，2019 年 6 月，河北省印发了《河北省渤海综合治理攻坚战实施方案》，确定了五项攻坚任务：陆源污染防治、海洋污染防治、海洋生态保护修复、环境风险防范、旅游旺季生态环境保障。明确

---

① 《海洋生态环境监测数据传输系统启用》，http：//www.oceanol.com/content/201906/25/c87731.html，最后访问日期：2019 年 12 月 20 日。
② 《国家生态文明试验区（海南）实施方案》，http：//paper.people.com.cn/rmrb/html/2019 – 05/13/nw.D110000renmrb_ 20190513_ 1 –01.htm，最后访问日期：2019 年 12 月 20 日。
③ 《自然资源"十四五"规划编制启动》，http：//www.gov.cn/xinwen/2019 – 06/25/content_ 5403012.htm，最后访问日期：2019 年 12 月 20 日。
④ 《司法部关于〈中华人民共和国海洋石油勘探开发环境保护管理条例（修订草案征求意见稿)〉公开征求意见的通知》，http：//www.moj.gov.cn/government_ public/content/2019 – 08/16/657_ 3229932.html，最后访问日期：2019 年 12 月 20 日。

要求到 2020 年，河北省近岸海域优良水质比例达到八成以上。① 同年 10 月，山东首部海岛生态保护的法律条例——《山东省长岛海洋生态保护条例》（以下简称《条例》）颁布。《条例》坚持以生态保护优先为原则，在区域规划与区域功能管控、生态修复、污染防治、保障措施等四个方面提出具体要求，保障长岛的绿色发展。另外，《条例》明确要求按照"谁受益谁补偿"的原则进行生态保护补偿制度，对海岛特有资源进行保护和统筹陆海环境整治。② 8 月，江苏省公布了《盐城市黄海湿地保护条例》，内容共 7 章 47 条，主要涉及湿地规划、湿地保护、湿地利用、监督管理及法律责任等方面的规定，旨在实现对世界自然遗产——"盐城黄海湿地"的保护，维护其生物多样性和生态功能完整性，实现湿地资源的可持续利用。③

四　总结与反思

（一）我国海洋生态环境质量状况

回顾 2018～2019 年我国海洋生态环境质量状况可以发现，其整体呈现以下几方面的特征。

1. 近年来，在海洋生态环境领域更加重视利用科技力量有力、有效地保障海洋生态监测及其环境治理工作

海洋科技的发展和应用显著地影响着海洋生态环境治理工作的现代化水平。21 世纪以来，国家加大了对海洋关键领域的资金投入，更加重视培养海洋科技人才，推动海洋科技事业快速发展。经历数载的积累，我国海洋科技成果层出不穷，海洋生态环境防控与治理手段的现代化发展也日新月异，

---

① 《河北省渤海综合治理攻坚战实施方案》，http://hbepb.hebei.gov.cn/gggs/qtgggs/201907/t20190716_ 79320.html，最后访问日期：2019 年 12 月 20 日。
② 《首部海岛生态保护立法！〈山东省长岛海洋生态保护条例〉10 月 1 日起施行》，http://www.sohu.com/a/330052281_ 99953065，最后访问日期：2019 年 12 月 20 日。
③ 《盐城市黄海湿地保护条例》，http://www.jsrd.gov.cn/zyfb/dffg1/201908/t20190802_ 515350.shtml，最后访问日期：2019 年 12 月 20 日。

极大地提高了海洋生态问题的应对能力。

2. 海洋领域内的生态保护相关制度设计日趋完善，总体生态状况稳中趋好

生态恢复与环境治理是一个漫长的过程，而非一蹴而就的事情。现阶段，我国海洋生态环境质量已经开始朝着良好的方向发展。生态保护与生态修复工作的有效开展离不开相关制度规范的支持和引导。2018～2019年，国家在制度层面持续扩大对海洋生态领域的立法范围，与之相应的，各地方政府也依据本辖区内的海洋生态环境特点与短板纷纷出台相关制度，保障生态修复工作的开展。

3. 在海洋生态保护思路方面也体现出由"二元观"逐渐向"一元观"转变的趋势

在传统海洋与陆地关系的认知上，一直以来，人们习惯将两者分开讨论，可以说秉持的是"海陆二元"的观念，因此，在海洋生态环境的修复与治理方面，旧有思路是从海洋本身来寻找解决方案。随着人们对人海关系认知程度的加深，海陆统筹为海洋可持续发展提供了新思路，继而在生态环境保护领域的思路也逐渐朝着"海陆一体"的一元观转向，以此实现人海互哺共生、共融的和谐局面。

（二）海洋生态环境保护面临的相关挑战及相关建议

未来我国在海洋生态环境保护方面要更加注重从以下几个方面进行完善和发展。

1. 目前我国海洋环境保护治理中群众参与并不乐观，成为实现海洋生态文明建设目标的一大困境

在海洋环境保护治理实践中，群众参与是非常重要的中坚力量。群众既是海洋环境的维护者和监督者，也是海洋环境治理的参与者。我国前期对海洋生态环境保护的宣传力度不够深大，群众海洋环护意识较低可能导致我国目前在海洋环境保护方面群众参与度较低。同时，群众也可能是海洋环境污染的主体之一，如随意丢弃农药，农户养殖、游客随意丢弃生活垃圾等现象都是海洋环境污染的重要来源。生态环境保护需要全民参与。未来可通过举

办环保实践系列活动深化提升参与程度、激发群众参与热情。群众参与活动可以有机会深入了解海洋生态环境建设，切实感受海洋的环境变化，营造全社会人人参与环保的良好氛围。

2. 入海污染物的组成向更加多样化、复杂化的方向发展，这给海洋生态带来巨大压力

随着沿海地区经济的发展及产业结构的转型升级，入海污染物的构成要素也逐渐改变。其主要体现在下述两个方面：其一，原有各类污染物的比重将发生结构性的改变；其二，许多新型污染物被排放入海，比如随着有机氯农药被禁止生产销售，新型农药的投入使用有可能带来新型污染物。因此，做好新兴污染物的入海预防是未来海洋生态工作面临的新挑战。

B.4
中国海洋教育发展报告

赵宗金　陈梅*

摘　要： 我国在2016～2019年持续推进全民的海洋教育，尤其注重青少年的基础海洋教育工作。学校海洋教育和社会海洋教育都取得不同程度的进步，但仍然存在问题，如学校海洋教育中，高等学校海洋教育发展中地域不平衡、对学生和伦理情感的培育不够重视，基础海洋教育发展不充分；社会海洋教育中各教育主体发挥作用不充分、教育体系不完善、内陆地区海洋教育偏弱等。本报告还提出了学校海洋教育和社会海洋教育发展的建议，以推进海洋教育更合理地发展。

关键词： 海洋教育　学校海洋教育　社会海洋教育　教育体系多元化

2018～2019年，我国在2017年提升全民海洋意识教育及2016年实施《提升海洋强国软实力——全民海洋意识宣传教育和文化建设"十三五"规划》的基础上，努力促进文化建设，加强全民海洋意识的宣传教育，中小学等青少年的基础海洋教育成为海洋教育中的重要内容，努力推进全民海洋意识的提升及海洋强国等国家战略的实现，使2018～2019年的海洋教育呈现良好的发展态势。

---

* 赵宗金，中国海洋大学国际事务与公共管理学院副教授，博士，研究方向为海洋社会学与社会心理学；陈梅，中国海洋大学国际事务与公共管理学院硕士研究生，研究方向为海洋社会学。

一 海洋教育内涵的拓展

2016 年的《中国海洋教育发展报告》中对海洋教育的内涵与外延做了简单的介绍，但"海洋教育"这个概念是伴随着我国海洋事业的发展自然形成的。截至目前，对于"海洋教育"这个概念的确切含义，词典、辞海等工具文献中尚未给出权威的界定，我国官方文件中也没有直接的定义。① 但目前我国在实际的使用中有把所有与海洋有关的教育活动都纳入海洋教育概念范畴的趋势，2019 年学术界对海洋教育的概念进行了一些讨论，因此有必要对 2019 年海洋教育内涵的发展进行梳理。

由于海洋教育与各国海洋战略、海洋科技等是紧密联系在一起的，国内外学者从政治、经济、教育、环境和系统思维等多种视角界定海洋教育的概念，但海洋教育自身的特点使海洋教育的内涵体系尚未发展成熟，② 海洋教育的概念也未获统一。海洋教育具有系统性、交叉性和发展性的特点，海洋教育的内涵比较复杂。

海洋教育是一个复杂的系统，涉及人类和海洋两个方面，人类和海洋是社会与自然界复杂系统的代表，因此就形成了多层次、多角度的海洋教育体系。③ 按照不同的划分标准，海洋教育有不同的类别。从教育内容进行划分，可分为海洋意识教育、可持续发展教育和道德教育等；按教育目标和教育任务划分，海洋教育可分为海洋普通教育、海洋成人教育与海洋职业教育；按受众的年龄和受教育阶段划分，可分为初等海洋教育、中等海洋教育与高等海洋教育。

海洋教育属于典型的交叉学科，从面向公众的科普教育和学校组织的专业的科学教育的分类来看，海洋教育有海洋科学内部的交叉：物理、化学、

---

① 钟凯凯：《海洋教育概念探讨》，《浙江海洋大学学报》（人文科学版）2019 年第 6 期。
② 季托、武波：《从"海洋教育"到"海洋教育学"》，《浙江海洋大学学报》（人文科学版）2019 年第 6 期。
③ 季托、武波：《从"海洋教育"到"海洋教育学"》，《浙江海洋大学学报》（人文科学版）2019 年第 6 期。

地质等学科的交叉；海洋学与教育学的交叉，形成海洋教育学；海洋科普教育与科学教育之间的交叉。多学科之间的交叉使海洋教育具有强大的生命力。

海洋教育具有发展性的特点。多学科的交叉给海洋教育提供了强大的动力，海洋教育的发展性是多方面的，海洋教育的内容即海洋教育的知识体系是不断发展的，海洋教育的组织方式尚未成熟，也处于发展完善阶段，[①] 从而导致海洋教育体系在不断充实和发展，尚未实现结构化。

由于海洋教育的上述种种特点，海洋教育概念难以统一，但对概念进行界定是研究活动必须面临的问题，学界对海洋教育内涵的探讨也未停止。刘训华认为海洋教育是指以人为中心的对海洋内容的传播与接受，涉及海洋知识、技术、文化、资源、意识等五位一体的内容传播活动。[②] 从受众角度，可以从广义和狭义两个方面来看海洋教育的内涵。面向普通民众的通识性教育是广义上的海洋教育，狭义的海洋教育则是旨在培养海洋专业人才的专业性海洋教育。总而言之，"海洋教育"这个概念内涵非常丰富，目前也尚未有权威性的、公认的界定。随着我国海洋教育的迅猛发展，其内涵也在不断地充实发展。我国海洋教育的实践开始较早，海洋教育规范化发展起步较晚，海洋教育的界定、结构、内容等方面存在问题仍需进一步探讨解决。

二 2018～2019年海洋教育新发展

通过梳理国家海洋局及相关传媒公布的 2018～2019 年在海洋教育发展史上有重要意义的事件可发现，2018～2019 年海洋教育的发展具有明显的特点。从比重上能明显看出，学校海洋教育发展速度快，尤其是高等学校海洋教育的发展速度最快，高校因受政府、企业等主体的大力支持，教育等资源较为丰富。2018～2019 年初中等海洋教育的发展形式较为多样，部分地区已经脱离了特色课程的限制，在义务教育阶段中得到了一定的课时保障。

---

① 钟凯凯：《海洋教育概念探讨》，《浙江海洋大学学报》（人文科学版）2019 年第 6 期。
② 刘训华：《论海洋教育研究的学科视域》，《宁波大学学报》（教育科学版）2018 年第 6 期。

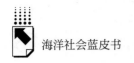

在社会海洋教育的发展中，政府、企业、媒体等多元主体共同参与，使社会海洋教育形式形成了多样化。无论是学校海洋教育还是社会海洋教育，各主体都在努力朝内陆地区辐射，以促进沿海与内陆地区海洋教育的均衡发展。

（一）学校海洋教育发展迅速

海洋教育的实施以学校为基础，2018～2019年海洋教育的发展与突破更多地集中在学校海洋教育领域，建立健全学校海洋教育体系应是未来努力的方向。

1. 高等海洋教育发展迅速

2018～2019年高等海洋教育发展迅猛，呈现多元化趋势，高等海洋教育领域不断创新，多学科交叉融合，全方位探索海洋知识，为海洋强国建设提供全方面的人才支撑。高等海洋教育发展迅速较为突出的标志之一是海洋科研院所数量增多。2018～2019年，沿海院校都在增加海洋相关专业，培养海洋有关人才，沿海城市的海洋高校数量不断增多。2019年7月，淮海工学院正式更名为江苏海洋大学，我国以"海洋大学"命名的高校增至7所，各地着重发展海洋高等教育，大力培养海洋人才的动力与海洋经济转型升级、实现高质量发展密不可分。[①] 海洋高校在海洋强国建设过程中，是培养海洋专业人才、提供知识技术支持的重要基地。全面科学的海洋教育，一方面可以让全社会在高效利用海洋时注重保护海洋、热爱海洋，另一方面可以提升海洋科研能力，助推海洋经济真正实现高质量发展。[②] 政府相关机构对高等院校的发展提供全方位的政策与资源支持，2018年3月5日，《工业和信息化部国家海洋局共建哈尔滨工程大学协议》正式签署，根据协议，工信部将支持学校主动对接国家海洋发展战略、加大对学校建设经费投入；国家海洋局将加大力度支持学校涉海及相关学科的发展。[③] 海洋高等院校自身在实

---

① 兰圣伟：《海洋高等教育"暗战"背后》，《中国海洋报》2019年12月27日，第2版。
② 兰圣伟：《海洋高等教育"暗战"背后》，《中国海洋报》2019年12月27日，第2版。
③ 中国教育网：《引领船舶与海洋学科纵深发展　工信部、海洋局正式签署共建哈尔滨工程大学协议》，http://www.eol.cn/heilongjiang/hlj_news/201803/t20180304_1587701.shtml，最后访问日期：2020年1月21日。

施海洋教育过程中重视实践，拥有较为丰富的资源和完善的相关设施，积极争取院校与企业等主体的合作，促进院校人才为社会服务目的的实现。同时，各高等院校主动加强国际合作，推动海洋教育国际化发展。2018 年 11 月 3 日下午，2018 国际海洋类高校校长论坛暨海洋科学和工程技术学术研讨会在舟山开幕，浙江海洋大学校长严小军在致辞中表示，希望通过此次论坛和研讨会，推动学术交流，加强全面合作，共同引领国际海洋高等教育走向新的高度。①

2. 初中等学校海洋教育得到课时保障

小学、初中等阶段实施的海洋教育，多采用渗透式方式，即把海洋文化知识教育、海洋意识、海洋观教育渗透于基础课程与活动课程中，② 这种作为特色课程的授课形式常常得不到课时保障，被常规课程挤压。在中小学中实施海洋教育对保证海洋产业后继有人意义重大，教育部在官网公开答复十三届全国人大一次会议第 5510 号建议时表示，海洋意识和海洋国土知识教育在课标教材修订、中小学生研学实践教育等工作中继续得到强化。③ 近年来，教育部对青少年的海洋意识教育工作更加重视，例如在实践基地项目和少年宫项目的建设中融入海洋意识教育的内容，此外，还将研学旅行纳入教学指标中。各地相关部门也根据教育部有关文件中规定的研学旅行育人的目标，设立了一批海洋意识研学基地。④ 2018 ~ 2019 年，中小学的海洋教育课程在义务教育阶段课程设置中得到了课时保障，中小学生海洋意识教育系列教材也相继出版发行，海洋教育领先的青岛市成为义务教育阶段全面普及海洋教育的城市。2019 年 3 月 30 日，中国海洋学会第八届四次理事会暨 2019 年度工作会审议通过了增设中国海洋学会海洋研学工作委员会的决议。研学

① 《国内外海洋类高校校长齐聚舟山 共商海洋教育发展》，https://www.cingta.com/detail/7464，最后访问日期：2020 年 1 月 21 日。
② 马勇：《何谓海洋教育——人海关系视角的确认》，《中国海洋大学学报》（社会科学版）2012 年第 6 期。
③ 《教育部：将在课标教材修订中继续强化中小学生海洋意识》，https://baijiahao.baidu.com/s? id =1626056613745431684&wfr=spider&for=pc，最后访问日期：2020 年 1 月 21 日。
④ 《教育部：将在课标教材修订中继续强化中小学生海洋意识》，https://baijiahao.baidu.com/s? id =1626056613745431684&wfr=spider&for=pc，最后访问日期：2020 年 1 月 21 日。

工作委员会的成立有助于推动中小学海洋教育意识提升工作的开展，拓宽宣传和普及海洋科学知识方面的渠道和搭建相关平台。①

（二）社会海洋教育形式多样

以往，社会海洋教育中存在公众参与热情不高、形式单一等问题，在2018～2019年的社会海洋教育中，各教育主体积极采取宣讲、竞赛、展览等多种形式开展教育活动，且成果颇丰。形式多样、趣味浓厚的活动形式对公众参与具有良好的吸引力，有效地提升了民众的海洋意识。2018年12月，由浦东新区科普教育基地联合会指导的科普达人亲子挑战赛聚焦海洋环保和科普主题，呼吁人们保护海洋环境，增强了公众的海洋意识。2018～2019年，社会海洋教育主体多元，且企业、政府、媒体之间加强了合作，充分发挥了各个主体的作用。近年来，国家海洋局宣教中心在推动海洋意识教育工作中发挥了重要作用，该中心充分利用自身特点，加强海洋教育的顶层设计，促进海洋教育体系的完善，合理配置教育资源，增强国民海洋意识。②

（三）海洋教育地域发展不平衡有所缓解

长期以来，无论是学校海洋教育还是社会海洋教育都存在着空间发展不均衡的问题。海洋强国的建设是全民共同参与的事情，无论是从国家战略发展的角度，还是从未来科技、人文发展的角度，都需要通过海洋教育来提升公民对国家整体布局和发展的认识。2018～2019年，海洋教育活动有较大发展（见表1、表2）。2019年2月，由中国海洋发展基金会和中国海洋大学共同举办的中学海洋知识教材培训班对内陆地区的骨干教师进行了培训，以更好地将知识传递给内陆地区的学生。相比于沿海地区，内陆地区的海洋教育资源有所欠缺，但也在逐步增多。

---

① 《海洋研学工作委员会成立　将推动海洋意识教育》，http：//www.hellosea.net/Edu/1/61391.html，最后访问日期：2020年1月21日。
② 马勇、马丹彤：《中小学海洋教育的进展、偏差及矫正》，《宁波大学学报》（教育科学版）2019年第3期。

三 海洋教育发展存在的问题

（一）学校海洋教育存在的问题

在实施海洋教育中，多元主体共同参与，但学校仍是推动和实施海洋教育的主阵地和基础。2018～2019年的学校海洋教育发展较快，但由于我国正式的学校海洋教育起步较晚，在发展过程中仍然存在一些问题。

1.高等学校海洋教育发展不平衡

我国高等学校海洋教育在海洋教育体系中发展最快，但存在发展不平衡的现象，这表现在专业和地域两个方面。我国的高等海洋教育发展迅速，不断取得突破，但我国海洋专业人才主要是理科人才，而工科人才不足，人文学科如法学、经济学等方面的人才更少，表1、表2中的事件显示，海洋科技知识方面的进步主要出现在理科院校，而教育资源的获取也主要为理科专业服务。地域的不平衡主要体现在涉海院校主要分布在沿海大中城市，如中国海洋大学、广东海洋大学、上海海洋大学、浙江海洋大学，且沿海城市不断规划新的海洋院校，沿海城市的高等院校也不断开设涉海专业，海洋院校之间有较多的战略合作，而内陆地区则缺乏海洋人才及人才的培养机构。

表1 2018年海洋教育发展事件

	事件
高等学校海洋教育	·中山大学成立南海研究院,支撑海洋学科群发展; ·三亚政协委员魏晶建议大力引进和培养海洋产业人才,推动三亚国际化进程; ·《工业和信息化部国家海洋局共建哈尔滨工程大学协议》正式签署; ·青岛农大蓝谷校区启用,海洋科学与工程学院入驻; ·大连海洋大学获"国防教育特色学校"称号; ·中国政府海洋奖学金首次扩员; ·辽宁省海洋产业2018年校企联盟座谈会召开; ·中国海洋大学与澳门科大共建澳门海洋发展研究中心揭牌; ·浙江海洋大学打造海洋意识教育体系; ·中国海洋大学与挪威卑尔根大学签署合作备忘录;

	事件
高等学校海洋教育	·浙江定海区与浙江大学海洋学院启动战略合作； ·岱山电商促进会与浙江海洋大学合作共建"互联网＋"实习基地； ·复旦大学成立大气与海洋科学系； ·广东海洋大学"旺海杯"第三届广东海洋大学水产技能大赛落幕； ·全国大学生海洋文化创意设计大赛在海南巡展； ·哈尔滨工程大学举办第三届海内外青年学者"兴海论坛" ·中挪海藻产业交流会在浙江海洋大学举办； ·时任山东省长龚正青岛调研海洋科研和人才工作； ·浙江海洋大学举办西闪岛项目座谈会； ·澳詹姆斯·库克大学校长一行访问中国海洋大学； ·中山大学举行中英国际海事法学院揭牌仪式； ·中国海洋学会联合 12 所高校举办了第五届"奔向大海，跑向未来"全国涉海高校大学生慢跑公益活动暨全国海洋科普志愿者招募活动； ·上海海洋大学初步建成海流发电实验平台； ·教育部正式批准中国海洋大学建设海洋科教创新园区； ·来自中国海洋大学等全国重点大学的 40 多名学生参加中科院深海科学与工程研究所"走向深海"大学生夏令营在三亚的启幕仪式； ·深圳与哈尔滨工程大学共建海洋研究院； ·武汉理工大学学生海浪发电项目获 300 万元投资； ·我国首个海洋文化教育联盟在哈尔滨成立； ·海南大学将建设南海海洋资源利用第一流学科群； ·国内外海洋类高校校长齐聚舟山，共商海洋教育发展； ·马里兰大学代表访问中国海洋大学，就两校学生交流与科研合作等事宜进行了会谈； ·第四届中国政府海洋奖学金游学活动在青岛举行； ·第六届环北部湾高校研究生海洋学术论坛在海口举行； ·上海海洋大学"海洋科学与技术实验教学中心"获上海市级实验教学示范中心立项建设； ·全国首个海洋院士工作站 12 月 5 日落户珠海； ·教育部、自然资源部、山东省人民政府、青岛市人民政府重点共建中国海洋大学
初中等学校海洋教育	·青岛市中小学校将逐步开设海洋教育等科技课程； ·莱西市首家海洋科普教育基地在实验小学正式挂牌落成； ·北京举办学生海洋意识教育系列活动； ·中国科普作协国防科普专业委员会、中国科普作协科普教育专业委员会等单位主办的海洋主题科普教育"中科小海军研学"启航，促进少年儿童知海爱海； ·青岛八大峡小学开设了一门将海洋资源优势与 STEAM 课程理念相结合的课程——走进"维京时代"，激发学生对海洋的了解与探索热情； ·沈家门小学积极开展"海洋教育"第二课堂，促进海洋教育从娃娃抓起； ·第 11 届全国海洋知识夏令营在浙江海洋大学舟山长崎岛校区开营，来自北京、天津、上海等地的 150 余名青少年参加，其中包括内陆地区海洋知识竞赛获奖学生； ·为传承海洋文化、增强国民海权意识，海口市海事局联合共青团海口市委组织开展了海事暑期夏令营活动；

续表

	事件
初中等学校海洋教育	· 福州船政学堂"入泮礼"开展海防教育,弘扬船政文化; · 国内首个少年科学院在青岛成立; · 北京学生文化节在北京第十二中学附属小学拉开序幕; · "我的海洋梦想"巡展活动走进海口滨海小学; · 青少年海洋教育协同创新中心正式落户青岛,中心面向全国青少年开展海洋教育; · 哈尔滨工程大学向其附中初中部捐赠千册《图说舰船》,帮助初中学生走向海洋; · 北京举办学生海洋意识教育活动
社会海洋教育	· 厦门市将建一批海洋意识教育基地; · 深圳举办"时代风帆"海防海权系列宣传教育活动; · 深圳面向游客及中小学生举办"爱海洋,爱厦门"摄影、征文活动; · 由海洋二所卫星海洋环境动力学国家重点实验室举办的全国科技周公众科学日活动,吸引了中小学学生及其家长在内的400多名公众参加; · 2018科普达人亲子挑战赛举办,聚焦海洋环保与科普主题; · 保护海洋环境公益广告征集作品; · 国际海洋科普联盟在青岛启动; · 全国首个海洋战斗文化主题国防教育基地揭牌; · 海洋国家实验室携手企业共建海洋科普教育基地; · 全国海洋意识教育基地在上海海昌海洋公园揭牌启动; · 青少年海洋教育协同创新中心正式落户青岛; · 海洋主题科普教育"中科小海军研学"启航

资料来源:对国家海洋局官网、海洋网信息的整理。

表2 2019年海洋教育发展事件

	事件
高等学校海洋教育	· 山东科技大学深耕海洋经济发展、加快新旧动能转换; · 四川海洋高等教育与海洋人才培养高峰论坛召开; · 山科大正式成立海洋科学与工程学院; · 广西海洋局与大连海洋大学签订战略合作框架协议; · 大连海洋大学获批首个设施渔业教育部重点实验室; · 浙江海洋大学将海洋意识教育与高校思政教育深度融合; · 河北、海南、江苏等多省筹建下一所"海洋大学" · 浙海大与上海交大共筑长三角海洋科考平台联盟; · 中俄东北亚海洋合作国际研讨会3月12日在大连召开; · 哈尔滨工程大学设立全国首个海洋机器人专业; · 福建海洋与渔业局和厦大推进共建"海洋智库"; · 大连海洋大学设施渔业重点实验室完成立项论证;

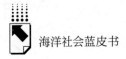

	事件
高等学校海洋教育	·2019 海洋教育国际研讨会分享全球海洋教育经验与成果; ·中国海大"东方红 3 号"船获全球最高静音认证; ·上海交通大学新成立海洋学院; ·青岛新增一所高职院校,将以海洋等专业为主导; ·广州美术学院20 世纪"海洋建设"主题作品展开幕; ·第十届中国海洋社会学论坛在云南举行; ·中山大学海洋科学学院编纂国内首套海洋科学专业系列教材; ·港科大将办全港首个海洋学士课程,培育海洋科技专业人才
初中等学校海洋教育	·全国中小学生海洋意识教育系列教材——《我们的海洋》出版发行; ·青岛"海洋教育"地域特色课程在义务教育课程设置中得到课时保障; ·教育部在课标修订中继续强化中小学生海洋意识; ·日照市唯一一座校园内海洋科普馆开馆; ·青岛 39 中举办海洋教育观摩活动; ·2020 年,青岛再增 50 所市级以上海洋教育特色学校; ·山东各地探索中小学海洋教育怎样引入社会资源; ·大连开发区滨海学校举办中国航海日游学活动; ·教育部将研学旅行纳入中小学教育教学计划,中国海洋学会增设委员会助力研学旅行发展; ·青岛成为全国首个在小学阶段普及海洋教育的城市
社会海洋教育	·海南大学南海海洋资源利用国家重点实验室向幼儿园小朋友进行海洋科普; ·青岛三所学校成为新的海洋科普教育基地; ·中国海洋学会增设了海洋研学工作委员会,推动中小学生海洋意识教育; ·海南军区幼儿园创幼儿海洋意识教育特色课程; ·六大博物馆联合启动"海洋与国防科普"全国青少年系列活动; ·青岛海洋地质研究所举办科普活动; ·全国海洋教育科普教育基地落户东山二中; ·深圳金沙湾举行第二届国际儿童海洋节启动仪式; ·合肥海洋世界儿童节水母孕婴室开放; ·沿海多地开展世界海洋日暨全国海洋宣传日活动; ·深圳首个海洋科普教育联盟揭牌成立; ·"航运与海洋"主题世界海洋日海洋文化活动举行; ·"我是海洋科学演说家"第三季进农科院附小; ·"蓝色畅想"海洋科普进校园活动在北京海淀区红英小学启动; ·中国水产科学研究院南海水产研究所深圳基地助力加强深圳儿童海洋环保科普教育; ·第八届面向全国大中学生的海洋文化创意大赛拉开序幕; ·第二届中西部青少年海洋研学活动(天津站)开营; ·深圳首家世界经济鱼类海洋馆挂牌深圳海洋文化意识教育基地

资料来源:根据国家海洋局官网、海洋网信息整理。

2. 高等学校海洋教育忽视海洋意识和情感培育

高等海洋教育是以学校为主体面向全体师生实施的海洋相关知识的教育，但在高校的教育体系中，涉海课程多是针对海洋相关专业学生，且授课中忽视对海洋伦理教育、情感认同的培养。学校海洋教育重视海洋科技成果的产出和转化，重视对专业人才的培养，但在此过程中，往往忽视的是海洋伦理方面的教育，科学技术改造自然的力量非常强大，如果缺乏海洋生态道德，海洋环境恶化的趋势将不能从根本上得到解决。增强高等院校学子的海洋意识是高等院校海洋教育工作的重要内容，同时，这也能促进全民海洋意识宣传教育工作。浙江海洋大学作为全国第一所建立海洋意识教育基地的高校，5 年来围绕大学生海洋意识教育内容积极进行理论体系、课程体系、平台体系、活动体系的探索，培育全校师生的"懂海、爱海、用海"的精神。[①] 各高校都应该积极探索增强学生的海洋意识，在课程教育中融入海洋意识教育的有关内容，进一步推动海洋意识教育的深化，使海洋意识教育形成体系。

3. 基础海洋教育发展不充分

2018～2019 年，中小学生的海洋教育成为海洋教育的重要内容。2019 年 2 月，教育部在课标修订中进一步强化中小学生的海洋意识；国家海洋局宣教中心加强顶层设计，决定到 2020 年建成 100 所海洋知识教育示范学校，基础学校海洋教育的重要性再一次提升。但由于基础教育固有的教育模式和轨道，以及长期以来受应试教育的挤压，仍然存在问题。初中等海洋教育长期以来在与应试教育的抗争中一直处于边缘化地位，教育者的海洋教育观、海洋教育目标不明确，时空上的断裂、教育内容与课程的碎片化、专业师资的缺乏和教育手段的单一是基础海洋教育现阶段存在的主要问题。[②] 虽然2018～2019 年初中等海洋教育形式多样且增大了对内陆地区中小学生

---

① 《浙江海洋大学打造特色海洋意识教育体系综述》，http://www.sohu.com/a/228864468_100122948，最后访问日期：2020 年 1 月 21 日。

② 马勇、马丹彤：《中小学海洋教育的进展、偏差及矫正》，《宁波大学学报》（教育科学版）2019 年第 3 期。

海洋意识的教育，但总体上看初中等海洋教育程度仍然不够，海洋教育资源缺乏体现在师资力量的缺乏、教材的缺失等各方面。此外，从高等海洋教育、中等海洋教育和初等海洋教育的划分来看，初中等海洋教育的比重明显过低。初中等海洋教育是海洋强国建设后继有人的重要保证，从初中到高等院校形成海洋教育体系对提升青年学生的海洋意识、培养海洋专业人才有重要意义。

（二）社会海洋教育存在的问题

2018～2019年，社会海洋教育覆盖面较广，渗透了中西部等内陆地区，海洋教育实施主体多元化，有良好的发展趋势，但仍然存在一些问题。

1. 社会海洋教育实施主体发挥作用不充分

社会海洋教育主要目的是提升民众的海洋意识，提升民众对海洋的关注度。社会海洋教育的实施主体包括政府、媒体、社团组织等，目前发挥主要作用的是政府。政府在开展活动时目的性、针对性较强，活动效果较好，但以宣传政策为主，活动形式单一。媒体在开展活动时注重创新性与趣味性，活动形式多样，但主要问题在于随意性较大，不能持久。社团组织开展海洋教育具有广泛性、持久性的特点，但我国类似的社团组织太少，不能充分发挥作用。

2. 社会海洋教育体系不完善

尽管改革开放40余年来，总体上，我国社会公众的海洋意识已经有所增强，但由于传统观念根深蒂固，长期以来受思想的禁锢，公众的海洋知识、对海洋的认知和了解都非常少。我国未形成系统的社会海洋教育体系，很多地方政府的宣传教育有很大的随意性和主观性，活动没有可持续性、渐进性。海洋主管部门并没有制订出实施海洋环境教育的长期计划，也没有长期规划，没有建立起海洋环境教育的长效机制，宣传教育活动大都集中在环境保护日而其余时间则很少开展类似的活动，社会海洋教育活动的长效性欠缺。

3. 内陆地区海洋教育活动仍然偏弱

社会海洋教育的地区不平衡问题有所缓解，但中西部与沿海地区的差距仍然较大。2016 年，国民海洋意识发展报告指出，从全国区域来看，国民海洋意识从沿海地区向内陆地区呈逐步减弱的趋势，中西部明显差于沿海地区。海洋教育水平的不均衡、国民海洋意识差距过大不利于海洋强国战略中的全民参与，不利于海陆统筹，使海洋强国建设中人才充分供给面临着挑战。

四　海洋教育发展建议

"欲国家富强，不可置海洋于不顾，财富取之海洋，危险亦来自海上。"要实现中华民族的伟大复兴，亟须建设海洋强国，而海洋人才的培养是这一目标实现的保证。同时，需要通过国民海洋意识的提高来提升海洋文化软实力。继续发展完善高等学校海洋教育的体系结构、加强海洋伦理道德教育、提升基础教育的比重、促进中小学海洋教育规范发展及促进社会海洋教育的多样化发展是海洋教育未来努力的方向。

（一）学校海洋教育发展建议

无论是一个专业、一个系还是一个学校，只有结合现实国情进行研究，才有生生不息的动力，重要的一点是要结合我国国情进行学术研究，同时能对解决我国国民经济中的实际问题有直接的帮助。也就是，应该将学术研究与国家的前途、人民的生活联系在一起。海洋强国建设的目标需要更高水平的海洋专业人才，需要现行海洋教育体系的改进。

1. 完善高等海洋教育结构体系

高等海洋教育受国家大力支持而发展迅速，但高等海洋教育结构体系尚不完善，海洋高等教育结构决定海洋人才培养结构，应完善高等海洋教育结构。一是解决高等海洋教育机构的地域不平衡问题，加大对内陆地区海洋教育机构的支持力度。二是科学设置海洋学科布局，在全国开展海洋高等教育

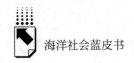

的高校，需要科学规划海洋基础学科、应用学科、技术学科，以及自然科学与哲学人文社会科学的合理布局。① 三是高等院校自身要主动对接海洋强国建设和"一带一路"倡议，发展与时俱进的海洋专业教育。

2. 学校海洋教育需要贯彻海洋伦理教育

海洋伦理可以为使海洋教育明确价值定位，明确海洋教育的目标和方向。② 因此，我们应该把海洋伦理教育渗透和贯彻到整个学校海洋教育中，在高等教育体系中对海洋专业人才的培养需要提升学生对海洋在情感上的认同和伦理价值上的肯定。高校应该有意识地注重培养学生对海洋的感情，而非重理论、轻应用，重科学、轻伦理。海洋道德情感培养的具体途径可以从以下方面着手：加强课程建设，强力推广海洋通识教育课程，不仅要在涉海学科推广，也要在人文学科专业推广。增加与海洋的接触能有效增强对海洋的感情认同，高校应该通过多种形式增加学生与海洋接触的机会，如海洋文化节、海洋日等。

3. 加强基础海洋教育，继续提高初中等海洋教育比重

总体上看，中小学校的海洋教育比重仍然过低，从海洋强国战略的角度考虑，义务教育阶段和高等教育阶段应实施不同层次的海洋教育，建立健全海洋教育体系。《国民海洋意识发展指数报告（2016）》指出，我国民众对海洋基础知识的需求量较大，但对海洋基础知识也存在着误解。③ 部分原因可能在于前一阶段的教育对海洋知识的重视程度不够，因此，应提高中小学海洋教育的比重，推动海洋知识进课本、进校园，促进中小学海洋教育与高等教育阶段海洋教育的衔接。

4. 初中等海洋教育应建立课程体系，推动师资发展

由于义务教育阶段的应试教育模式，中小学的海洋教育常常作为特色课

---

① 宁波、郭靖：《中国海洋高等教育70年回顾与展望》，《宁波大学学报》（教育科学版）2019年第5期。

② 王诗红：《海洋伦理教育不应忽视对海洋道德情感的培养》，《海洋教育新进展——2011年海洋教育国际研讨会论文集》，中国海洋大学出版社，2013，第107～111页。

③ 国民海洋意识发展指数课题组：《国民海洋意识发展指数报告（2016）》，海洋出版社，2016，第99页。

程不定期开展。全面提升中小学生的海洋素养，应建立与之相适应的海洋课程，包括增加海洋知识的学科课程、进行海洋情感培养的活动课程及旨在全面提升学生海洋素养的海洋环境课程。欲发挥海洋教育教师在海洋教育中的主导作用，重要的是提高教师的专业水平，针对目前中小学海洋教育师资选取与使用上存在的问题，提高教师专业化水平应是治本之策。[①] 一是为提升中小学海洋教育师资力量，可加强中小学校与海洋类高校或科研院所的联系，进行师资培养；二是可定期开展海洋教育课程研讨活动；三是学校作为实施海洋教育的主阵地，校内的海洋教育科研活动有利于提升教师科研水平。从长远来看，加大对中小学生海洋素养的培养，是形成学校海洋教育体系的前提。

（二）社会海洋教育发展建议

社会海洋教育的主要目的是提升公众的海洋意识，提高公众对海洋的认知与参与度，增强公众对海洋的情感认同。针对社会海洋教育目前存在的问题，社会海洋教育未来的努力方向应包括以下几个方面。

1. 充分发挥各教育主体的作用

社会海洋教育主体多元，主要包括政府、企业、媒体、非政府组织、社会团体等，各主体由于本身的特性在开展活动时侧重点不同，发挥的功能也不同，各主体之间相互配合才能更好地推进社会海洋教育的发展。政府在社会海洋教育中发挥总领功能，制定目标及长远方针，对各主体的活动给予支持。媒体的影响力广泛，辐射范围广，大众传媒在社会海洋教育中要主动加大海洋意识的宣传教育，尤其是内陆地区的地方性传媒应着重传播有利于增强公众海洋意识的信息与知识。目前我国与海洋有关的非政府组织和社会团体数量较少，而社团组织在社会海洋教育中有无法替代的功能，因此，各方应支持与海洋有关的非政府组织、社会团体的发展。

---

① 马勇、马丹彤：《中小学海洋教育的进展、偏差及矫正》，《宁波大学学报》（教育科学版）2019年第3期。

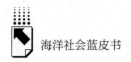

2. 构建完善全民海洋教育体系

2014 年，中宣部颁布的《关于提升全民海洋意识宣传教育工作方案》和《关于提高海洋意识加强海权教育的工作方案》提出，"要加快推进海洋知识进学校、进教材、进课堂"。对此，教育部和国家海洋局自 2015 年开始组织编制"全民海洋意识教育指导纲要"，至今尚未出台。但 2016 年国家海洋局会同教育部、文化部等五部门联合印发了《全民海洋意识宣传教育和文化建设"十三五"规划》，增强海洋意识教育。[①] 国家海洋局计划于"十三五"规划末期建成 200 所全国海洋意识教育基地和海洋科普教育基地，初步建成将学校和社会都包含在内的全民海洋意识教育体系。只有完善全民海洋教育体系，将海洋教育的目标明确化，相关部门才能有的放矢，有效地进行宣传引导。相关部门不乏对海洋环境的关注，海洋教育体系不完善使活动缺乏目的性及长效性。只有少数沿海社区进行海洋教育的宣传教育，但未纳入长期计划范围，也没有明确的目标体系及活动体系，活动不完整，未能形成有效机制。

3. 继续推进内陆地区海洋教育的发展

中西部地区缺乏实施海洋教育的资源，海洋教育的形式单一、实践性不足，因此，社会海洋教育工作需要以中部为重点，以西部为难点，大力促进中西部公众海洋意识和海洋教育水平的均衡发展。网络媒体是推动中西部地区海洋教育的有效手段。各地区推动海洋教育要因地制宜，实现各地区海洋教育的均衡发展，避免地区之间海洋教育水平差距过大。

---

① 马勇、马丹彤：《中小学海洋教育的进展、偏差及矫正》，《宁波大学学报》（教育科学版）2019 年第 3 期。

B.5
中国海洋管理发展报告

董兆鑫　刘梦雪*

摘　要： 党的十九大以来，我国海洋管理工作进入新时代。在新时代的定位下，海洋管理工作继续围绕海洋强国的战略目标展开，海洋行政管理机构改革更加深入，海洋法治更加完善，海洋资源管理更加严格，海洋环境治理更加规范，海洋权益保护常态化。未来的海洋管理工作将突出海洋督察、检查的趋势，严格执法和管理工作；推动海洋行政管理机构的改革，推进治理体系和治理能力现代化；深入参与国际海洋空间规划，促进政策标准互联互通。因此，要形成以海洋基本法为基础的海洋法律法规体系，整合涉海职能部门的职责，理顺地方海洋环境保护的条块关系，形成规范化和常态化的海洋战略规划，开展务实国际合作。

关键词： 海洋管理　机构改革　海洋资源

一　海洋管理现状

党的十九届三中全会通过了《中共中央关于深化党和国家机构改革的决定》和《深化党和国家机构改革方案》（以下简称《方案》）。依照

---

* 董兆鑫，中国海洋大学法学院博士研究生，研究方向为公共政策与法律；刘梦雪，中国海洋大学国际事务与公共管理学院硕士研究生，研究方向为海洋行政管理。

《方案》，我国开始了一场全方位、宽领域的党和国家机关职能优化调整的改革。2018～2019年海洋管理机构职责实现了平稳过渡，海洋法制、海洋资源管理与环境保护、海洋权益维护、海洋应急管理等工作持续推进。

（一）管理机构改革

在国家层面，按照《方案》的要求，不再保留国家海洋局，其职责分别由新组建的自然资源部和生态环境部承担。自然资源部对外保留国家海洋局的牌子。2018年9月11日，根据中央机构编制委员会办公室公布的自然资源部"三定"方案，该部负责海域、海岛、海底地形保护利用管理，制定保护利用规划，海洋观测预报、预警、减灾、参与重大海洋灾害应急处置等工作，[①] 并设置海洋战略规划与经济司、海域海岛管理司、海洋预警监测司。原国家海洋局北海、东海、南海分局变更为自然资源部北海、东海、南海局。2019年5月10日，自然资源部党组印发北海局、东海局、南海局的"三定"方案，明确了三个海区局关于贯彻执行海洋自然资源法律法规、统筹海陆发展、进行海洋自然资源调查监控评价等10项主要职责。[②] 2018年9月11日，根据生态环境部公布的"三定"方案，该部承担的职能包括制定海洋生态环境基本制度、对海洋各类污染物排放总量进行控制等，[③] 具体工作由海洋生态环境司负责。

在地方层面，我国沿海11省（区、市）机构改革方案均已获批。山东、广西两省（区）分别组建自然资源厅、海洋局，山东另组建省委海洋发展委员会作为省委议事协调机构。福建组建省海洋与渔业局，为正厅级省政府直属机构。海南组建省自然资源和规划厅，加挂省海洋局牌子。河北、

---

① 《自然资源部职能配置、内设机构和人员编制规定》，http://www.scopsr.gov.cn/zlzx/bbwj/201811/t20181120_326754.html，最后访问日期：2019年9月2日。

② 王少勇：《自然资源部三个海区局"三定"规定公布》，《中国自然资源报》2019年5月23日，第1版。

③ 《生态环境部职能配置、内设机构和人员编制规定》，http://www.scopsr.gov.cn/zlzx/bbwj/201811/t20181120_326753.html，最后访问日期：2019年9月2日。

浙江、广东三省分别组建省自然资源厅，加挂省海洋局牌子。天津市、上海市组建市规划和自然资源局，天津保留市海洋局牌子，上海市水务局挂海洋局牌子。辽宁、江苏组建省自然资源厅，不再保留辽宁省海洋与渔业厅、江苏省海洋与渔业局。①

（二）海洋立法与执法

1. 海洋法律法规

海上交通污染防治、极地海洋开发等内容成为海洋立法工作的重点。2018年3月14日，国务院办公厅印发了2018年立法工作计划，立法项目包括"海上交通安全法修订草案"（交通运输部起草）、"海洋石油勘探开发环境保护管理条例"（海洋局起草）。②2018年3月，国务院根据《中华人民共和国海洋环境保护法》，制定了《中华人民共和国防治海岸工程建设项目污染损害海洋环境管理条例》和《防治海洋工程建设项目污染损害海洋环境管理条例》（2018年3月19日修正版），并对《防治船舶污染海洋环境管理条例》（2018年修正版）进行了第六次修订。2019年3月9日，全国人大常委会将南极立法列入了十三届全国人大委员会立法规划，并交由全国人大环资委牵头起草和提请审议。③2019年6月5日，《自然资源部2019年立法工作计划》印发，其中提到自然资源部将积极配合全国人大有关专门委员会做好"南极法""海洋基本法"等的立法工作。④

根据国务院对涉及"放管服"改革的规范性文件进行清理的工作要求，

---

① 孙安然：《沿海11省区市机构改革方案均获批》，http://www.mnr.gov.cn/dt/hy/201811/t20181114_2364648.html，最后访问日期：2019年9月2日。
② 《国务院办公厅关于印发国务院2018年立法工作计划的通知》，http://www.gov.cn/zhengce/content/2018-03/14/content_5274006.html，最后访问日期：2019年9月2日。
③ 许雯：《全国人大环资委：正就南极立法开展立法调研和论证》，https://news.sina.com.cn/c/2019-03-09/doc-ihrfqzkc2427066.shtml，最后访问日期：2019年9月2日。
④ 乔思伟：《自然资源部2019年立法工作计划印发》，http://www.gov.cn/xinwen/2019-06/07/content_5397932.htm，最后访问日期：2019年9月7日。

国家海洋局重新修订了《海域使用论证管理规定》，并重新编写《关于建立海域使用论证工作举报制度的通知》，进一步形成了《关于鼓励举报海域使用论证违法违规行为有关事项的通知（征求意见稿）》。[①] 2018 年 3 月 13 日，国家海洋局制定了《中国极地考察数据管理办法》。[②] 2019 年 2 月 20 日，农业农村部依据《中华人民共和国渔业法》《中华人民共和国海上交通安全法》《中华人民共和国渔港水域交通安全管理条例》等相关法律法规和《国务院关于取消一批行政许可等事项的决定》文件精神，实行渔船进出渔港报告制度，[③] 并于 2019 年 8 月 1 日印发了修订的《远洋渔船船位监测管理办法》。[④]

2. 海洋执法

2018 年 8 月，全国人大常委会时隔 20 年再次启动了海洋环境保护法的执法检查。此次检查覆盖了天津、河北、辽宁、浙江、福建、山东、广东、海南等 8 个省（市），上海、江苏、广西 3 个省（区、市）由地方人大对该行政区域内海洋环境保护法的实施情况进行检查。[⑤]

2018～2019 年，海洋行政执法部门主要采取了专项执法和联合执法两种形式，对海洋资源破坏行为进行打击。2018 年 4 月，沿海各地"海盾 2018""碧海 2018"专项执法行动陆续开展，进一步加强对围填海的管控，打击破坏海洋环境和野生动物资源的违法行为。[⑥] 2018 年 5 月 28 日，广东、

---

① 《国家海洋局海域综合管理司关于就〈海域使用论证管理规定（修订稿）〉和〈关于鼓励举报海域使用论证违法违规行为有关事项的通知〉征求意见的通知》，http：//finance. china. com. cn/roll/20180111/4504804. shtml，最后访问日期：2019 年 12 月 20 日。
② 赵建东：《〈中国极地考察数据管理办法〉印发》，http：//epaper. oceanol. com/content/ 201804/02/c1998. html，最后访问日期：2019 年 9 月 2 日。
③ 《农业农村部关于施行渔船进出渔港报告制度的通告》，http：//www. moa. gov. cn/nybgb/ 2019/201902/201905/t20190517_ 6309466. htm，最后访问日期：2019 年 12 月 7 日。
④ 《农业农村部关于印发〈远洋渔船船位监测管理办法〉的通知》，http：//www. moa. gov. cn/ govpublic/YYJ/201908/t20190816_ 6322729. htm，最后访问日期：2019 年 12 月 7 日。
⑤ 安胜蓝：《全国人大常委会启动海洋环境保护法执法检查》，http：//news. gmw. cn/2018 - 08/28/content_ 30818120. htm，最后访问日期：2019 年 9 月 2 日。
⑥ 王自堃：《"海盾""碧海"专项执法行动启动》，http：//www. oceanol. com/zhifa/201804/ 11/c75898. html，最后访问日期：2019 年 9 月 2 日。

广西、海南三省（区）海洋与渔业执法队伍开展了交界海域的联合执法专项行动，以属地管辖和就近扣押相结合的方式，加大了对跨省违法行为的查处力度。① 2019 年 3 月 8 日，农业农村部组织开展了"中国渔政亮剑 2019"系列专项执法行动。② 2019 年 5 月 1 日，中国海警局继续深化与相关部门配合，开展了 2019 年海洋休渔执法行动。③ 渔政执法工作持续高压，促进了伏季休渔秩序总体稳定。

（三）海洋资源管理

1. 海岛管理

制度建设、基础设施建设、海岛统计与开发是海岛管理的重要方式。在海岛有偿使用管理方面，2018 年 7 月 5 日，国家海洋局发布《关于海域、无居民海岛有偿使用的意见》，到 2020 年，要基本建立保护优先、产权明晰、权能丰富、规则完善、监管有效的海域、无居民海岛有偿使用的制度。④ 2018 年 10 月 31 日，江苏出台了《江苏省海域和无居民海岛使用金征收管理办法》，⑤ 促进海域及无居民海岛的有效保护和合理开发利用。浙江、广东开展无居民海岛使用权市场化出让的试点工作，建立开发利用后评估制度。⑥

---

① 李鹏、杨晓佼：《粤桂琼三省（区）首次海洋与渔业跨省联合执法行动拉开序幕》，http://www.gxoa.gov.cn/gxhyj_ gongkaimulu_ sjdt/2018/05/31/ab3a7a0e952d484f964fc782065d519b.html，最后访问日期：2019 年 9 月 2 日。

② 《农业农村部关于印发〈"中国渔政亮剑 2019"系列专项执法行动方案〉的通知》，http://www.moa.gov.cn/nybgb/2019/0201903/201905/t20190525_ 6315397.htm，最后访问日期：2019 年 12 月 7 日。

③ 刘新：《中国海警 2019 年海洋休渔执法启动》，http://epaper.oceanol.com/content/201905/07/c10652.html，最后访问日期：2019 年 12 月 9 日。

④ 《国家海洋局关于海域、无居民海岛有偿使用的意见》，http://news.cctv.com/2018/07/05/ARTIah3wyDJ4xwM8EWro7Mgz180705.shtml，最后访问日期：2019 年 9 月 3 日。

⑤ 江苏省人民政府办公厅：《江苏省财政厅江苏省海洋与渔业局关于印发〈江苏省海域和无居民海岛使用金征收管理办法〉的通知》，http://www.js.gov.cn/art/2018/10/31/art_ 64797_ 7877609.html，最后访问日期：2019 年 9 月 3 日。

⑥ 贾政、肖乃花：《粤浙将开展无居民海岛使用权出让试点》，http://m.people.cn/n4/2019/0226/c3522 – 12376396.html，最后访问日期：2019 年 9 月 3 日。

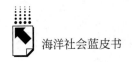

海南省三沙市的岛礁建设是基础设施建设的重点区域。2019年1月1日,自然资源部在南沙群岛永暑礁、渚碧礁、美济礁建设的生态修复设施正式启用,重点用于珊瑚礁生态系统保护。① 2019年9月6日,广州海洋地质调查局在海南三沙市宣德群岛等海域开展了综合地质调查,并编制了《海南省三沙市地质环境图集》。② 2019年10月16日,三沙市"海南省2018年电信普遍服务试点建设项目"竣工,三沙市有人住岛礁实现了4G信号全覆盖。③

海岛统计与开发工作是海岛管理的重点内容。2018年7月26日,自然资源部发布2017年海岛统计调查公报,公报显示我国共有海岛1.1万余个,已建成涉及海岛的各类保护区共194个。④ 海岛旅游业成为2019年海洋经济新的增长点。2019年8月14日,三沙市政府、三亚市政府签署旅游合作框架协议,通过协调生态和区位优势,共同构建海洋旅游合作与发展新格局。⑤

2. 海岸带管理

海岸带管理的制度设置和实践趋向精细化、科学化。2018年1月1日,我国大陆沿海省份第一部规范海岸带保护、利用、管理的地方性法规——《福建省海岸带保护与利用管理条例》正式实施,突出陆海统筹、保护优先原则,对海岸线两侧的海域与陆域空间进行综合统筹协调管理。⑥ 2018年9月,深圳出台了《海岸带综合保护与利用规划》,提出了构建全国首个全域

---

① 《自然资源部南沙群岛生态保护修复设施正式启用》,http://www.mnr.gov.cn/dt/ywbb/201901/t20190101_2384568.html,最后访问日期:2019年12月7日。

② 《海洋地调部门积极服务三沙岛礁开发和保护》,http://www.oceanol.com/content/201909/06/c89602.html,最后访问日期:2019年12月7日。

③ 《中国海洋报》:《海南电信普遍服务站建成 三沙有人住岛礁4G全覆盖》,http://www.oceanol.com/content/201910/22/c90493.html,最后访问日期:2019年12月7日。

④ 自然资源部:《我国海岛逾1.1万个已建成涉岛保护区194个》,http://www.gov.cn/xinwen/2018-07/30/content_5310431.htm,最后访问日期:2019年9月2日。

⑤ 庞修河:《三沙三亚共建海洋旅游合作发展新格局》,http://www.oceanol.com/content/201908/16/c89113.html,最后访问日期:2019年12月7日。

⑥ 彭建军:《〈福建省海岸带保护与利用管理条例〉元旦正式实施》,http://news.cnr.cn/native/city/20171229/t20171229_524081146.shtml,最后访问日期:2019年9月3日。

陆海生态空间格局的设想。① 2019 年，广东建设了一批海岸带综合示范区，实现海岸带的分类、精细化管理，开展市级海岸带综合保护与利用总体规划试点。② 2019 年，广东省③、江苏省④全面启动全省海岸线修测工作；山东省⑤、海南省⑥推动了海岸带保护、湾长制的立法工作进程。社会组织为海岸线管理提供助力。2019 年 9 月 8 日，中国海洋学会海洋旅游分会、海岸带开发与管理分会联合主办的海洋旅游与海岸带保护论坛讨论了为地方海岛海岸带开发与管理科技需求提供服务等议题。⑦

3. 海洋空间规划

涉海功能区划设计的科学化和国际化水平不断提升。2018 年 1 月 21 日，上海市发布《上海市海洋"十三五"规划》，将积极探索建设"全球海洋中心城市"。⑧ 2018 年，河北、江苏、广西等地也相继发布了海洋主体功能区规划。2019 年 5 月，中共中央、国务院发布了《关于建立国土空间规划体系并监督实施的若干意见》（以下简称《意见》），明确指出开展海岸带、自然保护地等专项规划的编制。同时，海洋空间规划已经成为当今国际海洋合作交流的热点领域。中国与泰国、孟加拉国在海洋空间规划及相关领

---

① 郑柱子：《深圳出台〈海岸带综合保护与利用规划〉用国土空间规划的手法来做海岸带的规划》，http：//news. cnr. cn/native/city/20181009/t20181009_ 524380296. shtml，最后访问日期：2019 年 9 月 3 日。

② 肖乃花：《广东加快实施海岸带综合保护与利用总体规划》，《中国自然资源报》2019 年 4 月 27 日，第 5 版。

③ 粤文：《广东全面启动海岸线修测》，《中国海洋报》2019 年 9 月 10 日，第 1 版。

④ 《省自然资源厅启动全省海岸线修测工作》，https：//news. yangtse. com/content/742880. html，最后访问日期：2019 年 12 月 9 日。

⑤ 鲁文：《山东省人大召开海岸带保护立法座谈会》，http：//epaper. oceanol. com/content/201903/27/c9997. html，最后访问日期：2019 年 12 月 7 日。

⑥ 《海口市湾长制规定》，http：//www. haikou. gov. cn/zfdt/hkyw/201910/t20191016_ 1446908. html，最后访问日期：2019 年 12 月 9 日。

⑦ 郭松峤：《海洋旅游与海岸带保护论坛在沈阳举行》，《中国海洋报》2019 年 9 月 10 日，第 1 版。

⑧ 《上海市人民政府办公厅关于印发〈上海市海洋"十三五"规划〉的通知》，http：//www. shanghai. gov. cn/nw2/nw2314/nw39309/nw39385/nw40603/u26aw54847. html，最后访问日期：2019 年 9 月 3 日。

域开展合作并建立伙伴关系。2019 年 8 月，自然资源部第一海洋研究所与巴拿马国际海事大学共同签署了《海洋空间规划合作谅解备忘录》。①

（四）海洋环境保护

海洋环境保护制度日益完善。国务院授权国家海洋局对沿海十一省（区、市）开展了围填海专项督察、例行督察。2018 年 1 月，根据第一批督察反映的情况，国家海洋局采取了"史上最严围填海管控措施"，取消区域建设用海、养殖用海规划制度，原则上不再审批一般性填海项目，将自然岸线保有率纳入地方政府考核指标。② 2018 年 2 月，国家海洋局印发《全国海洋生态环境保护规划（2017~2020 年)》，确定了陆海统筹、以海定陆的发展原则，严格实行生态环境保护制度。③ 2019 年 6 月 17 日，《中央生态环境保护督察工作规定》印发，④ 海洋环境将在规范的环保督察体系下得到更好的保护。

海洋生态红线制度管理更加高效。截至 2018 年底，我国 11 个沿海省（区、市）均已建立起了海洋生态红线保护制度，全国 30% 的管辖海域、35% 以上的大陆岸线被纳入生态红线管理。⑤ 2019 年 9 月，自然资源部国土空间规划局、生态环境部自然生态保护司联合召开生态保护红线评估调研交流会，讨论解决海洋生态红线应划未划，矛盾冲突，加强陆海、省际衔接等问题。⑥

---

① 王晶：《为全球海洋空间规划贡献中国智慧》，《中国海洋报》2019 年 8 月 23 日，第 1 版。
② 何欣：《我国将实施最严格围填海管控，到 2020 年完成 2000 公顷海域、海岸带整治修复》，http://www.ce.cn/xwzx/gnsz/gdxw/201801/22/t20180122_27828207.shtml，最后访问日期：2019 年 9 月 3 日。
③ 赵婧、郑彤：《国家海洋局印发〈全国海洋生态环境保护规划〉》，http://epaper.oceanol.com/content/201802/13/c74374.html，最后访问日期：2019 年 9 月 3 日。
④ 《中共中央办公厅 国务院办公厅印发〈中央生态环境保护督察工作规定〉》，http://www.gov.cn/xinwen/2019-06/17/content_5401085.htm，最后访问日期：2019 年 12 月 7 日。
⑤ 林间：《海洋生态文明建设 仅仅守住红线是不够的》，《中国海洋报》2019 年 1 月 16 日，第 2 版。
⑥ 刘川、曾容：《因时而动 评估调整海洋生态保护红线》，http://epaper.oceanol.com/content/201909/12/c12902.html，最后访问日期：2019 年 12 月 7 日。

入海污染物的源头治理行动进一步强化。2018 年机构改革后，海洋倾倒监督管理职责划转至生态环境部。生态环境部稳步推进海洋倾废监督管理机构的建设，并发布相关文件，规定任何企业向海洋倾倒废弃物必须获许可证。① 2019 年，生态环境部加强了排污口排查工作。2019 年 6 月 24 日，生态环境部启动河北唐山、天津（滨海新区）、辽宁大连、山东烟台 4 个城市入海排污口现场排查工作。②

（五）海洋权益保护

维护海洋权益是建设海洋强国的根本保障。为了应对日益严峻的海洋权益挑战，我国在提高海警巡航频次、提升海岛控制能力、加强海军建设、提高国民海洋国土意识等诸多方面做出努力。2018 年 1 ~ 7 月，中国海警舰船编队持续在我国钓鱼岛领海内巡航。2018 年 5 月，我国军舰、海警船、地方综合执法船首次联合对西沙海域展开巡逻任务，依照各自权限和分工对侵害我国海洋权益、违法捕捞等情况进行快速应对。③2018 年 9 月，我国首个以海洋战斗为主题的全民国防教育基地在厦门揭牌。④ 2019 年 5 月 9 日，中国海警 2501 舰艇编队再次巡航钓鱼岛领海。⑤ 2019 年 11 月 20 日、21 日，美海军"吉福兹"号濒海战斗舰、"迈耶"号导弹驱逐舰，分别擅自进入中国南沙岛礁邻近海域、西沙群岛领海，中国南部战区对其进行全程跟踪监视、查证识别，并予以警告驱离。⑥ 2019

---

① 刘川：《生态环境部：任何企业向海洋倾倒废弃物须获许可证》，http：//epaper. oceanol. com/content/201812/18/c7920. html，最后访问日期：2019 年 9 月 3 日。
② 赵婧：《环渤海四市入海排污口现场排查启动》，《中国海洋报》2019 年 6 月 26 日，第 1 版。
③ 薛成清、盆世舟、潘新新：《记军警民联合编队首次巡逻西沙岛礁》，http：//www. oceanol. com/content/201805/23/c77354. html，最后访问日期：2019 年 9 月 2 日。
④ 张珺：《全国首个海战主题国防教育基地揭牌》，http：//epaper. oceanol. com/content/201809/19/c5588. html，最后访问日期：2019 年 9 月 3 日。
⑤ 《中国海警 2501 舰艇编队在中国钓鱼岛领海内巡航》，http：//military. cnr. cn/zgjq/20190509/t20190509_ 524606381. html，最后访问日期：2019 年 12 月 7 日。
⑥ 《美方两艘军舰擅闯我南海岛礁邻近海域 外交部回应》，http：//news. cctv. com/2019/11/22/AR TIVznEJF3pLezVLp0PXZfL191122. shtml，最后访问日期：2019 年 12 月 9 日。

年8月27日，教育部将海洋意识教育列入高中历史教材重点学习内容。①

（六）海洋灾害预警与应急管理

我国海洋灾害的种类繁多，发生频繁，不可避免地影响着沿海地区的生产活动。2018～2019年，我国海洋应急管理工作取得以下进展。第一，海洋应急防御能力提升。2018年3月，《国家重大海上溢油应急处置预案》正式发布。2018年9月，为了检验预案磨合应急处理、响应机制，交通运输部、浙江省人民政府联合举办了国家重大海上溢油应急处置演习；② 2018年9月27日，交通运输部发布并实施了《中华人民共和国船舶污染海洋环境应急防备和应急处置管理规定（2018修正）》。③ 第二，海洋监测、预防能力提升。2018年12月，"中国海洋预报网"正式启用，它成为发布风暴潮、海浪、海冰、海啸、赤潮、绿潮等海洋灾害预警信息和海温、海流等海洋预报信息的专业平台。④ 2019年3月，自然资源部海洋减灾中心召开工作会议，部署了2019年海洋灾害预警、评估、决策等六项重要任务。⑤ 2019年汛期，我国海洋灾害预测机构及时准确地发布了预警信息，为超强台风"利奇马"等28次热带气旋减灾工作提供了技术支持。⑥

---

① 宗禾：《新编高中历史教材突出海洋意识教育》，http：//epaper. oceanol. com/content/2019 09/09/c12810. html，最后访问日期：2019年12月9日。
② 中华人民共和国交通运输部：《2018年国家重大海上溢油应急处置演习新闻通气会》，http：//www. mot. gov. cn/2018wangshangzhibo/2018tongqihui/index. html，最后访问日期：2019年9月4日。
③ 中华人民共和国交通运输部：《交通运输部关于修改〈中华人民共和国船舶污染海洋环境应急防备和应急处置管理规定〉的决定（中华人民共和国交通运输部令2018年第21号）》，http：//xxgk. mot. gov. cn/jigou/fgs/201810/t20181015_3099550. html，最后访问日期：2019年9月4日。
④ 方正飞：《"中国海洋预报网"正式上线》，http：//epaper. oceanol. com/content/201812/14/c7880. html，最后访问日期：2019年9月5日。
⑤ 陈晨：《完善工作体系　落实海洋生态监测预警新职责》，http：//epaper. oceanol. com/content/201903/20/ c9770. html，最后访问日期：2019年12月9日。
⑥ 方正飞：《2019年汛期海洋预警报总结经验》，http：//epaper. oceanol. com/content/201912/11/c14486. html，最后访问日期：2019年12月7日。

二 我国海洋管理的发展趋势

（一）督察、检查力度不断加大

海洋督察制度是推进海洋生态文明建设的重要保障，是完善海洋环境领域监督检查体系的重要举措，是配置海洋资源、落实海洋生态环境主体责任的重要手段。① 国家海洋督察工作的有效部署和扎实推进，是政府治理体系和治理能力现代化水平提升的重要表现，推动了长期存在的海洋环境保护和资源节约利用问题的解决。

海洋督察、检查力度不断加大。2018 年 1 月，第一批国家海洋督察围填海专项督察的 6 省（区）立案处罚 262 件，罚款 12.47 亿元，拘留 1 人，约谈 110 人，问责 22 人。② 2018 年 7 月，第二批国家海洋督察向天津、山东、上海、浙江、广东反馈督察情况，其中，除天津外四省截至 2018 年 4 月 30 日，督察组转办案件共立案处罚 69 件，罚款 81144.5182 万元。③ 2018 年 5 月和 10 月，两批次第一轮环保督察"回头看"相继在 20 个省（区）展开，截至 2018 年 12 月 20 日，罚款 10.2 亿元，问责 8644 人。④ 2018 年 9 月到 10 月，全国人大常委会执法检查组由三位副委员长带队对辽宁等沿海八省（区、市）进行了海洋环境保护执法检查，并指出近岸局部海域污染、入海排污口设置与管理问题突出，陆源污染防治力度不够等七大问题。⑤ 各

---

① 王宏：《实施国家海洋督察制度 推进海洋生态文明建设》，http://www.gov.cn/xinwen/2017-01/23/content_5162501.htm，最后访问日期：2019 年 9 月 5 日。

② 信娜：《首次国家海洋督察 6 省份 22 人被问责》，http://www.bjnews.com.cn/inside/2018/01/18/472989.html，最后访问日期：2019 年 9 月 5 日。

③ 数据整理自自然资源部第二批海洋督察结果反馈。详情参见自然资源部网站：http://www.rkz.xzgtt.gov.cn/zt/hy/hydc/。

④ 冷昊阳：《中央生态环保督察"回头看"：罚款超 10 亿元 拘留 722 人》，http://www.chinanews.com/gn/2018/12-28/8714584.shtml，最后访问日期：2019 年 9 月 5 日。

⑤ 沈跃跃：《全国人民代表大会常务委员会执法检查组关于检查〈中华人民共和国海洋环境保护法〉实施情况的报告》，http://www.npc.gov.cn/zgrdw/npc/zfjc/zfjcelys/2018-12/25/content_2069494.htm，最后访问日期：2019 年 9 月 6 日。

地也在探索地方层面的督察检查方式，与国家层面的督察检查相适应。2017年，各地开展了与中央环保督察相适应的省级环保督察。在国家层面，督察检查保持高压态势。各督察、检查小组组长级别较高，督察力度较大，督察结果能够有效运用，压实了地方政府的环境保护责任，解决了一大批长期存在而又难以解决的环境问题。在地方层面，被督察省政府根据中央环保督察和国家海洋督察的反馈，能够及时形成督察整改方案，并切实整改督察检查指出的各类问题，形成地方层面的环保督察制度。总的来说，国家、省级层面的各项环境督察检查的力度会不断加大，督察检查的制度性、规范性、连续性不断增强，各类海洋环境违法行为的成本不断提高，海洋资源的审批和使用要求更加严格，有利于限制不合理的海洋开发行为、节约海洋资源、修复海洋环境、建设美丽海洋。

（二）海洋行政管理机构职能优化

2018年2月28日，十九届中央委员会第三次全体会议通过了《中共中央关于深化党和国家机构改革的决定》（以下简称《决定》），这成为推进国家治理现代化和贯彻落实十九大精神的一项重要举措。新一轮的党和国家机构改革为海洋管理、治理现代化带来了新的契机。2018年国务院机构改革将海洋环境保护职责整合到生态环境部，设立海洋生态环境司，打通了陆地和海洋，明确了生态环境部的职责。在自然资源部设置海洋战略规划与经济司、海域海岛管理司、海洋预警监测司、国际合作司（海洋权益司）。

海洋行政管理体制的优化整合得益于国家治理环境的变化。《决定》的目标之一是构建职责明确、依法行政的政府治理体系。海洋行政管理是政府治理体系的组成部分，所以海洋行政管理机构改革的最直接目标是职责明确、依法行政。这一目标直指长期以来海洋行政管理领域内机构重叠、职责交叉、权责不一致等诸多问题。《决定》指出的改革目标还包括"构建系统完备、科学规范、运行高效的党和国家机构职能体系，形成总揽全局、协调各方的党的领导体系"等内容。党的领导体系建设必然要求地方党委和政府对地方环境保护工作负责，这有助于改善以往地方党委对环境保护不担责、地方政府在环保问题上不作为甚至是环保为经济发展让路等问题。所以海洋行政管理体制不仅获得自身机构改革的利好条件，还能够从党和政府深化改革的整体环境中获益。

由于海洋环境保护职责调整到生态环境部，海洋环境保护将同时受益于机构改革和生态环境机构监测监察执法垂直管理制度改革。前者明确了海洋管理机构与职责，后者旨在减小横向干预，强化地方环保部门职责，上收环境监测权，推动环境执法中心下移。但由于海洋的流动性，目前的海洋管理体制并不能实现独立部门的管理，往往需要多个部门相互配合，涉及跨区域、跨领域的海洋问题需要多部门联合行动来解决，因此在梳理好各类涉海管理机构权责的基础上，仍需要特定的议事协调机构或机制。自然资源部北海局、东海局、南海局等机构具有了区域协调的基本功能，例如自然资源部北海局的职责包括海区海洋事务综合协调、军警地协调对接等。生态环境部下辖华北、华中、华南、西北、西南、东北等六个督察局，其职责包括承办跨省区域重大生态环境纠纷协调处置等，也具备了跨区域协调的基本功能。但如何发挥好区域协调机构的职能，实现陆海统筹治污，提高跨域海洋管理的协调性还存在很多问题。总的来说，未来高效的海洋管理体制应该会朝着纵向权责明确，横向部门嵌入合作，跨区域协调制度高效的方向发展。

（三）海洋空间管理国际化

我国高度重视海洋资源开发利用过程中的空间规划，是世界上最早编制海洋空间规划的国家之一。我国已编制和实施了 3 轮海洋功能区划，规划区域基本覆盖管辖海域，形成了国家、省、市（县）三级海洋功能区划的空间规划体系。全国海洋功能区划的编制依据《中华人民共和国海域使用管理法》《中华人民共和国海洋环境保护法》等法律法规，科学地划定海域功能，明确了海洋空间的利用形式，调整海洋产业结构布局，保护海洋生态环境。[①]

---

① 朱彧：《让海洋空间规划的中国方案惠及更多国家》，《中国海洋报》2018 年 7 月 24 日，第 1 版。

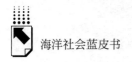

　　海洋空间规划国际化是未来可持续发展的要求。海洋是地球上重要的生态系统，海洋运输是国际贸易的主要运输方式，海洋生物资源是人类获取蛋白质的重要来源，海洋资源和海洋环境的变化与世界各国利益息息相关。编制海洋空间规划可以使人类合理利用和保护海洋，是科学开展人类海洋实践活动的蓝本。近年来，中国、泰国、柬埔寨等发展中国家在经济发展的过程中都面临工业化、城市化带来的海洋生态系统破坏的问题，面临如何应对全球气候变化的问题，面临近海渔业资源枯竭的问题。在这种背景下，发展中国家更加需要一套与其国情相适应的、可被成功借鉴的、科学有效的空间规划方案蓝本，以帮助其合理开发利用海洋资源，保护海洋生态系统的完整性，实现海洋资源和产业的可持续性。

　　我国的海洋功能区划已经为其他国家的海洋空间规划提供了良好经验。国家发展改革委、国家海洋局印发的《"一带一路"建设海上合作设想》提出，开展海洋规划研究与应用，共同推动制定以促进蓝色增长为目标的跨边界海洋空间规划，采用共同原则与标准规范。2018 年，我国与泰国和柬埔寨共同开展了海洋空间规划合作。2018 年 10 月，自然资源部第一海洋研究所海岛海岸带中心与泰国宋卡王子大学对兰岛进行生态、水动力环境调查研究和利益相关者分析，完成了第一批海域海洋空间规划成果并正式移交泰国资源环境部海洋与海岸。[1] 中国–柬埔寨海洋空间规划项目是我国首例为"21 世纪海上丝绸之路"沿线国家编制的覆盖全海域的海洋空间规划。2018 年 3~4 月，中柬海洋空间规划项目共同举办了海洋空间规划省级咨询会，并开展了中柬海洋空间规划联合研究中心建设工作。[2] 7 月，中柬海洋空间规划编制已近收尾，之后会向柬埔寨政府报批。[3] "一带一路"倡议为构建人类命运共同体提供了重要平台，有助于推动海洋空间规划的政策互联互

---

[1]　自然资源部第一海洋研究所：《中泰海洋空间规划合作取得实质性成果》，http://www.fio.org.cn/news/news-detail-8746.htm，最后访问日期：2019 年 9 月 7 日。

[2]　周超：《中国—柬埔寨海洋空间规划项目合作纪实》，http://www.oceanol.com/content/201805/30/c77571.html，最后访问日期：2019 年 9 月 8 日。

[3]　朱彧：《让海洋空间规划的中国方案惠及更多国家》，http://epaper.oceanol.com/content/201807/24/c4187.html，最后访问日期：2019 年 9 月 8 日。

通，奠定区域海洋国家间合作治理的重要基础。未来海洋空间规划的普及将是一个大趋势，围绕空间规划形成的国际合作将逐渐增多，我国的海洋空间规划经验将惠及更多的发展中国家。在空间规划技术传播、合作的过程中，国际规划的理念和标准的相互借鉴将有利于未来海洋的可持续发展。

三 未来海洋管理发展建议

（一）加快海洋基本法立法进程，形成完善的海洋法律法规体系

近些年来，加快"海洋基本法"立法的呼声持续不断。2018 年，全国海洋工作会议提出，要完善《海洋基本法（草案）》，修订和完善《中华人民共和国海洋倾废管理条例》《铺设海底电缆管道管理规定实施办法》《中华人民共和国深海海底区域资源勘探开发法》《中华人民共和国海洋环境保护法》。2018 年 9 月 7 日，十三届全国人大常委会立法规划公布，"海洋基本法"被列为需要抓紧推动、条件成熟时提请审议的法律草案。"海洋基本法"应该具备基础性的特征，应该为我国海洋国土主权、安全、海洋经济、海洋自然资源与生态环境保护等涉及根本利益的领域设定基本原则，应该为调整和协调现有的区域管理、能源资源、环境保护、经营管理等方面的涉海法律、行政法规、部门规章、规范性文件提供一个基本框架，也应该为强化我国海洋综合管理体制，积极参与国际海洋治理与合作提供有力支持。

目前，美国、加拿大乃至我国周边的国家如日本、韩国、越南和印度尼西亚等都有具有海洋基本法性质的法案。例如日本的《海洋基本法》明确了主体责任，确定了开发保护、安全、科学、产业发展、综合管理、国际合作等原则，要求设立海洋政策协调部门，每隔五年制计、修改《海洋基本计划》，有计划地推动各类海洋政策的实施。[①] 相比之下，我国尚未制定具

---

① 董跃：《我国周边国家"海洋基本法"的功能分析：比较与启示》，《边界与海洋研究》2019 年第 4 期。

有综合性的、统领各涉海法律法规的"海洋基本法"。此外，我国也缺乏综合的、具体明确的海洋战略规划。在 2018 年国务院机构改革之前，每年 1 月召开的全国海洋工作会议会提出原则性、方针性的计划安排，但是机构改革后一段时间，这一会议也就暂停召开。当前，为了推动实施海洋强国战略，各省（区、市）已经开始围绕海洋强国战略形成详细的规划、方案，如山东成立了由省委书记任组长的省海洋发展战略规划领导小组，印发并实施了《山东海洋强省建设行动方案》，再如上海市政府印发了《上海市海洋"十三五"规划》，但国家层面的海洋强国战略行动方案尚未出台。但无论是从法律位阶、法律效力，还是从影响力角度来看，现有的方案和规划无法与"海洋基本法"相提并论。海洋管理体制不畅、管辖领域界限不清晰、法律依据不充分、政策延续性和规范性不足等问题仍然需要解决，因此仍然需要一部海洋领域的基本法来明确我国海洋发展战略，为各项涉海法律政策提供基本依据，服务于海洋强国建设，服务于经济富海、依法治海、生态管海、维权护海和能力强海五大体系，增强海洋综合管理体制的科学性，提升国民的海洋意识。

（二）优化管理机构职能，形成高效治理体制

要按照大部制改革的思路，进一步整合涉海业务、职能相似的部门。根据中共中央关于深化党和国家机构改革的决定，2018 年党和国家机构改革的目标是构建完备、规范、高效的职能体系，在党的领导下全面提升国家治理能力和治理水平。一直以来，我国各个海洋行政管理机构之间，国家与地方的海洋行政管理机构之间，以及地方政府与地方海洋行政管理机构之间存在着复杂的矛盾。因此，我国海洋行政管理体制的改革成为本次改革的重要内容之一。从当前各个机构公布的"三定"方案来看，国家海洋局的主体部分被整合入自然资源部，有关海洋环境保护的职责整合入生态环境部，基本形成了明确的职责划分，减少了原国家海洋局与原环保部之间存在的职责交叉、权责不一问题，体现了以职能整合的大部制改革的趋势。但还存在一些职能交叉的现象，如 2018 年修订的《防治船舶污染海洋环境管理条

例》规定，海事管理机构应会同海洋主管部门建立健全船舶及其有关作业活动污染海洋环境的监测、监视机制，加强对船舶及其作业可能造成的环境污染的监测、监视。根据该条例，海事局仍有对船舶造成的海洋污染情况进行监测、监视的权力。① 对于此类涉海机构的海洋环境保护的非主要职能是否需要以及如何进行整合，仍需进一步论证，职能整合仍是未来大部制改革的趋势。

理顺基层政府与环境保护机构的条块关系。国家层面的机构改革主要调节了机构之间权责交叉的问题，但在以往以"块"为主的地方环保体制中，地方政府的监督责任难以落实，地方保护主义干预长期存在，对于跨区域的环境问题难以形成有效的协调解决机制。2016 年，国务院公布《关于省以下环保机构监测监察执法垂直管理制度改革试点工作的指导意见》的通知。2018 年，一些地市环保机构同时进行了机构改革和垂直管理体制改革，如山东省青岛市、潍坊市、烟台市等。尽管机构改革整合使环保责任得以整合，垂直改革提升了地方环保行政机构独立行动的能力，压缩了地方保护主义空间，但是地方政府与环境监测监察机构的责任划分不够明晰，监管范围和主体还不明确。在市级层面，生态环境局受同级政府以及上级生态环境厅双重管理，但以省厅管理为主，这就要求处理好同级政府与市局的关系，既不脱离地方政府管理，又要防止地方保护主义行为；在县级层面，由于2014 年环保法总则第六条规定"地方各级人民政府应当对本行政区域的环境质量负责"，而垂直改革后，县环保部门成为市局派出机构，由市局直接管理。② 按照垂直改革的意见，应成立县级生态环境议事协调机构进行决策，日常工作由同级环保部门承担。因此，应该进一步明确县级政府、县环境议事协调机构、市局派出机构三者之间的权责分工，切实保证机构改革和环保垂改的效用得以实现。

---

① 史春林、马文婷：《1978 年以来中国海洋管理体制改革：回顾与展望》，《中国软科学》2019 年第 6 期。

② 熊超：《环保垂改对生态环境部门职责履行的变革与挑战》，《学术论坛》2019 年第 1 期。

（三）强化顶层设计，推动海洋治理的国际合作

2018 年，美国、日本、英国陆续发布了本国的海洋计划。2018 年 5 月，日本政府发布第三版《海洋基本计划》，阐述了未来十年的海洋政策理念，该计划由首相直接领导的综合海洋政策本部制订，内容涵盖海洋资源开发、海洋环境保护、海洋科技研发、海上交通运输等多个方面，强化了海洋安全和北极政策。[①] 2018 年 7 月，英国发布《未来海洋发展报告》，阐述了英国在海洋经济、环境、管理和科学等方面的基本情况、优势和未来方向，提出加强海洋观测，增强海洋认识，完善国际贸易，采取战略性方法保护海洋利益，加强海洋科研领域国际合作。[②] 随着北极地区海冰的消退，其航运和勘探具备了有利环境，美国开始意识到北极的战略重要性，2018 年 8 月，通过《2019 财年国防授权法案》为海岸警卫队新建六艘极地破冰船，将通过阿拉斯加使美国成为北极国家。[③] 相比较而言，我国还缺乏具体的国家层面的海洋强国方案，缺乏高效运作的高级别的海洋战略规划机构。2013 年《国务院机构改革和职能转变方案》提出，"设立国家海洋委员会作为高层次的议事协调机构，负责研究制定国家海洋发展战略，统筹协调海洋重大事项"，[④] 具体工作由国家海洋局承担。2018 年机构改革没有涉及国家海洋委员会的调整，但作为海洋领域的高层级的议事协调机构，国家海洋委员会应该进一步明确其定位，发挥好为国家制定海洋战略、海洋政策的作用，提高海洋战略的前瞻性，提升海洋政策的连贯性，制定国家层面的海洋强国方案，把国家战略与沿海各省（区、市）的海洋强省（区、市）战略结合起

---

① 中国海洋发展研究中心：《日本发布新版〈海洋基本计划〉强化海洋安全，加强北极领域科学技术研发》，http：//aoc. ouc. cn/29/7c/c13996a207228/pagem. psp，最后访问日期：2019 年 9 月 8 日。

② 中华人民共和国科学技术部：《英国发布〈未来海洋发展报告〉》，http：//www. most. gov. cn/gnwkjdt/201807/t20180713_ 140595. htm，最后访问日期：2019 年 9 月 9 日。

③ 王丛丛：《美国〈国防授权法案〉高度关注北极地区》，http：//www. polaroceanportal. com/article/2208，最后访问日期：2019 年 9 月 9 日。

④ 马凯：《关于国务院机构改革和职能转变方案的说明——2013 年 3 月 10 日在第十二届全国人民代表大会第一次会议上》，《中国机构改革与管理》2013 年第 4 期。

来，以国家定位划定沿海各省（区、市）海洋强省（区、市）的定位，加强沿海各省（区、市）之间海洋强国方案的综合协调性，推进产业空间布局与区域功能规划相匹配，资源开发和环境保护相统一。

在强化海洋强国顶层设计的同时，还应该与国际社会开展实际合作行动。2018 年我国参与举办了一系列区域、全球海洋合作会议，并开展了合作行动。2018 年 6 月 23～24 日，第二十次中日韩环境部长会议在中国苏州举行，各国环境部部长分别就本国最新环境政策和全球及区域热点环境问题发表主旨演讲。7 月 24 日，中韩两国为了保护黄海渔业资源，共建全球海洋生态文明，开展首次联合增殖放流活动。10 月 24～26 日，第八届北京香山论坛开幕，中国人民解放军和斯里兰卡、厄瓜多尔、菲律宾、巴基斯坦等67 国军方代表出席，就"海上安全合作现实与愿景"展开交流讨论。11 月16 日，第六届中国－东南亚国家海洋合作论坛促成项目投资约 95.5 亿元，并围绕海洋科学技术、环境保护、资源开发等问题进一步对话。总的来说，我国积极参与了国际海洋论坛和有关海洋治理行动，体现了大国的责任担当，在参与区域海洋经济发展、保护海洋环境、养护海洋资源等方面做出了贡献，参与论坛提升了我国海洋治理理念的影响力，进一步提高了理念的可操作性，积极推动了海洋治理理念转化为国际行动。

B.6
中国海洋民俗发展报告*

王新艳 张坛第 周媛媛**

摘 要： 2018～2019 年，随着我国海洋文化软实力的不断提高和海洋强国战略的深入实施，海洋民俗发展呈现四个新态势：海洋民俗研究范围继续扩展和深入；海洋民俗发展呈现数字化趋势；海洋民俗文化创意产业进一步发展；海洋民俗体育研究增多。但在发展过程中，海洋民俗也存在着研究重史轻今、跨地域研究相对薄弱、不同群体对海洋民俗价值期望存在落差等问题，需要在接下来的发展中逐一解决。未来海洋民俗的发展要加强整合海洋民俗资源，推动特色活动开展；结合创意与数字化，推动创新发展；加强与"海上丝绸之路"沿线国家进行海洋民俗文化的交流，促进海洋民俗发展。

关键词： 海洋民俗 海洋文化 妈祖信仰

一 发展态势与特征

从"渔盐之利""舟楫之便"到"耕海种洋""海上丝绸之路"，中华

---

* 山东省哲学社会科学规划专项项目"山东省海洋民俗资源化发展的路径研究"（17CQXJ17）的阶段性研究成果。
** 王新艳，中国海洋大学文学与新闻传播学院讲师，历史民俗资料学博士，主要研究方向为民俗学、海洋社会学；张坛第，中国海洋大学国际事务与公共管理学院硕士研究生，研究方向为海洋社会学；周媛媛，中国海洋大学国际事务与公共管理学院硕士研究生，研究方向为海洋社会学。

民族在开发海洋、利用海洋、保护海洋的实践中也逐渐形成了具有中国特色的海洋文化。2018～2019年，海洋民俗作为海洋文化的重要组成部分也呈现了一些新的发展态势。

（一）"跨海"发展的海洋民俗

中国海洋民俗的海外传播步伐从未停止，妈祖等海神作为海上保护神，也随着华人的脚步传播到了世界上不同国家和地区。2018年，第三届世界妈祖文化论坛在配套举办的6个平行论坛中，首设"妈祖文化与海外媒体"平行论坛，吸引了来自21个国家和地区的30多名海外媒体，论坛还正式启动"妈祖文化海外发布平台"，同时，也继续开展"天下妈祖回娘家"和"妈祖下南洋·重走海丝路"等民俗活动。因此，在地域方面，海洋民俗文化海外传播的研究也继续扩展与深入，学者们从民俗学、社会学、历史学、宗教学和人类学等学科领域，对不同国家和地区的海洋民俗文化展开深入田野调查与实证研究，其中，对日本及东南亚诸国的妈祖文化的传播研究尤为典型。明初中琉两国的海神信仰在两国文人及使臣文录中均有记载，明初闽人三十六姓移居琉球，促进了天妃等海神信仰的传承与泛化，而明代晚期陈侃和郭汝霖等册封使团的传播，则进一步扩大了琉球海神信仰的基础，[①] 这种海神信仰也承载着中琉两国的文化交流史。东南亚各国对待华人的政策和宗教政策均不相同，妈祖等海神信仰在这些国家广泛传播的同时，也体现出有别于中国的"本土化"现象，这是多元文化相互影响、相互融合的过程。在日本妈祖文化研究方面，清代从中国到访日本长崎的华商在海上航行与旅居期间均有与妈祖相关的信仰和祭祀行为，在日本禁教政策下，近代妈祖祭祀行为曾一度中断，直到二战后才逐渐复兴，而春节期间的妈祖巡游也被作为长崎的非物质文化遗产获得了开发，在当地的旅游事业中发挥着重要作用。[②]

---

① 龚俊文：《明代晚期中琉海神信仰的传播及影响——以〈殊域周咨录〉为中心》，《哈尔滨学院学报》2018年第39期，第127～131页。
② 松尾恒一、梁青：《明清中日欧民间贸易与旅日华侨妈祖信仰的历史与传承》，《文化遗产》2018年第2期，第21～34页。

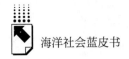
另外，在时间维度上，海洋民俗文化研究，尤其是妈祖文化研究也继续深入。妈祖文化向海外传播始于南宋时期，发展于元明，鼎盛于清代。有学者以宋人的作品《宣和奉使高丽图经》为第一手资料，在已有研究的基础上经过细致考查和梳理，深度挖掘了妈祖信仰在宋代的流传及发展；也有学者研究了南宋朱子后学基于对儒家经典的不同理解而对妈祖信仰所产生的排斥和褒崇这两种截然不同的态度。明代的神魔小说《天妃娘妈传》则完整塑造了妈祖的形象和品质，反映了妈祖在明代的广泛传播和信仰情况。到了清代，妈祖信仰在台湾地区也衍生出军事战略防御、移民精神安慰、同乡联系纽带等多元社会功能。

此外，对海洋民俗音乐的研究也开始增多。妈祖海祭鼓吹音乐以中国海祭文化为内核，不仅是一种信俗音乐，也具有古代海上"中国声音"的符号意义，并在海陆环境的变迁中衍生出一种海洋音乐艺术形态和特征，兼具海上声讯功能和信俗文化传播功能。① 广东汕尾渔歌是海洋地理环境与音乐相结合的产物，蕴含着鲜明的海洋文化特点，鲜活地展现了汕尾渔民在海洋中的生存景象和情感夙愿，已被列入国家级非物质文化遗产代表性项目名录。汕尾渔歌主要反映了渔民捕鱼劳动和渔区民间风俗等内容，以音乐的形式生动呈现了当地的海洋风貌及民间婚嫁风俗等特色渔俗文化，是海洋民俗文化和海洋音乐文化的瑰宝。② 综上可见，从不同学科、不同视角对海洋民俗进行扩展和深入研究，对深度挖掘海洋民俗内涵、提升中国海洋文化影响力具有重要的积极作用。

（二）海洋民俗发展的数字化趋势加强

数字化是一种通过采集信息，运用数字化编码、抽象、扩散等科技手段实现信息传播的过程。在互联网和大数据时代，运用数字化技术，海洋民俗

---

① 杨旻蔚、马达：《古代海上"中国声音"——妈祖海祭鼓吹音乐探究》，《南京艺术学院学报》（音乐与表演）2019年第2期，第43~51页。
② 马达、毕淑婷：《音乐地理学视阈下广东汕尾渔歌生存缘由研究》，《艺术百家》2019年第4期，第100~106页。

等文化内容便可通过网络化和智能化等多种途径获得有效传播,各具特色的海洋民俗既可以通过移动图书馆、电子书等以文字、图片等形式获得静态展现,也可以通过音频、视频、互动交流等形式获得动态展示。数字化技术具有传播速度快、范围广、方式多元和形式多样等优势,因此,推动民俗文化资源数字化发展,将特色海洋民俗文化融入互联网、智能手机和数字电视,能够有效扩大受众群体,打破时间和空间限制,促进海洋民俗的传播、传承和保护。

2018 年的田横祭海节于 3 月 16 日在田横岛省级旅游度假区周戈庄村开幕,青岛新闻网对祭海盛典进行了全程图文与视频直播,度假区还充分利用网络电商平台,大力推进"互联网 +"、"旅游 +"及"共享"的发展模式。2019 中国·北部湾开海节则于 2019 年 8 月 16 日在广西防城港市举办,人民网广西频道对开海节进行了图文、微博直播,引起线上网友的大量转载和互动。构建海洋民俗文化数据库也是一种新的趋势,在全面收集包括海洋生产习俗、生活习俗、海洋信仰和海洋民间工艺等内容在内的海洋民俗文化资源的基础上,可以利用图片、文字、音频、视频等多种形式,构建具有海洋民俗特色的全文数据库,以此进一步提升海洋文化软实力。以学者建构的舟山群岛海洋民俗文化数据库所涵盖的内容为例,通过海洋民俗文化与互联网、多媒体等数字化现代科技的结合,海洋民俗文化得到了全方位的详细展示。除了以"大数据"的形式构建海洋民俗数据库外,海洋民俗虚拟体验项目和海洋文化旅游智能产品也有了快速发展,海洋旅游文化产品的设计与互联网大数据结合,可极大促进其智能性与交互性的发展。此外,自媒体时代还带来传播和宣传方式的革新,当地时间2019 年 4 月 14 日,东非岛国塞舌尔总统丹尼·富尔乘坐潜水器下潜至水面以下 124 米的印度洋深处,在潜水器里发表了史上首次海底直播演讲,呼吁各国携手保护海洋。[1]

---

[1] 《塞舌尔总统海底 124 米开直播! 呼吁保护海洋!》,http://www.sohu.com/a/308171310_726570,最后访问日期:2019 年 4 月 15 日。

（三）海洋民俗文化创意产业进一步发展

据自然资源部海洋战略规划与经济司发布的《2018年中国海洋经济统计公报》的初步核算，2018年全国海洋经济生产总值83415亿元，其中第三产业增加值48916亿元，占海洋生产总值的58.6%。海洋第三产业成为海洋经济发展的重要力量，而海洋文创产业的发展就是近年来出现的新趋势。随着文化创意产业的日渐兴起和各种文创产品的日益流行，民间信仰等民俗文化与文化创意产业的结合也成为一种发展趋势。民俗文化和民间信仰的加入提升了文化创意产业和文化创意产品的影响力和吸引力，而各类民俗文化又因为文创产品的经济收益而获得了更好的保护和传承。海洋民俗文创产品不仅融入了海洋文化的精神和内涵，还具有生活化、实用性等特点，开始得到更多人的关注。

2018年，首届中国涉海博物馆文创品联展的开幕仪式在深圳举行，同时2019年国际海洋文创产品设计大赛也正式宣布启动，展览汇聚了来自多地涉海博物馆的代表性文创精品和文创机构的作品展示，例如基于海图元素制作的笔记本、团扇等日用品和海上丝路大航海桌游棋等大型文创游戏。此外，2018年首届"妈祖文创奖"、首届舟山市海洋文化衍生品暨"舟山心意"旅游商品设计制作大赛等海洋民俗文创比赛也大量开展。台湾大甲镇澜宫的文创商品种类多、实用性强、与民俗信仰结合密切，是海洋民俗文创产业的经典案例，包括各式各样的衣服、帽子、背包等穿戴商品，以及桌上摆设、吊饰、行动电源、抱枕、保温杯等实用性商品。① 2019年的中国田横祭海节拉长了祭海文化产业链，融入乡村振兴农村产业招商、蓝色海洋文化产业等新元素，设计出以田横文蛤形象为原型的吉祥物——"海娃贝贝"和卡通化的螃蟹、鱼、虾等五福吉祥物，同时，在祭海节上还首发了凝聚非遗文化符号的"2019中国田横祭海节邮票"。在其他文化创意产业中，海洋

---

① 黄诗娴：《台湾民间信仰的文化创意实践——台中大甲镇澜宫妈祖个案研究》，《中国文化产业评论》2018年第1期，第214~224页。

民俗文化也得到了运用和展现，例如有学者研究在《仙剑奇侠传》系列游戏中，中华海洋文化的应用从叙事到视觉呈现都在不断创新，对蓬莱神话、海洋神灵的创造性重述和对沿海城镇、沿海民俗的再现都巧妙展现了海洋信仰、海洋民俗、海洋社会等海洋文化的形态特征，推动了中华海洋文化审美活动和海洋民俗的传承与发展。[1]

（四）海洋民俗体育逐渐受到关注

海洋民俗体育是居民在涉海性生产活动和海岛民间风俗生活中，依托多种需要而产生并发展起来的，在涉海时空范围内流传的与健身、娱乐、竞技、表演有关的活动形式。[2] 海洋民俗体育是民俗文化和海洋文化的重要组成部分，是我国传统文化活态形式中的体育成分，既体现了海洋活动和民俗中的文化属性，也有着体育特质。[3]

沿海及周边区域的人们在长期的渔业生产生活实践中，逐渐创造并积累了丰富多彩的海洋民俗体育活动。例如，浙江省舟山市因其特殊的地理位置和风俗习惯，就创造出了许多门类各异的海洋民俗体育活动。但在很长时间内，海洋民俗体育往往被划归"体育活动"的行列而非文化的范畴。据舟山市非物质文化遗产保护中心的统计，舟山共有 4 项省级非物质文化遗产、5 项市级非物质文化遗产，其中舟山船拳、传统渔民竞技和传统儿童游戏等项目均属于海洋民俗体育类非遗项目，爬桅杆、摇橹、抛缆、拔篷等活动不仅是渔民必备的劳动技能，也成为当地居民别具一格的竞技比赛。2018 年，中国首个海上马拉松比赛——中国·兴城海峡马拉松暨 2018 兴城（北京）海洋生活节在辽宁省兴城市兴城海峡举办，比赛路线贯穿整个兴城海峡，全程 10 公里，吸引了来自海内外的近 500 名横渡健儿参与。2019 年 6 月

---

[1] 管雪莲、张兆卉：《中华海洋文化在国产 RPG 类游戏中的应用——以〈仙剑奇侠传〉系列游戏为例》，《集美大学学报》（哲学社会科学版）2018 年第 3 期，第 58~65 页。

[2] 张同宽：《浙江海岛渔村民俗体育文化的形成与发展》，《体育学刊》2008 年第 4 期，第 107~109 页。

[3] 郭娟：《舟山海洋民俗体育文化传承动力研究》，《浙江体育科学》2018 年第 1 期，第 32~35 页。

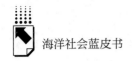

7 日宁波梅山海洋民俗文化节开幕，不仅有水浒名拳、舞狮、舞龙等当地传统文体项目亮相，还推出了"梅山非遗文化青年定位挑战赛"。定位赛设置 10 个关卡，需要参赛青年五人一组通力合作来完成任务，堪称梅山版"跑男"。

目前，有关海洋民俗体育的研究逐渐增多，但由于海洋民俗体育种类众多，学界还未制定统一的分类方法，张同宽和黄永良与傅纪良等根据海洋民俗体育形成所依赖的场所，将其划分为船上民俗体育、海上民俗体育、海滩民俗体育和海岸民俗体育四类；① 俞爱玲和黄晓东根据海洋民俗体育的特征，将其划分为传统节庆祭祀类、渔民生产生活类和传统舞蹈类海洋民俗体育；② 黄玲根据海洋民俗体育文化的载体，将其划分为水类、船类、沙类、泥类和岸类五种；③ 陈炜和凌亚萍则综合考虑相关分类方法后，将海洋民俗体育划分为渔业生产型、竞技健身型、娱神祭祀型和精神娱乐型四类。④ 海洋民俗体育文化是中国传统文化的宝贵财富，围绕海洋民俗体育所展开的研究逐渐增多，也是对海洋民俗体育文化的一种保护和传承。

二 海洋民俗发展存在的问题

2018～2019 年，海洋民俗的发展虽然呈现以上积极的态势，但也存在不足之处，亟须完善。

---

① 张同宽：《浙江海岛渔村民俗体育文化的形成与发展》，《体育学刊》2008 年第 4 期，第 107～109 页；黄永良、傅纪良：《海岛民间民俗体育特征的研究》，《北京体育大学学报》2010 年第 7 期，第 39～42 页。

② 俞爱玲：《海南海洋民俗体育文化传承与旅游开发途径分析》，《新东方》2014 年第 1 期，第 34～37 页；黄晓东：《海洋民俗体育探析》，《体育文化导刊》2011 年第 3 期，第 109～112 页。

③ 黄玲：《舟山群岛海洋民俗体育文化的开发与保护》，《浙江海洋学院学报》（人文科学版）2014 年第 6 期，第 22～26 页。

④ 陈炜、凌亚萍：《"一带一路"背景下南海海洋民俗体育数字化传承模式研究》，《南京体育学院学报》2018 年第 6 期，第 1～8 页。

（一）海洋民俗研究重史轻今

海洋民俗作为海洋文化的有机组成部分，是最具标志性的文化符号之一。对海洋民俗的研究有助于我们阐释和丰富海洋文化的深刻内涵，全面而深刻地审视海洋民俗所蕴含的历史信息，进而丰富渔民的海洋实践成果和日常生活。但从2018～2019年公开发表的海洋民俗研究成果来看，大多数有关海洋民俗的研究均停留在对传统民俗的挖掘、记录和描述等层面，更多地将海洋民俗作为历史的遗留物来进行研究分析，而遗忘了海洋民俗实际上是渔民在日常生活中创造的文化，海洋民俗历史传承与现代发展在民间社会是可以并行不悖的，进而忽视了海洋民俗在满足普通百姓多方面、多样性的世俗愿望，对当代渔民日常社会生活进行解释、服务的能动性。

当前海洋民俗研究成果在取自日常社会的同时，也并未实现指导、改善社会生活的实践过程，如果只偏向于对传统海洋民俗的挖掘和开发，而缺乏对民俗的现代运用进行反思、调整、选择和再造实践的思考，则既不利于传统民俗文化的再生产和在当代的发展，也不利于海洋民俗的多样性、深层次、本真性保护，以及其研究范围的扩大。对海洋民俗的研究，应在挖掘和阐释民俗现象的同时，关注当代渔民的渔业生产实践和日常社会生活，做到取之于民、用之于民。

（二）海洋民俗跨地域研究和发展相对薄弱

2018～2019年，我国海洋民俗的地域性研究成果较为突出。在对海洋民俗挖掘较为充分的江浙沿海、闽台地区、胶东半岛等地区海洋民俗进行研究的基础上，依托"21世纪海上丝绸之路"的建设背景，对海南、广西、云南等地有关海洋民俗的调查研究正如火如荼，对与邻近国家，如日本、越南、印度尼西亚等，海洋民俗文化的合作、交流的研究及比较研究也层出不穷。但海洋民俗研究也存在着跨地域研究相对薄弱的问题。从2018～2019年对各地域海洋民俗的研究中可以发现，海洋民俗的地域性研

究对其在地特色、文化内涵和价值重要性的发掘较为突出，但不同地域之间的民俗文化关联性相对薄弱，对于民俗信仰的研究更多强调其在地性，而缺乏不同地域之间的文化沟通和互动，在强调民俗地方化的同时，也忽略了文化的流动性和广泛包容性。

扩布性作为海洋民俗文化的重要特征之一，表明海洋民俗文化存在着空间维度的横向蔓延和扩展。在深入挖掘和把握地方民俗特性，使海洋民俗成为社会文化发展重要一环的同时，打造海洋民俗文化圈，推动民俗文化在更大范围内的传播和交流，将对我国海洋文化的发展，以及"21世纪海上丝绸之路"的建设大有裨益。

（三）不同群体对海洋民俗的价值期望存在差异

2016年，国家发展和改革委员会将"发挥妈祖文化等民间文化的积极作用"写入国家"十三五"规划纲要，表明海洋民俗等民间文化在当代中国的文化地位得到了充分肯定。从2018～2019年的研究成果中可以看出，学者们对于海洋民俗的挖掘和研究接连不断，研究涉及海洋民俗的历史传统、传播路径、实践功能、地方化现象以及文化遗产的法律保护等多个方面，在挖掘和研究过程中，学者、社会活动家、文化产业人士等相关群体或对海洋民俗文化进行文化阐释、价值判断和意义衍生，或通过商品化包装以获得经济效益、社会效益，这体现了海洋民俗的外显价值。但在海洋民俗的本体价值，即海洋民俗的地方信众们所认为和切身感受到的价值认识和界定上，上述群体与地方居民、信众之间，存在不同步甚至矛盾对立的现象。

海洋民俗的信众对于民俗的信仰往往充斥着世俗性和功利性，而学者们对于民俗的研究则更多地期冀通过海洋民俗挖掘和研究掌握其背后的历史逻辑和现实意义，从海洋民俗的发展中探讨社会变迁的逻辑，从区域文化的变迁中反映国家制度、命运及发展历程。海洋民俗信众所认同的民俗的内在价值和学者期望的外显价值之间存在着一定差异。这极有可能会阻碍海洋民俗的后续发展与研究。

三 趋势与建议

（一）整合海洋民俗资源，推动特色发展

党的十九大指出，文化自信是更基础、更广泛、更深厚的自信，是更基本、更深沉、更持久的力量，[①] 中华民族的文化自信源于中华民族具有悠久历史和深厚文化底蕴的优秀传统文化。海洋民俗作为海洋文化的组成部分，也发挥着弘扬传统文化、增强凝聚力和提升文化自信的重要作用。在对海洋民俗的挖掘和开发中，要注意政府政策和民间举措、深入挖掘和传承保护之间的协调，统筹规划海洋民俗资源，抓住地方特色和优势，完善传承机制，提高优秀民俗文化的资源价值，避免出现一味追求民俗资源化、产业化而与地方实际和日常生活脱节的现象。在长期的海洋实践中，中华民族形成了独具特色、内涵丰富且形式多样的海洋民俗文化，充分认识海洋民俗文化所蕴含的宝贵精神和内涵，能够使具有地域特色、民族特色的海洋民俗文化得到更好的传承和保护，充分发挥海洋民俗在区域社会中凝聚力量、维护稳定的功能，也有利于增强海洋文化自信和提升海洋民俗的影响力。

（二）结合创意与数字化，推动创新发展

优秀文化需要传承和保护，也需要发展与创新，海洋民俗文化产业的创新也是发展海洋产业的核心竞争力。在互联网和数字化技术蓬勃发展的时代，文化和信息的传播方式也日益多元，而在现代因素的影响和冲击下，一些传统的民俗文化和风俗习惯也正在逐渐被淡化。海洋民俗除了通过传统的祭海、祭祀和开渔节等民俗活动的形式展现，也应该更多地渗透到人们的日

---

① 习近平：《决胜全面建成小康社会 夺取新时代中国特色社会主义伟大胜利》，《人民日报》2017年10月28日，第1版。

常生活中。因此，可以在充分挖掘具有地方特色和代表性的海洋民俗资源的基础上，充分利用海洋民俗的精神内涵和文化特色，将其与文化创意产业结合起来，改变目前民俗衍生品存在的形式单一、缺乏设计和市场欠缺的现状，创造生产各具特色且形式多样的文创产品，如具有海洋民俗元素特征的各类服饰、纪念品和日用品等。作为地域文化和民俗文化的传播载体，民俗文创产品只有充分融入地方特色，具有设计感、创新性和实用性，才能真正产生市场价值，同时，才可为海洋民俗的发展注入新的动力。另外，海洋民俗的创新发展也离不开科技创新的应用，可以充分运用互联网和新媒体等现代科技，创新其传播、保护和发展方式。利用数字化和大数据技术可以将地域性的海洋民俗文化转化为各种视频、音频、图片和文字资源，实现数字化传播和储存，同时，还可以利用数字信息技术实现海洋民俗的互动交流和虚拟体验。

（三）加强与"海上丝绸之路"沿线国家海洋民俗文化的沟通与交流

为促进共同发展、实现共同繁荣，我国提出共建 21 世纪"海上丝绸之路"的合作倡议，其合作的基础便是各国之间相互理解、相互尊重、相互信任，民心相通成为"海上丝绸之路"建设的核心。沿线国家依海而兴，渡海结缘，文化交流成为促进各国间相互信任的有效途径。在海洋发展的过程中，妈祖文化等海洋民俗文化随着海上贸易的兴起，传播到邻近沿海国家，成为海洋贸易合作的文化纽带，推动沿线国家海洋民俗文化的沟通交流成为"海上丝绸之路"建设的重要动力。首先，注重对海洋民俗文化的保护和开发，对国内及"海上丝绸之路"沿线国家、地区有关历史文献、史料、建筑等实施重点保护，并利用现代科学技术保留和传承海洋民俗文化中的传统技艺，运用产业化的形式支撑海洋民俗文化的保护和传承，打造海洋民俗文化优秀品牌形象；其次，以海洋民俗文化共识为主要推手，结合海洋民俗文化特色和习俗，与沿线国家一起举办相关的文化活动，增强外国民众对我国优秀海洋民俗文化的了解，感受我国海洋民俗的深厚底蕴；最后，将海洋民俗文化精神与公益、慈善事业结合起来，通过弘扬我国和谐、慈善海洋民俗文化的形象，发挥海洋民俗文化的魅力，增进我国与"海上丝绸之路"沿线国家人民之间的友谊。

B.7
中国海洋法制发展报告

褚晓琳*

摘　要：　2018 年我国在海洋立法方面取得的重要进展主要为以下三
项：一是实施并修订了《中华人民共和国环境保护税法》；
二是修订了《中华人民共和国防治海岸工程建设项目污染损
害海洋环境管理条例》《防治海洋工程建设项目污染损害海
洋环境管理条例》《防治船舶污染海洋环境管理条例》三部
涉海行政法规；三是多部涉海法规正式施行，如《最高人民
法院关于审理海洋自然资源与生态环境损害赔偿纠纷案件若
干问题的规定》《中华人民共和国水污染防治法》《中华人民
共和国环境保护税法实施条例》《生态环境损害赔偿制度改
革方案》等。2019 年我国在海洋立法方面取得的重要进展主
要为以下两项：一是全国两会的涉海提案；二是自然资源部
出台了 2019 年海洋立法工作计划。

关键词：　海洋立法　涉海提案　海洋法制

一　2018年海洋法制建设情况

2018 年是中国改革开放 40 周年。在这 40 年的发展巨变中，我国海洋
事业也取得了突飞猛进的发展，发生了翻天覆地的变化。2018 年也是"一

---

* 褚晓琳，上海海洋大学海洋文化与法律学院副教授、硕士生导师，研究方向为海洋法。

带一路"倡议提出 5 周年。"一带一路"倡议顺应了全球治理体系变革的内在要求，彰显了同舟共济、权责共担的人类命运共同体意识，为完善全球治理提供了新思路和新方案。5 年来，作为"一带一路"建设的重要组成部分"21 世纪海上丝绸之路"建设在蓝色经济合作、海洋环境保护和防灾减灾、海洋文化交流、区域海洋安全机制建构等方面取得了重要的成果，为中国与沿线国家推进"一带一路"建设做出了重要的贡献。①

2018 年海洋立法工作取得显著进展：一是修订了《中华人民共和国防治海岸工程建设项目污染损害海洋环境管理条例》《防治海洋工程建设项目污染损害海洋环境管理条例》《防治船舶污染海洋环境管理条例》三部涉海行政法规；二是多部涉海法规于 2018 年初正式实施，如《最高人民法院关于审理海洋自然资源与生态环境损害赔偿纠纷案件若干问题的规定》《中华人民共和国水污染防治法》《中华人民共和国环境保护税法》《中华人民共和国环境保护税法实施条例》《生态环境损害赔偿制度改革方案》等。

（一）实施并修订《中华人民共和国环境保护税法》

《中华人民共和国环境保护税法》于 2016 年 12 月 25 日在第十二届全国人民代表大会常务委员会第二十五次会议上通过，并在 2018 年 1 月 1 日起施行。2018 年 10 月 26 日该法在第十三届全国人民代表大会常务委员会第六次会议上依据《关于修改〈中华人民共和国野生动物保护法〉等十五部法律的决定》进行了修订，修改内容如下：第 22 条中的"海洋主管部门"修订为"生态环境主管部门"；第 10 条、第 14 条、第 15 条、第 20 条、第 21 条、第 23 条中的"环境保护主管部门"修订为"生态环境主管部门"。②修订后的《中华人民共和国环境保护税法》共 5 章 28 条，包括总则、计税依据和应纳税额、税收减免、征收管理、附则，主旨是保护和改善环境，减少污染物排放，以及推进生态文明建设。

---

① 《中国海洋报》：《中国海洋发展报告（2019）》，《中国海洋报》2019 年 8 月 19 日。
② 参见《中华人民共和国环境保护税法》第 10、15、20、21、23 条。

《中华人民共和国环境保护税法》中涉海规定主要包括：在中华人民共和国领域以及管辖海域直接向环境排放应税污染物的企业事业单位和其他生产经营者为环境保护税的纳税人，应根据本法规定缴纳环境保护税（第2条）；① 纳税人从事海洋工程向中华人民共和国管辖海域排放应税大气污染物、水污染物或者固体废物，申报缴纳环境保护税的具体办法应由国务院税务主管部门会同国务院生态环境主管部门规定（第22条）。②

（二）修订三部涉海行政法规

1.《中华人民共和国防治海岸工程建设项目污染损害海洋环境管理条例》

《中华人民共和国防治海岸工程建设项目污染损害海洋环境管理条例》于1990年5月25日经国务院第61次常务会议通过，同年6月25日经中华人民共和国国务院令第62号发布，自1990年8月1日起施行。该条例主旨是加强海岸工程建设项目的环境保护管理，严格控制新的污染，保护和改善海洋环境。根据该条例规定，海岸工程建设项目应当符合所在经济区的区域环境保护规划的要求。国务院环境保护主管部门主管全国海岸工程建设项目的环境保护工作。沿海县级以上地方人民政府环境保护主管部门主管本行政区域内的海岸工程建设项目的环境保护工作。

2008年，国务院对《中华人民共和国防治海岸工程建设项目污染损害海洋环境管理条例》进行了修订，具体包括：删除《中华人民共和国防治海岸工程建设项目污染损害海洋环境管理条例》第11条；修改第12条为第11条："海岸工程建设项目竣工验收时，建设项目的环境保护设施经验收合格后，该建设项目方可正式投入生产或者使用。"③

修订后的《中华人民共和国防治海岸工程建设项目污染损害海洋环境管理条例》强调了只有海岸工程建设项目的环境保护设施通过验收合格后，才可以正式投入生产或使用。该项举措会减少海岸工程建设项目对海洋环境

---

① 参见《中华人民共和国环境保护税法》第2条。
② 参见《中华人民共和国环境保护税法》第22条。
③ 参见《中华人民共和国防治海岸工程建设项目污染损害海洋环境管理条例》第11条。

的污染损害。

2.《防治海洋工程建设项目污染损害海洋环境管理条例》

《防治海洋工程建设项目污染损害海洋环境管理条例》于 2006 年 8 月 30 日在国务院第 148 次常务会议上通过，于 2006 年 9 月 9 日公布，自 2006 年 11 月 1 日起施行。该条例的主旨是防治和减轻海洋工程建设项目污染损害海洋环境，维护海洋生态平衡与保护海洋资源。适用对象是在中华人民共和国管辖海域内从事海洋工程污染损害海洋环境防治的活动。该条例共 8 章 59 条。

2008 年国务院修订了《防治海洋工程建设项目污染损害海洋环境管理条例》。具体包括：删除《防治海洋工程建设项目污染损害海洋环境管理条例》第 10 条第 1 款和第 13 条中的"委托具有相应环境影响评价资质单位"；[1] 删除第 15 条；修改第 29 条为第 28 条，其中第 1 款修改为："如果海洋工程需要拆除，或者改作他用，应当在作业前报原核准该工程环境影响报告书的海洋主管部门备案。如果拆除或者改变用途后可能产生重大环境影响的海洋工程应当进行环境影响评价。"；[2] 修改第 47 条为第 46 条，修订第 3 项中的"批准"为"备案"。[3]

修订后的《防治海洋工程建设项目污染损害海洋环境管理条例》强调应通过环境影响评价科学地评估海洋工程建设项目对环境产生的影响，尽量减少海洋工程建设对海洋环境的污染。

3.《防治船舶污染海洋环境管理条例》

《防治船舶污染海洋环境管理条例》于 2009 年 9 月 9 日由中华人民共和国国务院令第 561 号公布，自 2010 年 3 月 1 日起施行。该条例分总则、防治船舶及其有关作业活动污染海洋环境的一般规定、船舶污染物的排放和接收、船舶有关作业活动的污染防治、船舶污染事故应急处置、船舶污染事故调查处理、船舶污染事故损害赔偿、法律责任、附则，共 9 章 76 条。该条例的目的是防治船舶及其有关作业活动污染海洋环境。

---

① 参见《防治海洋工程建设项目污染损害海洋环境管理条例》第 10、13 条。

② 参见《防治海洋工程建设项目污染损害海洋环境管理条例》第 28 条。

③ 参见《防治海洋工程建设项目污染损害海洋环境管理条例》第 46 条。

2008 年国务院对《防治船舶污染海洋环境管理条例》进行了修订，具体如下：将《防治船舶污染海洋环境管理条例》第 14 条第 1 款中的"批准"修改为"备案"。①

修改后的《防治船舶污染海洋环境管理条例》放宽了对船舶所有人、经营人或者管理人制定防治船舶和相关作业活动污染海洋环境应急预案的要求，只要求报海事管理机构备案，而不再是批准。

（三）正式实施多部涉海法规

2018 年多部涉海法规正式实施，具体包括：《最高人民法院关于审理海洋自然资源与生态环境损害赔偿纠纷案件若干问题的规定》于 2018 年 1 月 15 日施行；《中华人民共和国水污染防治法》于 2018 年 1 月 1 日施行；《中华人民共和国环境保护税法实施条例》于 2018 年 1 月 1 日施行。

1.《最高人民法院关于审理海洋自然资源与生态环境损害赔偿纠纷案件若干问题的规定》

《最高人民法院关于审理海洋自然资源与生态环境损害赔偿纠纷案件若干问题的规定》是最高人民法院为正确审理海洋自然资源与生态环境损害赔偿纠纷案件，根据《中华人民共和国海洋环境保护法》《中华人民共和国民事诉讼法》《中华人民共和国海事诉讼特别程序法》等法律规定，并结合审判实践加以制定的。该规定自 2018 年 1 月 15 日起施行。

该规定主要针对海洋自然资源与生态环境损害赔偿纠纷案件，界定了海洋自然资源与生态环境损失赔偿的范围，明确了"恢复费用"等定义，对于审理海洋自然资源与生态环境损害赔偿有很强的实践意义。

2.《中华人民共和国水污染防治法》

《中华人民共和国水污染防治法》在 1984 年 5 月 11 日于第六届全国人民代表大会常务委员会第五次会议通过，主旨是为了保护环境，防治水污染，保护水生态环境，保护饮用水安全，维护公众健康，推进生态文明建

---

① 参见《防治船舶污染海洋环境管理条例》第 14 条。

设，促进可持续发展。①

之后对该法进行了三次修改。第一次：1996 年 5 月 15 日第八届全国人民代表大会常务委员会第十九次会议通过《关于修改〈中华人民共和国水污染防治法〉的决定》修正；第二次：2008 年 2 月 28 日第十届全国人民代表大会常务委员会第三十二次会议通过修订案，自 2008 年 6 月 1 日起施行；第三次：2017 年 6 月 27 日第十二届全国人民代表大会常务委员会第二十八次会议通过《关于修改〈中华人民共和国水污染防治法〉的决定》，自 2018 年 1 月 1 日起施行。

《中华人民共和国水污染防治法》第 4 章第 5 节"船舶水污染防治"规定了船舶水污染相关问题，② 具体包括：船舶排放含油的污水、生活污水，应当符合船舶污染物排放标准。如果船舶进入内河或港口应遵守内河船舶污染物排放标准。船舶的残油、废油应当合理回收，禁止排入水体。禁止向水体倾倒船舶垃圾。如果进入中华人民共和国内河的国际船舶排放压载水，应采用压载水处理装置或者采取其他有效措施，对压载水进行杀灭活体等处理。禁止排放不符合规定的船舶压载水（第 59 条）；③ 船舶应依据国家相关规定配置防污设备和器材，并持有合法有效的、防止水域环境污染的证书或文书。如果船舶从事污染物排放的相关作业，应严格遵守操作规程，并如实记载（第 60 条）；④ 港口、码头、装卸站和船舶修理厂所在地市、县级人民政府应当统筹规划建设船舶污染物、废弃物的接收、转运及处理设施。港口、码头、装卸站和船舶修理厂应备有足够的船舶污染物、废弃物接收设备。如果有关单位从事船舶污染物、废弃物接收作业，或者从事装载油类、污染危害性货物船舱清洗作业，应具备相应的接收处理能力（第 61 条）；⑤ 从事有污染风险作业活动的船舶及有关作业单位，应按照法律法规和相关标

---

① 参见《中华人民共和国水污染防治法》第 1 条。
② 参见《中华人民共和国水污染防治法》第 4 章第 5 节。
③ 参见《中华人民共和国水污染防治法》第 59 条。
④ 参见《中华人民共和国水污染防治法》第 60 条。
⑤ 参见《中华人民共和国水污染防治法》第 61 条。

准，采取有效措施，防止造成水污染。海事管理机构、渔业主管部门应当加强对船舶及有关作业活动的监督管理。进行散装液体污染危害性货物过驳作业的船舶应编制作业方案，采取有效的安全和污染防治措施，并向作业地海事管理机构申报批准。禁止采取冲洗海滩方式进行船舶拆解作业（第62条）。①

3.《中华人民共和国环境保护税法实施条例》

《中华人民共和国环境保护税法实施条例》在2016年12月25日于第十二届全国人大常委会第二十五次会议通过。2017年6月26日，财政部、税务总局和环境保护部联合发布《中华人民共和国环境保护税法实施条例》，公开向社会征求意见。2017年12月30日，国务院李克强总理签署国务院令，公布《中华人民共和国环境保护税法实施条例》，自2018年1月1日起与《中华人民共和国环境保护税法》同步施行。《中华人民共和国环境保护税法实施条例》是配合《中华人民共和国环境保护税法》顺利实施而制定的法规。

该条例对《环境保护税税目税额表》中固体废物范围的确定机制、城乡污水集中处理场所范围、固体废物排放量计算、减征环境保护税条件和标准，以及税务机关和环境保护主管部门的协作机制等都做了明确规定。② 该条例施行后，2003年1月2日国务院公布的《排污费征收使用管理条例》废止。

二 2019年海洋法制建设情况

2019年是新中国成立70周年，是全面建成小康社会、实现第一个百年奋斗目标的关键之年，中国发展仍处于并将长期处于重要战略机遇期，同时面临复杂严峻的内外部环境。全国两会的胜利召开，对于坚定中国信心、凝聚奋斗力量具有十分重要的意义。

---

① 参见《中华人民共和国水污染防治法》第62条。
② 参见《中华人民共和国水污染防治法》第2、3章。

2019 年，我国在海洋立法方面取得的重要进展主要有以下两项：一是全国两会的涉海提案；二是自然资源部出台了 2019 年海洋立法工作计划。

（一）政协提案

在 2019 年全国两会期间，民建中央向全国政协十三届二次会议提交提案共 38 件，其中涉海工作提案 2 件；农工党中央向全国政协十三届二次会议提交提案共 38 件，其中涉海工作提案有 2 件；致公党中央向全国政协十三届二次会议报送提案共 31 件，其中涉海工作提案 2 件。这些提案受到相关部门高度重视，提案所提问题和建议或是被采纳和已解决，或是列入计划拟解决或拟采纳，这都极大地促进了涉海工作的开展。

1. 民建中央涉海提案

民建中央向全国政协十三届二次会议提交提案共 38 件。其中涉海工作提案 2 件。一件是"统筹陆海规划促进海岸带综合治理与发展"，另一件是"加快建设中国特色自由贸易港"。①

（1）统筹陆海规划促进海岸带综合治理与发展

民建中央就"统筹陆海规划促进海岸带综合治理与发展"问题成立专题调研组，并进行实地调研。根据调研，民建中央认为，当前我国海岸带治理与发展还存在一些问题，如重陆轻海的传统观念与思维方式根深蒂固；海岸带开发仍处于低效无序状态，近海或流域污染日趋严重。

根据调研成果，民建中央提交了"统筹陆海规划促进海岸带综合治理与发展"的提案，并提出 4 项建议。

一是转变观念，通过以海定陆构建陆海经济一体化发展的新格局。统筹布局海岸带地区生态空间、生产空间和生活空间，统筹考虑城镇开发、产业布局和自然保护，从而确立现代海洋发展理念。

二是全面实施"三线一单"制度。"三线"是指以自然保护区为核心

---

① 参见 2019 年全国两会提交涉海提案，教育部国家海洋局中国海洋发展研究中心，http://aoc.ouc.edu.cn/93/59/c9828a234329/pagem.htm，最后访问日期：2019 年 12 月 11 日。

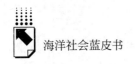

的生态保护红线、以资源承载力为基础的自然资源利用上线、以环境承载力为基础的环境质量底线。"一单"是指制定以限制高污染、高能耗、高水耗产业为主体的环境准入负面清单。"三线一单"制度是海岸带、滨海湿地、海域和海岛综合治理的重要抓手，也是打造高效率陆海统筹管理的重要平台和决策机制。

三是实施"湾长制"，促进"陆海统筹"和"河海联动"。整合流域水环境管理体制和海域水环境管理体制，研究"河长制"和"湾长制"相对接。

四是从源头治理农业污染。建立并完善流域污染治理的生态补偿机制，着力吸引社会力量和民间资本投入流域源头污染防治中，逐步形成"开发有序、产权明晰"的工作机制。

（2）加快建设中国特色自由贸易港

推进海南自由贸易区（港）建设，是习近平总书记亲自谋划、亲自部署、亲自推动的重大国家战略。2018年，民建中央围绕"探索建设自由贸易港"课题进行了广泛深入的调研。调研发现，中国特色自由贸易港建设需要在中央领导统筹、科学布局、对标国际最高标准以及立法等方面加大力度。

为此，在"建设中国特色自由贸易港"的提案中，民建中央建议：

一是加强中央统筹协调力度，成立国家自由贸易港专家咨询委员会，发挥智库作用，从而提高决策的科学性和可行性。

二是逐步推进自由贸易港建设。目前应全力支持海南建设自由贸易港。并支持上海、广东、福建、天津等自由贸易试验区进一步改革创新，实现科学布局与错位发展，从而对接国家发展战略，以促进自由贸易港建设。

三是按照国际最高标准建设自由贸易港。借鉴国际先进经验和做法，以不断提升我国自由贸易港竞争力。

四是研究自由贸易港国家立法。适时制定"中华人民共和国自由贸易港（海南）特别法"，包括海南自由贸易港的海关监管、外汇管理、税收征管、贸易促进等内容，或是适时制定"中华人民共和国自由贸易港法"。①

2. 农工党中央涉海提案

2019 年，农工党中央在全国政协十三届二次会议上提交了 38 件提案，其中涉海工作提案 2 件。一件是关于制订和实施"国家碧海保护行动计划"的提案，另一件是关于生态保护红线管理职能的提案。

（1）"国家碧海保护行动计划"

农工党中央在"国家碧海保护行动计划"的提案中指出：我国拥有 300 万平方公里海域，健康的海洋生态环境关系国家生态安全。目前我国海洋生态环境质量虽然整体稳定，但不平衡问题仍然存在。

对此，农工党中央建议着手制订"国家碧海保护行动计划"（"海十条"）。具体包括严格管控陆海衔接的生态环境空间、加强陆海污染联防联控、促进滨海湿地修复、综合治理蓝色海湾、保护修复海岸带、健全海洋生态环境保护法律体系等。

（2）生态保护红线管理职能

在 2018 年国务院机构改革后，生态保护红线管理职能由生态环境部转移到自然资源部。对于如何避免工作衔接不出现问题，农工党中央在"关于做好生态保护红线管理职能"的提案中提出六方面对策。

第一，生态保护红线制度应在"五位一体"总体布局中进行考虑。

第二，生态保护红线制度应考虑衔接相关法律。

第三，厘定管理主体的上下、左右、前后及内外关系，应依据权责对等原则进行各自权责分配。

第四，关注生态保护红线的划定方法和认证程序。

第五，多维度考虑并控制生态保护红线内的人类活动，以确立阶梯弹性机制。

---

① 参见 2019 年全国两会提交涉海提案，教育部国家海洋局中国海洋发展研究中心，http：//aoc.ouc.edu.cn/93/59/c9828a234329/pagem.htm，最后访问日期：2019 年 12 月 11 日。

海洋社会蓝皮书

第六，建立数据、信息、科学支撑体系，并确立激励约束机制，以管控修复生态环境。①

3. 致公党中央涉海提案

2019 年，致公党中央在全国政协十三届二次会议上提交 31 件提案，其中涉海工作提案 2 件，分别为《关于提升海洋科技创新能力，助推海南自由贸易港建设的提案》和《关于加强智慧海洋建设的提案》。

（1）《关于提升海洋科技创新能力，助推海南自由贸易港建设的提案》

在《关于提升海洋科技创新能力，助推海南自由贸易港建设的提案》中，致公党中央提出了五方面建议：一是聚焦海洋强国建设，构建海洋科技创新协作共同体；二是对标科技前沿关键领域，组织协同创新联合攻关；三是着眼成果转化完善科技服务，不断提高海洋科技创新能力；四是着力高质量效益型发展导向，推进海洋应用技术转移区域合作；五是借助侨力深化科技人文交流，推进泛南海蓝色大合作。

（2）《关于加强智慧海洋建设的提案》

在《关于加强智慧海洋建设的提案》中，致公党中央指出，我国以海洋信息化建设为抓手，逐步推动海洋建设由数字海洋、透明海洋向智慧海洋发展。当前，在推进智慧海洋建设取得重大成就的同时，也存在海洋信息资源既散又弱，关键设备依赖进口，覆盖范围、观测要素、时效精度和数据质量亟待提升等方面问题。

为此，建议进行全局战略性顶层设计，建立一套由中央部署、省级制定实施方案并将综合实时数据、建议向上反馈，中央根据反馈再修正战略规划的机制。切实提高核心装备研发能力，实现关键设备国产化，加快促进科研成果的转化，切实做好知识产权保护。切实增强获取海洋信息能力的自主性，扩大海洋观测、监测和资源调查范围，在国家管辖海域、深海大洋、南北两极以及全球重点关注区域获取有关海洋环境、海上活动等方面的实时持

---

① 参见 2019 年全国两会提交涉海提案，教育部国家海洋局中国海洋发展研究中心，http：//aoc. ouc. edu. cn/93/59/c9828a234329/pagem. htm，最后访问日期：2019 年 12 月 11 日。

续信息。尊重地方特点，助力地方海洋产业发展，发展智慧海产、智慧滨海旅游、智慧港口、智慧海洋生态监管。

（二）自然资源部2019年海洋立法工作计划

2019 年，自然资源部办公厅印发了《自然资源部 2019 年立法工作计划》，其中，有关海洋立法的工作主要有以下两个方面：一是为加强海底电缆管道管理，统筹海底电缆管道铺设和保护管理法律制度，研究修订《铺设海底电缆管道管理规定》；二是为提高涉外海洋科学研究活动管理水平，促进海洋科学技术国际合作与交流，充分维护我国主权和海洋权益，研究修订《涉外海洋科学研究管理规定》。[①]

此外，该《自然资源部 2019 年立法工作计划》还指出自然资源部应积极配合全国人大有关专门委员会做好"南极法""海洋基本法"等的立法工作。根据自然资源管理改革的需要，应积极开展自然资源权属争议裁决、海岸带管理、红树林保护等方面的相关立法研究。

---

① 《自然资源部 2019 年立法工作计划印发》，中华人民共和国中央人民政府官网，http：// www. gov. cn/xinwen/2019 - 06/07/content_ 5397932. htm，最后访问日期：2019 年 12 月 12 日。

专 题 篇

Special Topics

B.8
中国海洋非物质文化遗产发展报告

徐霄健*

摘 要： 通过对海洋非物质文化遗产（简称为"海洋非遗"）相关文献的收集和整理，本报告对 2018～2019 年我国"海洋非遗"的保护举措及其所取得的现实成效、发展状况、发展趋势和存在的客观问题进行了客观的梳理和总结。从总体上看，2018～2019 年我国"海洋非遗"形成了具有新时代中国特色的保护举措和发展模式，其中"文化＋旅游"的产业融合发展模式为"海洋非遗"的传承、发展创造了新的机遇。另外，在国家大力推进海洋强国建设的背景下，"海洋非遗"的保护工作在助力沿海地区产业融合、推动海洋文化生态区建设、促进海洋文化精品包装等方面发挥了积极的作用。与

---

* 徐霄健，曲阜师范大学马克思主义学院助教，硕士研究生，研究方向为海洋社会学。

此同时，2018～2019年，我国政府重点在政策制定、对外宣传和品牌塑造等方面加强了对"海洋非遗"的项目申报和产业价值的开发。由此，我国初步形成了具有新时代中国特色的"海洋非遗"发展模式。

关键词： "海洋非遗"　海洋文化节　海洋文化生态区

自从2017年全国非物质文化遗产保护工作会议召开以来，从中央到地方的各级政府都强调要开展非物质文化遗产保护工作，此次会议提出要认真学习和深刻领会习近平总书记关于弘扬中华优秀传统文化的一系列重要论述，深入贯彻落实《关于实施中华优秀传统文化传承发展工程的意见》。为此，我国进一步强调了非物质文化遗产保护工作的宗旨：要不断坚守中华文化立场，传承中华文化基因，结合新的时代条件传承弘扬优秀传统文化。①总的来看，2018～2019年，我国的非物质文化遗产保护工作坚持以习近平新时代中国特色社会主义思想为指导，全面贯彻落实党的十九大和十九届二中、三中全会精神，全面推进、开拓发展，形成了非物质文化遗产保护与传承的新气象和新格局。在我国经济发展进入"新常态"以后，新的经济增长点逐渐聚焦到海洋文化产业领域中。这些海洋文化产业以海洋文化为载体，以从事海洋发展和保护的相关部门为主体，以沿海城市、海洋渔村、海滨地区、海岸带、海上岛屿、海底为产业发展的空间，逐步建设独具特色的海洋经济发展示范区和群岛新区。与此同时，沿海各地积极发展互联互通的海上信息基础设施建设、海洋生态环境保护、海洋工程和海洋文化旅游等相关产业。在现代产业化融合的大背景下，"海洋非遗"与海洋产业的融合逐渐成为一种共识，以"海洋非遗"为主题的海洋文化发展

---

① 杨晓：《非遗"活路"》，http://news.jcrb.com/jxsw/201706/t20170616_1766302.html，最后访问日期：2019年12月25日。

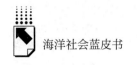

模式成了综合性强、环境容量大、关联度高、产业经济拉动作用显著的新途径。

一 2018~2019年中国"海洋非遗"发展的基本概述

基于我国对非物质文化遗产保护工作的重视，一些沿海城市为了打造独具海洋特色的朝阳文化产业，积极鼓励民营企业和相关的文化产业部门联合发展海洋旅游业。而海洋非物质文化遗产的保护与传承作为我国沿海省份发展经济和文化的命脉，已然受到相关政府部门、科研机构和民众的支持和重视。从总体来看，2018~2019年我国海洋非物质文化遗产的保护和传承上升到了一个新的发展阶段。目前有很多学者对"海洋非物质文化遗产"这一议题开展了相关的讨论和科学研究，他们积极为海洋文化事业和海洋文化产业的发展建言献策。地方政府的相关政策条例处处体现着地方政府对"海洋非遗"的重视和保护。一方面，为了更好地巩固地方产业的发展根基，东部沿海地区的各个省份纷纷树立起了打造海洋文化产业的旗帜。另一方面，为了更好地开展相关工作，并且更好地保护和传承相关"海洋非遗"项目，沿海地区各级政府出台了相关的法律、条例，并确立了相关的管理原则，积极倡导"海洋非遗"为世人所共享的理念。虽然以"海洋非遗"为载体的海洋文化产业的发展已成为一种共识，但是相应的制度建设还相对滞后，相关保障制度与体系的建设依然是需要长期努力的工作。

2019年，我国"海洋非遗"从申报到管理都实现了较好、较快的发展。首先，相关的政府部门开始重视对"海洋非遗"项目进行普查和验收，它们收集并整理了大量与"海洋非遗"项目相关的历史资料，并建立了相应的"海洋非遗"项目资料数据库，逐步建立起了完善的国家级和省、市、县级海洋非物质文化遗产保护名录体系。其次，专门从事"海洋非遗"保护的政府工作人员对"海洋非遗"进行了科学的评估与鉴定，并把认定

"海洋非遗"的杰出传承人作为评估工作的重点。最后，相关政府部门通过制定和落实相关的项目管理政策，加强了对"海洋非遗"的科学管理，从而为"海洋非遗"的传承和保护开辟了新的途径，主要包括保护相应的文化生态环境、建设相应的海洋文化生态区、确立"海洋非遗"的知识产权制度、增强人们对"海洋非遗"的文化安全意识，并以"海洋非遗"为依托加强国际合作与交流。

2018～2019年，我国"海洋非遗"的保护与传承工作逐渐实现了跨越式的发展。这种跨越式发展主要体现在以打造"海洋非遗"为主题的海洋文化节方面。为了满足现代人多样化的消费需求，很多海洋文化节不仅固定了某一主题、某一时间段、某一地域，还逐渐形成了开展形式多样、内容丰富、多时间点、与景点衔接的现代海洋文化节活动体系。此外，在海洋民俗村的建设过程中也呈现了村村相通、户户联合的和谐景象，这种立足于地域特征，并以保护"海洋非遗"为主要职责的民俗村在旅游开发、交通建设、产品经销、文化展演等方面与附近村落实现了有效的配合。但在实际操作层面上，仍然存在着"海洋非遗"保护名录的基础数据不完善、相关建设内容的评价指标缺失、特色"海洋非遗"项目少、"海洋非遗"文化价值有待进一步阐释和挖掘等问题。在学术研究方面，围绕"海洋非遗"这一主题的理论研究和实地调查研究还不够成熟。

"海洋非遗"的研究即使存在着很多问题，但是也要看到，最近几年出现了新的研究议题和研究领域，比如，有的研究将"海洋非遗"的文化建设与社区发展结合在一起，阐述其意义和必要性；还有的研究是把"海洋非遗"建设成果进行了统计和梳理，基于"海洋非遗"研究的成果，很多学者申报了相关课题项目并开展研究，积极从事相关的实地调查，为海洋文化事业和海洋文化产业的发展建言献策。另外，地方政府的相关政策文件处处体现着地方政府对"海洋非遗"的重视和保护，很多地方政府不再把"海洋非遗"的发展看成单一的文化保护问题，而是把它作为发展经济的一个重要平台和手段，并最终通过它去探索"产业＋文化"的新发展道路。

二 2018~2019年中国"海洋非遗"保护工作的开展情况

我国的非遗保护工作经历了不断深化发展的过程。我国的非遗保护工作起步于20世纪80年代民族民间文艺普查和保护。其中,"海洋非遗"保护工作经历了抢救性保护、生产性保护、常态化保护、整体性保护、生态型保护几个发展过程。2018~2019年,我国海洋非物质文化遗产保护工作在政策完善、制度建设、理念深化、机构改革、法规健全、保护实践等方面取得了重大进步和进展。其中,在政策体系的建设、理论研究和跨地域传播这三个方面表现得尤为突出。另外,2019年,我国海洋非物质文化遗产的保护开发、传承利用也取得了重大的突破,相关的政策法规进一步完善,配套的保护体系逐渐形成,相关的学术会议、文化交流活动和民俗活动数量增多、规模扩大、规格提高。"海洋非遗"产品的创造以及传统文化活动的举办等都展现出了与以往不同的亮点。政府在海洋文化展馆、博物馆等基础文化设施建设方面也投入了大量的经费。这也意味着,文旅融合成了"海洋非遗"未来发展的一种新型模式。

(一)相关政策体系不断完善,创造了"海洋非遗"成果共享的新机遇

首先,相关部门积极履行非物质文化遗产保护的行政职责。2018年2月28日,中国共产党第十九届中央委员会第三次全体会议审议通过了《深化党和国家机构改革方案》。组建文化和旅游部是贯彻落实党和国家机构改革决策部署的重要工作。文化和旅游部的主要职责包括"负责非物质文化遗产保护,推动非物质文化遗产的保护、传承、普及、弘扬和振兴"。[①] 其次,鉴于文化保护工作的重要性和迫切性,相关部门拟订了非物质文化遗产

---

① 《文化和旅游部主要职责》,中华人民共和国文化和旅游部官网,https://www.mct.gov.cn/gywhb/zyzz/201705/t20170502_493564.htm,最后访问日期:2019年9月5日。

保护政策和项目规划。为了积极组织开展地方非物质文化遗产保护工作，从中央到地方都落实了指导非物质文化遗产实地调查、客观记录、逐项确认和建立名录的相关举措。此外，各级政府还明确了非物质文化遗产的政策研究、科学宣传和传播工作的职责。与此同时，沿海地区的各个省份调整了相应的文化政策，并增设了负责非遗保护工作的综合处、规划处、管理处、发展处和传播处等多个职能部门。这些部门制定的相应政策会对各沿海城市"海洋非遗"保护工作的开展产生深刻的影响。基于这一现实背景，各沿海城市把打造"海洋非遗"项目作为非遗保护工作的重点，以适应新时期我国非物质文化遗产保护与发展的现实需要。

在打造新型海洋文化业态的过程中，很多沿海地区的各级政府把"海洋非遗"建设作为推动非物质文化遗产保护与传承工作的主要任务。比如江苏省连云港市赣榆区政府不断加强对"徐福传说"的保护与传承工作，制定并实施了《"徐福传说"保护规划》。[①] 为着力提升民俗与经济发展相挂钩的双重效益，很多沿海城市依托本地的"海洋非遗"项目，发展特色旅游业，鼓励举办各种祭海节活动。为此，各沿海城市出台了相应的保护管理办法和管理条例。其中，青岛的"东夷渔祖郎君文化节"、"琅琊祭海节"和田横祭海节最具有代表性。2012 年，随着青岛当地郎君庙的修缮，海上祭祀仪式又得以恢复，并发展成了今天的"东夷渔祖郎君文化节"。该节也是中国首个以渔宗"郎君"命名的传统节日。目前在青岛，除了"东夷渔祖郎君文化节"，与其性质类似的文化活动还有"琅琊祭海节"和田横祭海节。其中田横祭海节在 2008 年被列入了第二批国家级非物质文化遗产名录；"东夷渔祖郎君文化节"成功入选了山东省非物质文化遗产保护名录；"琅琊祭海节"在 2014 年被列入青岛市市级优秀非物质文化遗产代表性项目名录。

为了促进海洋文化名城建设，最近几年舟山市政府还制定了"八个一"

---

① 孙传思：《以中国赣榆徐福节为例，略论节庆文化创新与发展》，https：//dsnews.zjol.com.cn/dsnews/system/2019/01/15/031399976.shtml，最后访问日期：2019 年 9 月 5 日。

保护方案，并出台了《舟山市非物质文化遗产保护工作实施方案》《舟山市非物质文化遗产代表作名录申报评定暂行办法》《舟山市非物质文化遗产保护专项资金使用管理暂行办法》等 12 项规章制度，为非遗保护工作提供了强有力的政策保障。①

（二）以"海洋非遗"为文化纽带，推动了中国海洋文化的国际交流

近几年，妈祖文化的发展不再是孤立的，而是呈现与体育事业、交通运输业、文化产品创造等交融发展的新态势。莆田市大力发展繁荣文化事业，于 2019 年 11 月 28 日至 12 月 1 日成功举办了第三届"妈祖杯"海上丝绸之路国际羽毛球挑战赛。② 妈祖文化与体育事业的结合不仅能推动莆田市的体育发展，使莆田与各参赛国的联系更为密切，借此推广妈祖文化，还能推进"海上丝绸之路·中国史迹"项目申报世界文化遗产的进程。

妈祖祭典作为福建、天津、台湾等地举办的重要祭海仪式，同样也是这些地方的一项"海洋非遗"项目。2017 年莆田市成功举办了第二届世界妈祖文化论坛，并大力开展了妈祖千年首巡东南亚、二十年赴台再巡安等一系列文化活动，妈祖文化再耀"海丝"。另外，2018 年，福建湄洲岛成功举办了第三届世界妈祖文化论坛暨第二十届中国·湄洲妈祖文化旅游节。2018 年 5 月 8 日，天津举办了天后诞辰 1058 周年祭拜活动暨天后散福皇会踩街展演活动，此次活动吸引了许多市民以及国内外游客一同感受天津独特的海洋民俗传统文化。③ 除此之外，2018 年，吉隆坡雪隆海南会馆通过举办妈祖祭典来助推 2018 马来西亚妈祖国际文化旅游节。这也是我国首次与马来西

---

① 陈静：《保护舟山"非遗" 让"活化石"得以流传》，http：//www. wenming. cn/syjj/dfcz/zj/201607/t20160708_ 3508683. shtml，最后访问日期：2020 年 8 月 28 日。
② 吴伟锋等：《让爱飞翔 活力绽放——第三届"妈祖杯"海上丝绸之路国际羽毛球挑战赛开幕式侧记》，http：//www. ptxw. com/news/xw/ty/201911/t20191129_ 238447. htm，最后访问日期：2020 年 8 月 28 日。
③ 刘乃文：《妈祖祭典天津皇会被列入国家级非遗名录》，http：//www. cssn. cn/ysx/ysx_fwzwhyc/201805/t20180524_ 4302444. shtml，最后访问日期：2019 年 8 月 25 日。

亚共同举办妈祖文化节。作为 2018 马来西亚妈祖国际文化旅游节活动的一场重头戏，妈祖祭祀大典和妈祖海陆巡安海上活动在马来西亚吉隆坡举行。此次妈祖祭祀大典除了有三跪九叩与念祝文等祭海仪式之外，还首次展演了"湄洲八佾舞"。

参与此次活动的大多数是海外华人，在活动期间还举办了妈祖信仰保护与传播国际研讨会、妈祖文化大会演等活动。妈祖文化大会演活动的演出内容包括"鲤鱼跳龙门"、太平洋杂技表演等富有特色的海洋文化活动。

2019 年 11 月 1 日，第四届世界妈祖文化论坛在湄洲岛举行，此次论坛以"妈祖文化·海洋文明·人文交流"为主题，旨在进一步弘扬妈祖"立德、行善、大爱"精神，以及"和平之海、合作之海、和谐之海"的海洋观，落实"一带一路"倡议，构建海洋命运共同体、人类命运共同体。论坛上很多专家主张要深入开展妈祖文化研究，并对妈祖文化加以阐释与弘扬，这是落实中华优秀传统文化创造性转化和创新性发展的必然要求；要从多学科多角度切入，推动学科融合发展，提高妈祖文化研究水平；要坚持经世致用，实现服务时代、顺应需求、创新发展。[①]该论坛对于不断促进妈祖文化在国际上的传播与发展、构建海洋命运共同体，具有重要的现实意义。另外，为了开展海峡两岸的交流活动，莆田市发起了第十届海峡论坛·妈祖文化活动周暨海峡两岸"妈祖与健康"高峰论坛活动。因此，妈祖文化作为世界了解中华文化的一个重要窗口和纽带，推动了中华文化走向世界。上述活动的举办不仅是"海洋非遗"项目的拓展，还是一种文化交流的需要。

为了推动海洋文化产业的转型与升级，提升文化品牌和文化影响力，很多沿海城市通过举办各种国际会议和活动来增加当地文化的吸引力和竞争力。其中，2019 年，中国海洋文化节休渔谢洋大典在舟山岱山海坛举行。本届谢洋大典以"四海扬帆·梦行岱山"为主题，将百姓作为谢洋主角，

---

① 钱碧云、许伯英：《妈祖文化 海洋文明 人文交流》，http://www.ptwbs.net/news - 187644.html，最后访问日期：2019 年 12 月 5 日。

以独特的方式抒发了他们的情感,展现了岱山的祭海特色。本届谢洋大典的一大亮点便是创新融合,充分展示了舟山渔民画等富有特色的"海洋非遗"产品,以供国内外游客观赏。①另外,其他沿海城市也开始重视对海洋文化交流活动的建设。青岛市《2019年政府工作报告》强调以青岛当地特色的海洋文化为平台,加快建设国际海洋名城,重点巩固提升传统优势,建设海洋科教名城。②另外,2019年10月25~27日,江苏连云港市赣榆区举办了第十一届徐福故里海洋文化节暨2019赣榆发展大会。此次会议的主题是打造赣榆经济文化(徐福文化)对外交流的知名品牌,它不仅提升了赣榆的知名度,还推动了中日韩三国的文化交流。其中,2019年10月26日晚7点,汤沟国藏·第十一届徐福故里海洋文化节"追梦在赣榆"大型文艺演出于连云港市赣榆区体育场内上演。③因此,最近几年各地政府举办的"海洋非遗"文化活动几乎成了国际文化交流与对话的一个重要平台。

(三)讲好海洋文化故事,促进了对"海洋非遗"的文学艺术创作

非物质文化遗产的保护实践体现着人类文明的历史性创造,观照着人们当下的社会生活,面向着人类可持续发展的未来。非物质文化遗产的传承发展离不开理性思考,非物质文化遗产保护是以学术研究成果为基础的。2018~2019年,关于"海洋非遗"的相关理论研究视野更加开阔、维度更加立体、成果更为丰富。

通过2015~2019年与"海洋非遗"相关论文的发表情况(见表1),可

---

① 刘黛琼:《2019岱山休渔谢洋大典圆满落幕》,岱山新闻网,https://dsnews.zjol.com.cn/dsnews/system/2019/06/18/031717623.shtml,最后访问日期:2019年12月2日。

② 《2019年政府工作报告》,http://www.qingdao.gov.cn/n172/n25685095/n25685320/n25685925/n25687788/190128161544026855.html,最后访问日期:2020年4月12日。

③ 《汤沟国藏·第十一届徐福故里海洋文化节落幕 汤沟酒业再受好评》,汤沟美酒招商网,http://www.9928.tv/news/dongtai-baijiudongtai/300736.html,最后访问日期:2019年10月30日。

以看出，2015~2019年相关学者共发表与"海洋非遗"相关的学术论文65篇，其中2019年发表了24篇，是发表与"海洋非遗"相关论文最多的年份。与其他非遗的研究成果相比，目前关于"海洋非遗"的理论研究正处在低速发展阶段，还存在较大的发展空间。

表1　2015~2019年与"海洋非遗"相关论文的发表情况

单位：篇，%

年份	发文量	年环比
2019	24	41▲
2018	17	31▲
2017	13	86▲
2016	7	75▲
2015	4	—
合计	65	—

"海洋非遗"研究报告和专著以及"海洋非遗"数字化建设项目是"海洋非遗"在理论研究层面上发展的两个重要方面。长海县《2018年政府工作报告》指出，由于长海县政府的支持，该县完成了"长海号子"非物质文化遗产整理和长海文化系列丛书的编撰工作。[①] 另外，2019年部分沿海地区的"海洋非遗"数字化建设项目开始实施。2019年8月20日，浙江海洋大学人文学院、教师教育学院美丽非遗乡村行——海洋文化数字化建设调研团走进舟山定海白泉镇柯梅村。[②] 调研团以问卷和访谈的方式开展深入调研，以期寻找能推动"海洋非遗"数字化工程建设的路径。该团队在当地居民的热情配合下，参观了文化礼堂和文化长廊，并了解了当地的非遗保护现状，在此基础上提出了许多非遗文化数字化建设的新思路。

为了讲好与"海洋非遗"有关的历史文化故事，2018年，作为学术咨

[①] 《2018年政府工作报告》，http://www.changdao.gov.cn/art/2018/2/7/art_15729_1354183.html，最后访问日期：2020年4月12日。

[②] 王巍、朱青：《美丽非遗乡村行——海洋文化数字化建设调研团走进白泉镇柯梅村》，https://www.sohu.com/a/335807109_796138，最后访问日期：2019年12月7日。

询和验收机构，国家图书馆中国记忆项目中心受文化和旅游部非物质文化遗产司委托，于 2018 年 5 月完成了首批抢救性记录项目的验收工作。最终专家评审通过了 227 个项目，并评出了 25 部优秀的非遗纪录片。其中古渔雁民间故事最具有海洋特色，充分展现了鲜明的海上生计特点和原始渔猎文化的独特遗风。2018 年，蓬莱市政府举办了"神游蓬莱，醉美仙境——讲好蓬莱故事形象推广活动"。① 这也进一步促进了八仙传说这一"海洋非遗"项目的发展。此外，为了讲好民间故事、传承海洋文化，2017～2018 年，赣榆举办了徐福文化节活动，此次活动持续深挖与徐福相关的民间传说、文物遗存、传统音乐等丰富多样的历史文化资源，并且还建设了徐福庙、徐福纪念馆、徐福祠等文化基础设施，也为此举办了相应的国际性徐福学术研讨会。当地还成功举办了大型古装京剧《徐福》《徐福祭典》展演等文化娱乐活动。② 各地沿海城市的政府都出台了专门的保护计划，做了相关工作部署，为"海洋非遗"的传承和创新搭建了有力的平台。另外，2019 年 9 月 6 日，央视综艺频道播出了"国家级非物质文化遗产——长岛渔号亮相挑战黄金 100 秒栏目"，此次节目充分还原了风帆时代海洋渔民的精神风貌和渔民个性化的一面。

另外，最近几年国内举办了一些以"海洋非遗"和海洋文化为主题的论坛和研讨会。据了解，莆田是妈祖海洋文化的发祥地，也是人类非物质文化遗产妈祖信仰的发祥地，拥有独特的海洋区位、海洋资源和海洋文化三大优势。近年来莆田市加快建设世界妈祖文化中心，从 2016 年起已连续举办四届世界妈祖文化论坛。比如，2019 年 11 月，莆田市湄洲岛成功举办了第四届世界妈祖文化论坛暨第二十一届中国·湄洲妈祖文化旅游节，本次论坛的主题为"妈祖文化·海洋文明·人文交流"。与往届论坛相比，本届论坛

---

① 赵桂琴、李冉：《主打"神仙"文化 塑造仙境蓬莱"讲好蓬莱故事"旅游文化研讨会举行》，https://baijiahao.baidu.com/s? id=1611749211628522662，最后访问日期：2019 年 8 月 29 日。

② 吕翔等：《从徐福文化节看节庆活动创新》，中国江苏网，http://tour.jschina.com.cn/gdxw/201710/t20171015_1114714.shtml，最后访问日期：2019 年 9 月 5 日。

规格更高、主题呼应更准、活动内容更多。此外，在第五届国际妈祖文化学术研讨会上，海内外专家学者的研讨内容围绕妈祖文化与和谐海洋、民心相通等主题，努力形成有建设性的共识和倡议。① 2019 年 11 月14～17 日，上海海洋大学举行了第九届海洋文化与社会发展研讨会，参加此次会议的专家学者们围绕"新时代下的海洋文化与社会发展"主题，从社会学、文学、民俗学、人类学、文化传播学等多学科、多角度、多视角交流了海洋文化与社会发展研究成果。专家学者们分享了各自最新的研究进展，并就报告内容进行了充分交流和探讨，具体有"海洋非遗"保护传承与创新、海神信仰与海洋民俗、区域海洋文化特色与保护、海港历史与跨文化交流传播、海洋生态文明建设等内容。专家学者们通过丰富多样的研究专题，共同探讨新时代背景下海洋文化的传承、应用与创新。这些学术研讨会和国际论坛的举办能够有效地弘扬妈祖精神，有利于传承中华文化。

三　新时代中国特色的"海洋非遗"发展模式

2018～2019 年的"海洋非遗"保护工作和发展模式带有明显的新时代中国特色社会主义的发展特征。2018～2019 年的"海洋非遗"项目除了贯彻落实前述的保护工作以外，还坚持以人民为中心，积极实施文化惠民工程，并配合国家的扶贫战略，靠海洋文化产业助力脱贫任务。② 为实现中华民族伟大复兴的中国梦，开启全面建设社会主义现代化国家新征程，完成以新发展理念引领高质量的发展，并推动社会主义文化繁荣兴盛，2018～2019 年，我国"海洋非遗"的发展形成了文化与旅游相融合的模式。与此同时，各地政府也在大力加快海洋文化生态区建设。由此，我国"海洋非遗"的发展开始步入了一个全新的发展阶段。

---

① 《第四届世界妈祖文化论坛新闻发布会在榕召开》，搜狐网，https：//www. sohu. com/a/ 349088883_ 99960645，最后访问日期：2019 年 12 月 4 日。
② 中共中央宣传部：《习近平新时代中国特色社会主义思想学习纲要》，学习出版社、人民出版社，2019，第 2～6 页。

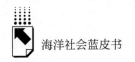

（一）文化与旅游相融合，激发了"海洋非遗"传承发展的新动力

文化和旅游是目前"海洋非遗"实现快速发展的两种主要途径。2018年3月9日，《国务院办公厅关于促进全域旅游发展的指导意见》（国办发〔2018〕15号）印发。该文件指出，旅游是发展经济、增加就业和满足人民日益增长的美好生活需要的有效手段，旅游业是提高人民生活水平的重要产业，并强调科学利用传统村落、文物遗迹及博物馆、纪念馆、美术馆、艺术馆、世界文化遗产展示馆、非物质文化遗产展示馆等文化场所，与现代旅游业相融合，积极开展文化体验项目，并提升旅游产品的品质，不断深入挖掘地域特色文化、历史文化、民俗文化等内容，积极实施中国传统手工艺振兴计划。①

为了全面深化"一带一路"建设，青岛市《2018年政府工作报告》提出了坚定文化自信、建设文化强市的政策，其中坚持文化事业和文化产业协调发展是核心，推动优秀传统文化创造性转化、创新性发展是手段，促进文化繁荣兴盛、增强文化软实力是目的。因此，青岛市《2018年政府工作报告》就海洋文化建设依照国家的文化发展要求，提出要发展具有青岛特色、与时俱进的海洋文化建设项目，鼓励充分挖掘具有悠久历史的传统海洋文化资源，加强对古遗址、传统村落、历史文化街区、工业遗产等的保护与利用。② 这些文化方面的发展举措进一步强调了对"海洋非遗"建设方面的具体要求，同样也是接下来具体开展各项"海洋非遗"工作的重要依据和目标。

2018年6月8日，雒树刚在全国非物质文化遗产保护工作先进集体先进个人和第五批国家级非遗代表性项目代表性传承人座谈活动上提出："文

---

① 《国务院办公厅关于促进全域旅游发展的指导意见》，http：//www. gov. cn/zhengce/content/2018－03/22/content_ 5276447. htm，最后访问日期：2020年8月28日。
② 梁超：《加快城市软实力建设》，http：//wb. qdqss. cn/html/qdwb/20180111/qdwb295684. html，最后访问日期：2019年9月2日。

化和旅游密不可分，文化是旅游的灵魂，旅游是文化的载体。文化和旅游合体既强强联合，又相辅相成。""进一步加强对非遗资源的挖掘阐发，通过提高传承实践水平，为旅游业注入更加优质、更富吸引力的历史文化内容。要充分发挥旅游业的独特优势，为非遗保护传承和发展振兴注入新的更大的内生动力。"① 在海洋文化产业发展方面，惠州市政府依托传统的"海洋非遗"项目大力推进"文化＋"发展战略，这其中就包括国家级非遗项目"惠东渔歌"。另外，2018 年 11 月 18 日，大型妈祖文化交流活动在北京民俗博物馆正式举办。此次交流活动的主办方有北京妈祖文化交流协会、湄洲岛党工委及管委会、北京民俗博物馆、中华妈祖文化交流协会、湄洲妈祖祖庙董事会等，此次交流活动展演了《大爱妈祖》柔禅表演和《妈祖颂》等文化艺术活动，还开展了参观摄影展、文创展等活动。② 由此可以看出，海洋旅游业的发展离不开对海洋文化的包装。2019 年，北海市政府为了加快开发滨海休闲、海岛度假、海洋体验等特色休闲度假旅游产品和"海上丝绸之路"旅游品牌，集中加大投入保护和利用好"海上丝绸之路"的文化遗产，并以此为条件，推进"北海史迹"的项目申遗。

为了更好地体现"旅游＋文化"的保护理念，南沙天后宫于 2018 年妈祖诞辰之际，通过相关部门发布了《关于面向社会公开征集 2018 第十届广州南沙妈祖文化旅游节活动策划方案的公告》。2019 年 4 月 26 日上午，广州南沙举办了 2019 年第十一届广州南沙妈祖文化旅游节，此次活动从 26 号到 29 号，共历时 4 天。据介绍，妈祖文化旅游节每年吸引香港、澳门、台湾及东南亚等地区的人前来祭拜，在粤港澳大湾区人文湾区建设中起到了重要作用。③相较于往年的妈祖文化旅游节，今年的妈祖文化旅

① 《雒树刚部长在全国非物质文化遗产保护工作先进集体先进个人和第五批国家级非遗代表性项目代表性传承人座谈活动上的讲话》，搜狐网，https://www.sohu.com/a/240508934_716308，最后访问日期：2020 年 8 月 29 日。
② 《2018 妈祖文化交流活动在北京正式拉开帷幕！》，搜狐网，https://www.sohu.com/a/259397934_653034，最后访问日期：2019 年 9 月 1 日。
③ 《2019 年第十一届广州南沙妈祖文化旅游节开幕》，广州文明网，http://gdgz.wenming.cn/gqcz/qxdt_ns/201904/t20190429_5824156.htm，最后访问日期：2019 年 12 月 10 日。

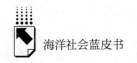

游节很好地将妈祖文化和旅游资源相结合，打造了南沙文旅发展模式的新样板。

莆田市发起的"第十届海峡论坛·妈祖文化活动周暨 2018 海峡两岸'妈祖与健康'高峰论坛"活动，不断立足妈祖文化、民营医疗等独特优势，加快妈祖文化与健康产业融合，推动卫生健康事业高质量发展，加快打造健康中国的"莆田样本"。作为首次以妈祖文化交流为平台、以打造医疗健康产业为目的的海峡合作论坛，莆田市在此次论坛期间共成功对接 57 个莆台投资合作和两岸医疗健康产业合作项目，计划总投资额 70 亿元。两岸的医疗健康产业合作项目主要涉及生物科技、妈祖文创、电商物流、观光农业等领域。① 此外，2019 年 4 月 19 日、20 日、21 日连续三天青岛举办了开洋谢洋节，此次开洋谢洋节的举办有大规模的表演队伍，表演队分别被划分为渔家大鼓、渔民号子等不同的方队，他们上演了具有胶东特色的海洋民俗表演。② 除了对祭祀仪式、文化活动的传承，2019 年开洋谢洋节最大的特色在于开展了当地海洋非物质文化遗产联展活动。

从上述内容中可以发现，"海洋非遗"在开发层面上更多的是对其内在价值和附加值的挖掘，强调的是一种品牌式或有影响力的融合发展模式。这是因为实现海洋、经济、社会三者协调发展，离不开"海洋非遗"资源与旅游产业的融合与创新，只有这样才能打造文旅融合的新发展模式。南沙区政府十分重视这一发展模式，定期在天后宫举办书画交流展，并致力于建设南沙湾妈祖文化体验基地，不断丰富南沙妈祖文化的内涵。③ 这样的举措为打造新型海洋文化业态提供了宝贵的建设经验。所以，"海洋非遗"为现代海洋文化产业的发展提供了有利的条件。

---

① 《第十届海峡论坛·妈祖文化活动周暨 2018 海峡两岸"妈祖与健康"高峰论坛侧记》，福建卫生健康新闻网，http://fjwsjk.fjsen.com/2018－06/28/content_ 21199069_ 3.htm，最后访问日期：2019 年 8 月 29 日。

② 《2018 年政府工作报告》，http://www.qingdao.gov.cn/n172/n25685095/n25685320/n25685925/n25687788/180121163702545763.html，最后访问日期：2020 年 8 月 29 日。

③ 崔小远：《2019 南沙妈祖文化旅游节下周开锣》，https://baijiahao.baidu.com/s?id=1630867629729509689，最后访问日期：2019 年 10 月 30 日。

（二）积极落实文化惠民工程，促进了"海洋非遗"的精品建设

为了创建全国文明城市，舟山市政府出台了《舟山市文明行为促进条例》，并在海洋遗产保护方面做了大量的准备工作，《2018 年市政府工作报告》总结了本年度政府在文化事业和文化产业发展方面开展的专项工作，其中就包括优化公共文化基础设施布局建设，推进舟山市海洋文化艺术中心、定海图书馆、普陀美术馆等基础设施的建设。另外，舟山市政府还完善了渔村文化礼堂长效建设机制，新建文化礼堂 18 家。为全面实施文化惠民工程，该市全面推进优秀传统文化的传承发展，重点加强对海洋文化遗产的保护。[①] 因此，渔工号子、普陀船模艺术、嵊泗海洋渔民服饰制作技艺、渔网编织技艺、渔民传统竞技、舟山木船建造工艺等多项"海洋非遗"精品得到了政府的专项拨款，并开展了相应的展演活动，以落实文化惠民工程、打造文化精品。

青岛市在《2018 年政府工作报告》中指出，要在贯彻实施文化惠民工程的基础上，加强公共文化服务设施建设，重点打造海洋文化精品，并办好市民满意的文化艺术节，做好国家文化消费试点。同样，在《连云港市政府 2018 年政府工作报告》中也提出要扎实推进文化建设。连云港市的"海洋非遗"项目主要依托该市文化服务中心来推进建设。2018 年该市加强了对东海孝妇传说等"海洋非遗"精品项目的开发利用，并建设了市数字档案馆，通过定期举办相应的海洋文化节活动，主张办好人民满意的文化盛宴。[②] 此外，在《2018 年惠州市政府工作报告》的工作安排中也强调，要不断深入推进文化强市建设，抓好市美术馆、规划馆等公共文化场馆建设。在不断强化基础设施建设的过程中，2018 年该市新建了 262 个综合文化服务中心，通过持续实施文化惠民工程，推出了一批具有惠州海洋特色、体现

---

① 《2018 年市政府工作报告》，http：//www.zhoushan.gov.cn/art/2018/5/2/art_1320243_17803302.html，最后访问日期：2019 年 8 月 29 日。

② 《连云港市政府 2018 年政府工作报告》，http：//www.lyg.gov.cn/，最后访问日期：2019 年 8 月 25 日。

时代精神、传递正能量的海洋文化精品。① 烟台经济技术开发区素有"中国渔灯文化之乡"的称号，2019 年 2 月 17 日，为了进一步弘扬渔灯文化、积极落实文化惠民工程、促进"海洋非遗"的精品建设，烟台经济技术开发区举办了初旺渔灯节和八角渔灯节。渔灯节庆典现场中原汁原味的祭海活动吸引了大量游客。其中前去参观的群众通过互联网进行共享和传播，从而极大拓宽了当地海洋民俗活动的传播空间。这些文化惠民工程的落实，不仅促进了当地海洋文化产业的发展，还增强了民众对当地海洋文化特色的认同与体验，真正实现了"海洋非遗"项目建设服务于民众的发展宗旨。

很多海洋文化节作为沿海地区发展海洋产业的主要文化资源，受到了不同社会主体的青睐。比如，"琅琊祭海节"活动由琊镇台西村主办，田横祭海节由当地村庄按照传统祭祀习俗自发组织，而"东夷渔祖郎君文化节"则由民营企业青岛韩家民俗村文化有限公司主办。从 2004 年田横镇政府主办"第一届周戈庄祭海民俗文化节"到 2008 年田横祭海节被列入第二批国家级非物质文化遗产名录，一直到 2018 年当地政府极力打造共建共享的海洋产业发展模式，相较于以往政府主办的文化节，民间办节的规模有所减小、节目内容有所减少，但是增加了很多地方民众喜闻乐见的戏剧表演活动，使更多的普通村民参与到办节过程中，真正实现了让"海洋非遗"惠民的目的。当地村民希望让民间习俗活起来、让民间习俗留长久、让民间习俗乐万家、让广大民众同享欢乐，这同样也是沿海各地政府提倡发展海洋民俗文化的宗旨。而举办海洋类节庆活动是为了打造文化精品，这也是让当地历史民俗文化得以自然延续的最好方式。另外，各级沿海政府部门提倡"让节于民"，其目的是让村民参与文化活动建设，这也是当地传承"海洋非遗"、振兴乡村发展的好办法。如今，政府在此过程中扮演的角色逐渐由"主导方"变为"引导方"，这种职能角色的转换，能够使民众主动深入挖掘本土的海洋文化特色，避免了政府包装文化产品的同质化和过度商业化的

---

① 《2018 年惠州市政府工作报告》，http://www.huizhou.gov.cn/zfxxgkml/hzsrmzf/zfgzbg/content/post_ 1975626.html，最后访问日期：2020 年 4 月 12 日。

弊端，真正实现了让传统海洋民俗文化走得更远。

海洋文化惠民工程的实施，是对海洋文化价值内涵的挖掘与重塑。其中，为深入贯彻落实习近平新时代中国特色社会主义思想和党的十九大精神，以及习近平总书记视察广东重要讲话精神，2018 年 10 月 30 ~ 31 日"渔歌里说——我唱渔歌给党听"广东省汕尾市渔歌专场在北京民族剧场演出。[①] 此次演出活动是一项惠民盛宴，通过举办类似的活动能够不断深入挖掘传统海洋文化蕴含的优秀思想观念、人文精神、道德规范，充分发挥它在凝聚人心、教化民众、淳化民风中的重要作用。

（三）配合国家扶贫战略，促进"海洋非遗"助力精准扶贫

为了响应并落实国家的扶贫战略，促进地方贫困人口脱贫，各沿海地区政府相继推行了"海洋非遗"助力精准扶贫的措施。2018 年 6 月 27 日，文化和旅游部办公厅下发了《关于大力振兴贫困地区传统工艺助力精准扶贫的通知》，在总结最近几年各地探索"非遗 + 扶贫"政府工作的实践经验基础上，主张要加大贫困地区的传统工艺振兴力度；要求各省（区、市）要高度重视传统工艺振兴助力精准扶贫工作，根据地方实际情况，及时总结传统工艺振兴助力精准扶贫的典型案例、做法和经验。为了深入贯彻相关政府部门提出的发展要义，2018 年 7 月 11 日，文化和旅游部办公厅、国务院扶贫办综合司发布了《关于支持设立非遗扶贫就业工坊的通知》，从工作目标、总体定位、基本路径、工作任务四个方面对加强设立非遗扶贫就业工坊的工作进行了具体的说明，努力发挥文化在脱贫攻坚工作中的积极作用。因此，为了落实国家的扶贫战略、积极推进"海洋非遗"助力精准扶贫的攻坚任务，沿海各地政府急需在实践中不断探索和总结"海洋非遗"助力精准扶贫的发展经验。

2018 年 11 月 15 日，文化和旅游部等 17 部门联合印发的《关于促进

---

① 刘清华、张锡凯：《"渔歌里说——我唱渔歌给党听"广东汕尾渔歌专场在北京演出》，http://www.swrtv.com/swrtv/msxw/201811/20bd39f9bdad41288fd0795416830188.shtml，最后访问日期：2019 年 12 月 1 日。

乡村旅游可持续发展的指导意见》提出，要在保护传统文化的基础上，有效利用文物古迹、传统村落、农业文化遗产、非物质文化遗产等内容，融入乡村旅游产品的开发。因此，2018～2019年，长岛当地的海洋文化事业得到了进一步的发展。2018年长岛县成功组织"妈祖金身"首次赴台巡游活动，对两岸文化交流、非物质文化遗产传承、海洋文化下乡等系列活动做出了整体规划和管理，这使得当地海洋民俗文化的传承得到了进一步的强化，也为促进当地渔村文化的传播和创新相关文化产业打下了坚实的文化基础。

随着现代经济的发展，祭海节作为地方政府进行产业调整和产业升级的方向，成了连接文化传承与休闲经济发展的最好载体，"文化＋产业"的发展模式也对当地经济发展产生越来越强的带动作用和辐射力量。2018年田横岛旅游度假区相关负责人分析了今年祭海节的有关数据："为期三天的周戈庄祭海节吸引了来自全国各地的游客15万人次，实现了经济效益2000余万元。"2018年青岛市政府和田横镇政府都出台了相应的管理措施，主要依托祭海节大做经济发展的文章。为了扩大产业规模，田横镇政府规划了3条旅游线路，新培育了10个乡村旅游示范点以及打造了以渔家乐为主题的酒店集群。① 此外，当地政府还组建了"田横旅游发展联盟"，积极打造"醉美田乡鲜美田横"文化品牌。在充分深挖田横当地海洋文化内涵的基础上，融合了民俗、祈福、祭海、乡游等文化元素，进一步提升了海洋民俗产业的吸引力。祭海节不仅具有文化效益，而且还能促进当地渔村和渔业的发展，通过祭海节能够让更多的人了解到当地渔民的日常生活。2018年，依托祭海节当地渔民平均增加了20%～30%的经济收入。② 除了经济效益外，田横祭海节对当地居民的就业还有很大的帮助。祭海节带动了当地旅游业的发展，因为很多文化公司雇用的都是周边的村民，因

① 张云明：《青岛三大祭海节带起产业链，民俗文化助推乡村振兴》，http：//weifang. dzwww. com/ycgd/201804/t20180411_ 16441536. htm，最后访问日期：2020年4月12日。
② 张云明：《青岛三大祭海节带起产业链，民俗文化助推乡村振兴》，http：//weifang. dzwww. com/ycgd/201804/t20180411_ 16441536. htm，最后访问日期：2020年4月12日。

此能够解决不少当地人的就业问题。基于这一优势，当地的脱贫问题不再是难题。

（四）加强文化生态区建设，推动了对"海洋非遗"的整体性保护

2018～2019年，"海洋非遗"的产业化集群建设实现了对"海洋非遗"生态保护区、海洋民俗村、海洋文化节、体验式"海洋非遗"展销活动、海洋旅游商品等的市场开发和综合协调机制的建设。2018～2019年的海洋文化生态区建设也在稳步推进，这使得对海洋非物质文化遗产的传承教育与顶层设计和落地实施逐渐实现了有效的衔接。

加强海洋文化生态区建设是促进"海洋非遗"整体性保护的重要内容，也是对"海洋非遗"科学规划、区别对待、集中管理的具体表现。2018年12月10日发布的《国家级文化生态保护区管理办法》就明确提出，国家级文化生态保护区建设管理机构应当依托区域内独具特色的文化生态资源，开展文化观光游、文化体验游、文化休闲游等多种形式的旅游活动。为了落实"一带一路"倡议和《国家级文化生态保护区管理办法》，2018年莆田市政府的工作安排强调，要大力弘扬妈祖文化，把妈祖文化作为打造海洋文化产业升级的文化根基。与此同时，莆田市全面落实《关于切实保护好湄洲岛的若干意见》，创建了国家级妈祖文化生态保护实验区，其主要目的是推动以妈祖文化为主题的活动的国际化、品牌化，不断提升妈祖文化对海外地区的影响力和感召力。莆田市还建设了朝圣旅游码头，并注重保护妈祖历史古迹，打造以妈祖文化为主题的多层次旅游产品体系，建成了国家5A级旅游景区。在具体发展方向上，莆田市在坚持以人民为中心的创作导向基础上，不断推出了一批优秀的海洋文化精品力作，并加大了对海洋文化遗产的保护力度。

对"海洋非遗"项目的整体性保护也离不开地方政府的申遗工作。其中，2019年舟山市政府就明确提出，要推动当地的鱼汤面申报国家级非物质文化遗产。这意味着，"海洋非遗"项目的申报工作已经逐步提升到政府

发展规划的重要层面。并且，2019 年宁波市政府也提出发展"海丝指数体系新增 16 + 1 贸易指数、宁波港口指数建设"的要求，强调要做好申遗和遗产保护利用等工作。其中，宁波市象山县的祭海、祭祀鱼师庙等海洋类非物质文化遗产都承载了浓厚的渔乡文化，颇具特色。[①] 另外，汤沟国藏·第十一届徐福故里海洋文化节致力于挖掘徐福文化，推动中国文化融入世界。此次海洋文化节形成了以徐福文化为核心的创意产品，实现了产品附加值的增长，同时又推动了当地文化生态区的建设，由此形成了以文化培育品牌、以品牌反哺文化的发展新模式，不仅形式新颖，而且还实现了"开发 + 保护"共赢发展的目的。在申报类似的"海洋非遗"项目过程中，各地政府纷纷举办各种国际艺术节，筹建海上丝绸之路博物馆，建设"海洋非遗"教育基地和海洋非物质文化遗产馆，全面推开了非遗的展示活动。

四　结论与讨论

从 2018～2019 年我国的"海洋非遗"保护工作来看，"海洋非遗"在保护的力度上逐渐加强，在保护的空间领域上逐渐扩大。首先，"海洋非遗"的发展不仅继续落实了以前的保护与传承的基础性工作任务和要求，而且还在此基础上实现了以"海洋非遗"为文化纽带，推动我国海洋文化走向世界的任务；其次，从中央到地方各级政府通过不断完善相关的政策，有效保障"海洋非遗"成果共享；最后，通过讲好"海洋非遗"故事，依托对"海洋非遗"的文学艺术创作，塑造了具有先进性的"海洋非遗"发展理念、历史文化内涵和时代价值。另外，2018～2019 年，"海洋非遗"的项目建设还呈现了具有新时代中国特色的"海洋非遗"发展模式。这一发展模式是以传统海洋文化为载体，以服务人民为中心，以实现"文化 + 产业"的融合为目的的，实现了政府由"主导"变为"引导"的文化保护管理

---

① 《2019 年 2 月 13 日在宁波市第十五届人民代表大会第四次会议上》，http：//gtog. ningbo. gov. cn/art/2019/2/20/art_ 1908_ 983254. html，最后访问日期：2019 年 12 月 5 日。

方式的转变，促进了全民共建共享的"海洋非遗"发展模式。通过聚焦"海洋非遗"的产业发展优势，从而促进文化惠民工程、"一带一路"倡议、海洋强国战略、海洋文化生态区建设、精准扶贫、乡村振兴战略等的落实。在此过程中，海洋类传统工艺振兴计划也逐渐深入实施，"海洋非遗"传承的核心力量得到了进一步加强。"海洋非遗"的展示与传播形式多样，以"海洋非遗"为载体的文化惠民工程、海洋文化生态区建设和地方扶贫策略也在逐步推进。总之，"海洋非遗"的保护工作尚处于有待进一步发展的关键期。虽然"海洋非遗"的项目建设在2018～2019年取得了一定的成效，但是，也要看到"海洋非遗"项目的发展速度依然比较缓慢，在"海洋非遗"项目的申报、人才的培养、法律法规的健全、市场开发等方面还存在较大的提升空间。

B.9
中国海洋文化发展报告

宁波 郭靖*

摘　要：　新中国成立初期 20 多年间，中国鲜见海洋文化方面的研究。
　　　　　20 世纪 70 年代，随着对"海上丝绸之路"的回溯，中国海
　　　　　洋文化研究渐渐被学界关注。经过 40 多年的开拓与积累，
　　　　　2013 年起，中国海洋文化研究因"一带一路"倡议的提出而
　　　　　呈现蓬勃发展态势。中国海洋文化研究由起初从历史学切入，
　　　　　到多学科多角度研究，迄今呈现多学科共同建构理论体系的
　　　　　格局。20 世纪七八十年代，中国海洋文化研究受西方海洋话
　　　　　语权影响颇深，本土海洋文化信心明显不足。20 世纪 90 年
　　　　　代，随着对中国海洋文化资源的挖掘和梳理，本土海洋文化
　　　　　信心逐渐得到恢复并日渐高涨。进入 21 世纪后，中国海洋文
　　　　　化研究呈现多学科多方法争相研究的新局面，海洋文化理论
　　　　　建构日臻系统和完善。中国海洋文化研究在 1949～2019 年的
　　　　　发展历程中经历了沉寂期、启蒙期和发展期，今后需着力加
　　　　　快海洋文化理论建构，加强人才培养，构建有中国特色的海
　　　　　洋文化研究体系。

关键词：　海洋文化　"海上丝绸之路"　海洋强国战略

---

* 宁波，上海海洋大学经济管理学院硕士生导师、海洋文化研究中心副主任，副研究员，硕士，
　研究方向为渔文化、海洋文化、文化经济等；郭靖，上海海洋大学经济管理学院 2017 级硕士
　研究生，研究方向为渔业经济管理。

中国海洋文化历史悠久灿烂，海洋文化资源丰富，海洋文化独具特色。这是中国海洋文化研究历经 70 年曲折发展和探索得出的历史性结论。1949～2019 年，中国海洋文化研究先后经历了沉寂期、启蒙期和发展期，由起初学术界的集体性"无语"或"寡语"，到零星学者富有前瞻性的睿智探索，再到其逐渐成为学术界的一个新的研究方向，慢慢从学术界圈外切入边缘，再由边缘渐渐成为新时代的研究热点之一。70 年间，中国海洋文化研究也从起初的不自信、以西方观点为上，到深入挖掘、寻找失落的信心、对西方观点进行批判性借鉴，再到重拾信心、构建有中国特色的海洋文化理论体系与研究格局。

一 中国海洋文化研究回顾

中国海洋文化研究热度的提升，是国家文化自信和文化软实力的重要体现。中国海洋文化研究是海洋文化事业发展的重要底色，也是人类文明的文化底色。从古至今，海洋与人类息息相关。旧石器时代晚期，沿海先民已开始利用简易的航海工具进行海洋渔猎。夏商周时期发明木板船和风帆以后，人类的航海活动日趋活跃。秦汉之际，"海上丝绸之路"业已发端。循着这一历史脉络，中国学者对"海洋文化"的兴趣，因"航海文化"和"海上丝绸之路"而逐渐激发。截至 2019 年 6 月 12 日，笔者分别以"海洋文化""海上丝绸之路""航海文化"为关键词在中国知网期刊库进行主题检索，分别得到 2352 条、2365 条、213 条检索结果。20 世纪 80 年代，以"航海文化""海上丝绸之路"为主题的文献有 85 篇，以"海洋文化"为主题的有 7 篇。进入 20 世纪 90 年代，"海洋文化"的挖掘和整理得到更多重视，以"海洋文化"为主题的文献量超过了以"海上丝绸之路"和"航海文化"为主题的文献量，达到 59 篇。至 21 世纪，"海洋文化"研究更加活跃，文献量远远超过其他二者。2011 年之后，以"海洋文化"为主题的论文数维持在每年 200 篇以上。2013 年"21 世纪海上丝绸之路"的战略构想由习近平总书记提出，这使得从 2014 年起"海上丝绸之路"相关文章数量快速增加，并在 2015 年、2016 年达到最高点（见图1）。由此可见，中国的海洋文化研究起步于对"海上丝绸之路"的回望，迄今又以全球视野和"一带一路"倡议大格局而繁荣发展。这再次印证了中国古代"海上丝绸之路"穿越时空的历史魅力，也凸显了"海上丝绸之路"新时代的旺盛生命力。

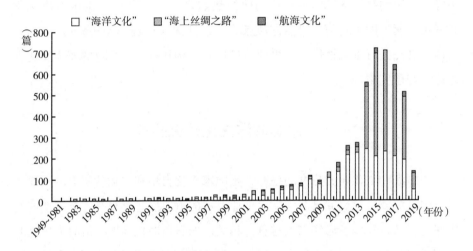

图 1　中国海洋文化研究文献量统计

资料来源：根据中国知网查询结果整理所得（截至 2019 年 6 月 12 日）。

（一）中国海洋文化研究的沉寂期（1949～1977年）

1949～1977 年，由于历史传统的惯性和东西方冷战等原因，中国海洋文化研究未引起学术界重视，相关研究几乎无人触及，属于尚待开发的处女地。这段时期对海洋的关注，重点在海洋知识介绍、海防力量建设和对海洋资源的考察，零星有海洋文化方面的著作。1953 年 8 月，杨鸿烈所著的《海洋文学》在香港新世纪出版社出版。台湾的《海外杂志》在 1954 年第 10 期第 7～10 页曾刊登凌纯声的《中国古代海洋文化与亚洲地中海》一文，不仅透视了中国古代海洋文化，而且从海洋和岛屿视角富有创见地提出"亚洲地中海"的概念。张维华于 1956 年在上海人民出版社出版的《明代海外贸易简论》，提到古代丝绸之路与海外贸易方面的内容。总体上我国在这段时期对海洋文化研究甚少，可谓中国海洋文化研究的沉寂期。

20 世纪 70 年代，随着中国在联合国恢复合法席位并派出代表团参加联合国第三次海洋法会议，中国海洋文化研究开始在一些先驱研究者的头脑里萌动。介绍海洋知识、海洋资源的作品开始增多。其中，海洋人文研究开始走进学者们的研究视野。1974 年 4 月，上海人民出版社出版了英国作家戴维·费尔霍尔的著作《俄国觊觎海洋》。同年，位于香港的海洋文艺编辑部编辑的《海洋文艺》（双月刊）杂志创刊。1976 年 11 月，《海洋争霸史话》由人民出版社出版。尽管如此，除《海洋文艺》外，基本都未引起较大关注。

（二）中国海洋文化研究的启蒙期（1978～2012年）

1978 年 3 月 18～31 日，全国科学大会的召开标志着中国在经历"十年动乱"之后终于迎来"科学的春天"。一度被长期压抑、撕裂、扭曲、颠倒甚至休眠的中国哲学人文社会科学界被唤醒，如沐春风，海阔天空。在此背景下，海洋文化渐渐引起个别独具慧眼的学者的关注。1978 年，秦松编著的《海洋诗丛——唱一支共同的歌》由香港的海洋文艺出版社出版。同年，作为一种标志和信号，海洋出版社在北京成立，旨在传播海洋科学、人文、经济与文化等知识。海洋文化在"科学的春天"激起朵朵浪花，中国海洋文化研究进入启蒙阶段。

启蒙初期，中国海洋文化研究缘起于日本学者对丝绸之路研究的倒逼。1977 年 10 月，《史观》杂志第 97 册发表了长泽和俊的《丝绸之路研究的回顾与展望》一文，引起了国内学者重视。冯佐哲在 1979 年第 1 期《社会科学战线》上发表了《长泽和俊谈日本学术界关于丝绸之路的研究》一文，对长泽和俊的丝绸之路研究成果予以介绍。几乎同时，彭铮、莫任南、童斌、杨宗万、裴玉章等纷纷发文介绍日本学者有关丝绸之路的研究成果。在丝绸之路研究的涌动下，北京大学陈炎在 1982 年第 3 期《历史研究》上发表了《略论海上"丝绸之路"》一文，开启了"海上丝绸之路"研究的序

幕，兼为中国海洋文化研究吹响了号角。他饱含激情地写道："一条连接亚、非、欧、美的海上大动脉连汇而成。这条海上大动脉的流动使得这些古代文明互相交流并绽放异彩。"①

对"海上丝绸之路"的研究，随即激发了一些睿智学者对海洋人文的学术热情。厦门大学杨国桢比海而居、望海而思，毅然放弃了自己已卓有建树且被普遍看好的既往历史学研究领域，开始迷醉于海洋经济社会史的开拓与研究。在他的努力下，由海洋经济社会史到海洋人文社会科学，海洋文化渐渐在学术界引起关注并慢慢向学术中心圈发展。他提出："海洋发展的模式，就是海洋经济、海洋社会、海洋人文互动组合的方式。"② 他富有前瞻性地提出："21 世纪将迎来'海洋世纪'，海洋事业的发展将成为世界发展的主题。"③ 这一观点发表后，联合国在 2001 年 5 月发布的缔约文件中即明确指出，"21 世纪是海洋世纪"。

在 20 世纪 70 年代末到 80 年代的启蒙初期，中国海洋文化研究因缺少对海洋历史文化资源的挖掘，而颇受西方海洋文化中心论影响。其中，影响较大的是黑格尔在《历史哲学》中对东西方文明的臆断，"在他们（指中国）看来，海只是陆地的中断，陆地的天限；他们和海不发生积极的关系"④。这一断言成为不少人指认中国近代保守落后的根源，因而将"蓝色文明"与"黄色文明"对立。杨国桢指出："海洋发展是陆地发展的延伸，同时，陆地发展也存在海洋发展的延伸。"⑤ 海洋与陆地是有机联系、相互依存的。

20 世纪 90 年代，得益于研究者们前期对海洋历史文化资源的挖掘与分析，中国学术界逐步走出西方海洋文化中心论的预设，在研判中国海洋文化遗产的基础上，寻找中国海洋文化的主体与自信。中国有着悠久而丰富的海

① 陈炎：《略论海上"丝绸之路"》，《历史研究》1982 年第 3 期，第 161～177 页。
② 杨国桢：《福建海洋发展模式的历史选择》，《东南学术》1998 年第 3 期，第 56 页。
③ 杨国桢：《福建海洋发展模式的历史选择》，《东南学术》1998 年第 3 期，第 59 页。
④ 黑格尔：《历史哲学》，王造时译，上海书店出版社，2006，第 84 页。
⑤ 杨国桢：《福建海洋发展模式的历史选择》，《东南学术》1998 年第 3 期，第 58 页。

洋文化。数千年前生活于河姆渡、龙山、良渚等地的远古先民，就在长期的生产实践中创造了灿烂的海洋文化①。肇始于秦汉之际，跨越大洲大洋的"海上丝绸之路"，不仅促进了中国经济社会的发展，而且为人类文明的交流与进步做出了贡献。至唐宋时期，"海上丝绸之路"的成果与繁荣令人惊叹。元明之际，随着郑和等航海家扬帆西洋，中华海洋文化达到鼎盛。在层层递进的研究分析中，人们发现黑格尔所谓"先进文化"原来是一种意识形态的陷阱，只有走出西方海洋文化中心论窠臼，才能进入中国海洋文化研究的自由之境②。

20世纪90年代末，杨国桢先后组织出版《闽在海中》《东溟水土》《瀛海方程》等专著，以及海洋与中国丛书、海洋中国与世界丛书等著作。1999年，海洋文化学者曲金良出版了中国第一本海洋文化教材《海洋文化概论》，标志着海洋文化理论体系建设取得阶段性初步成果。其后，他又先后组织编撰、出版《中国海洋文化史长编》《海洋文化与社会》等著作，与张开城、时平、司徒尚纪等学者勠力同心，为中国海洋文化研究奠定了初步的理论根基。大致而言，主要有以下成果。

一是丰富了人们对海洋文化内涵的认识。曲金良认为海洋文化是人类对于海洋的认识、把握、开发、利用，以及在此过程中存在的人与海洋之间关系的调节，还包含人类在开发和利用海洋时所产生的精神成果和物质成果。③ 林彦举提出海洋文化是具备海洋特征的思想道德、民族精神、教育科技以及文化艺术的观点。④ 陈泽卿在人类文明史长线中进行考察，指出海洋文化是人类文明的起源，是人类在长期开发利用海洋的活动中所形成的，并通过海洋的丰富内涵影响人们的观念，引导人类走向文明、改变世界历史进

---

① 王宏海：《海洋文化的哲学批判——一种话语权的解读》，《新东方》2011年第2期，第11~15页。
② 刘家沂、肖献献：《中西方海洋文化比较》，《浙江海洋学院学报》（人文科学版）2012年第5期，第1~6页。
③ 曲金良：《海洋文化概论》，青岛海洋大学出版社，1999，第21页。
④ 林彦举：《开拓海洋文化研究的思考》，广东人民出版社，1997，第77页。

程。① 2000 年，台湾学者黄声威从经济面向（渔业文化、鱼食文化）、海运面向（航海文化、船舶文化）、政治面向（海权文化）、精神面向（海洋文学、海洋艺术、海洋信仰、海洋习俗节庆）等维度，分析了海洋文化的内涵。② 骆高远、安桃艳从广义文化层面认为，人类对于海洋的认识、开发、利用，以及与此相依托的精神、行为和物质文化生活，都属于海洋文化内涵。③ 台湾大学学者李东华于 2005 年提出海洋文化的内涵，涉及海洋观问题，沿海地区或岛屿之社会、经济与文化发展，航海活动，海外拓殖，华侨、华人与华裔问题，外来文化移入等。④ 霍桂桓则从狭义文化方面提出，海洋文化是人们在基本物质需求得到相对满足的条件下，为了更加高级的精神性自由，而将其作为感性符号而"文"来"化""物"的过程与结果。⑤ 徐晓望认为，海洋文化是人类在开发、利用、征服、依赖海洋进行生活的过程中所形成的一种文化方式。⑥ 张开城认为，海洋文化的内涵应该包括人与海的交流、互动过程及其产物和结果，是人类文化整体中与海相关的成分。⑦ 王宏海认为，海洋文化是话语权的一种表现形式，在政治、经济、哲学等生活的各个方面均有体现，并且都带有意识形态痕迹⑧，等等。

二是在海洋文化理论建构方面日渐稳健。曲金良提出 5 个值得探讨的方向：海洋文化基础理论，海洋文化史，中外海洋文化的互相传播、影响及比

① 陈泽卿：《"海洋文化"的重新选择》，《海洋世界》1998 年第 1 期，第 14 页。
② 黄声威：《浅谈海洋文化（上）》，《渔业推广》第 171 期，第 39～49 页；黄声威：《浅谈海洋文化（下）》，《渔业推广》第 172 期，第 39～44 页。
③ 骆高远、安桃艳：《舟山开发海洋文化旅游的思考》，《金华职业技术学院学报》2004 年第 3 期，第 55～60 页。
④ 李东华：《从海洋发展史的观点看"海洋文化"的内涵》，《海洋文化学刊》（创刊号）2005 年 12 月，第 265～268 页。
⑤ 霍桂桓：《非哲学反思的和哲学反思的：论界定海洋文化的方式及其结果》，《江海学刊》2011 年第 5 期，第 38～46 页。
⑥ 徐晓望：《论古代中国海洋文化在世界史上的地位》，《学术研究》1998 年第 3 期，第 97～101 页。
⑦ 张开城：《哲学视野下的文化和海洋文化》，《社科纵横》2010 年第 11 期，第 128～130、136 页。
⑧ 王宏海：《海洋文化的哲学批判———一种话语权的解读》，《新东方》2011 年第 2 期，第 11～15 页。

较，海洋文化田野作业以及海洋文化与社会发展综合研究。① 姜永兴将海洋文化体系分为海洋文化理论研究、海洋文化具体内容研究两个层次。② 丁希凌认为，海洋文化学是一门综合性学科，涵盖哲学、社会、自然、科技等，包括社会、自然和技术科学 3 大门类，而其中每一门类又可以形成多层次学科群。③ 李德元重拾中华海洋文化自信，认为海洋文化并非农业文化附庸，而是有其自身的发源和发展轨迹④等。台湾师范大学教授潘朝阳于 2005 年提出，从中国古史考察，魏晋时代中国海洋航运已具有相当水准，唐宋后更趋发达和繁荣，而自郑和下西洋以后亦不乏海洋性格。1997～2004 年，姜彬带队深入慈溪上林湖、达蓬山，宁波东钱湖、嵊泗大小洋山岛、泗礁岛等东海岛屿考察，结集成《东海岛屿文化与民俗》这一重要成果，由姜彬任主编，金涛为副主编，于 2005 年 6 月由上海文艺出版社出版。2006 年，韩兴勇著的《上海现代渔村社会经济发展史研究》，由上海科学普及出版社出版。同年，柳和勇在海洋出版社出版《舟山群岛海洋文化论》。2007 年，台湾学者陈国栋认为海洋文化研究可以分为 7 大范畴，分别是：渔场与渔捞，船舶与船运，海上贸易与移民，海岸管理、海岸防御与海军，海盗与走私，海洋环境与生态（海洋的利用与关怀），海洋人文与艺术活动。⑤ 这些成果为海洋民俗学的理论建设做出了贡献。随着海洋文化资源成果的迭出，海洋文化产业初露端倪。张开城、张国玲等著的《广东海洋文化产业》于 2009 年由海洋出版社出版。苏勇军著的《浙江海洋文化产业发展研究》于 2011 年由海洋出版社出版。李思屈等著的《海洋文化产业》于 2015 年 11 月由浙江大学出版社出版。这些成果为海洋文化产业理论建设奠定了基础。

三是在海洋文化的中西比较方面更趋理性。中西海洋文化比较经历了由

---

① 曲金良：《海洋文化与社会》，中国海洋大学出版社，2003，第 35 页。
② 姜永兴：《海洋文化研究三题》，《湛江师范学院学报》1996 年第 4 期，第 105～106 页。
③ 丁希凌：《海洋文化学刍议》，《广西民族学院学报》（哲学社会科学版）1998 年第 3 期，第 61～62 页。
④ 李德元：《质疑主流：对中国传统海洋文化的反思》，《河南师范大学学报》（哲学社会科学版）2005 年第 5 期，第 87～89 页。
⑤ 陈国栋：《海洋文化研究的多元特色》，《海洋文化学刊》，2017 年总第 3 期，第 17 页。

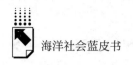
追随西方海洋文化中心论到重塑中国海洋文化自信的过程。起初，研究者多在比较中褒西自贬，但后来渐渐走出预设偏见，发现了中华海洋文化的价值、特色与自信。吴建华提出中外海洋文化都开放、冒险、崇商等，却又因地理环境、生活习俗、文化构成等不同而展现不同特色。① 宋正海延续"以农为本"的观念，认为中国古代海洋文化具有突出的农业性特征。② 刘家沂、肖献献认为，中国海洋文化缺少海洋战略意识，有悲天悯人的道德取向和鲜明的自然主义色彩；而西方海洋文化偏重商业性、扩张性、进取性，具有鲜明的人文主义色彩。③ 这些比较对客观认识中国海洋文化的历史、特点和世界地位，均做出了有价值的理论探讨。

四是对海陆文化比较的认识日趋客观。海洋文化发展之初，人们大都将海洋文化与大陆文化相对立。徐晓望认为内陆文化是"静态"的，定居性、苟安性、封闭性、忍耐性，均是"静态"的曲折反映；而海洋文化为"动态"文化，具有流动性、冒险性、开放性和斗争性。④ 解飞等认为，大陆文化保守，海洋文化开放；大陆文化推崇落叶归根，海洋文化崇尚流动不息；大陆文化逢事倾向隐忍，海洋文化遇事偏重抗争；大陆文化坚守"一分耕耘，一分收获"，海洋文化认为"爱拼才会赢"。⑤ 对此，宁波在考察"海上丝绸之路"和中华五千年历史的基础上，认为大陆文化并非封闭保守的代名词，海洋文化也不是开放的同义语。他指出保守的根源是特权文化，与是大陆文化还是海洋文化无关。⑥

---

① 吴建华：《谈中外海洋文化的共性、个性与局限性》，《浙江海洋学院学报》（人文科学版）2003 年第 1 期，第 14 ~ 17 页。
② 宋正海：《中国传统海洋文化》，《自然杂志》2005 年第 2 期，第 99 ~ 102 页。
③ 刘家沂、肖献献：《中西方海洋文化比较》，《浙江海洋学院学报》（人文科学版）2012 年第 5 期，第 1 ~ 6 页。
④ 徐晓望：《论中国历史上内陆文化和海洋文化的交征》，《东南文化》1988 第 Z1 期，第 1 ~ 6、12 页。
⑤ 解飞、顾雪、刘聪、郭去疾：《科大少年班才子的海洋哲学》，《北京青年周刊》2010 年第 27 期，第 27 页。
⑥ 宁波：《科学认识大陆文化与海洋文化》，《上海水产大学学报》2008 年增刊，第 67 ~ 70 页。

以台湾海洋大学等为首的台湾高校，致力于人与海洋文化现象的研究。台湾海洋大学组建了由历史学学者黄丽生、卞凤奎、应俊豪、安嘉芳，中国文学学者吴智雄，西方文学学者蔡秀枝，社会科学学者吴靖国、林谷蓉等组成的跨院系、跨学科的研究队伍，探讨人与海洋互动的各种文化现象与意涵，在海洋移民与人口流动、海洋意象与人文书写、海洋意识与现实世界、渔民渔会以及中国文学中的海洋世界等领域，均有令人称道的成果。2005年，台湾海洋大学海洋文化研究所创办了《海洋文化学刊》。迄今为止，其在海洋移民史、海洋文学、海港文化、海洋文创等方面卓有建树。

综上可见，在中国海洋文化研究启蒙期，一些基础性理论得到逐步建设和发展，一些专业研究机构也先后成立。如 1996 年，青岛海洋大学（现中国海洋大学）成立海洋文化研究所；1998 年，浙江海洋学院（现浙江海洋大学）成立海洋文化研究所；2001 年，广东海洋大学成立海洋文化研究所；2005 年，台湾海洋大学、上海海事大学成立海洋文化研究所；2006 年，上海水产大学（现上海海洋大学）成立海洋文化与经济研究中心，浙江省成立浙江海洋文化研究会；2009 年，中国海洋文化研究中心在舟山成立；2014 年，宁波大学成立海洋文化经济研究中心，浙江大学成立中国海洋文化传播研究中心；2017 年上海海洋大学成立海洋文化与法律学院；2018 年宁波大学成立海洋教育研究中心等。这意味着中国海洋文化研究逐步进入系统化、专业化发展阶段。

（三）中国海洋文化研究的发展期（2013 年至今）

2013 年起，中国海洋文化研究从启蒙期进入发展期。2013 年 9~10 月，习近平在访问哈萨克斯坦时，在纳扎尔巴耶夫大学发表演讲及访问东盟国家时分别提出"丝绸之路经济带"和"21 世纪海上丝绸之路"的构想。这大大提高了中国海洋文化研究热度，相关研究成果迅速增长。

2014 年 12 月，曲金良等著的《中国海洋文化基础理论研究》出版，这标志着海洋文化基本理论体系的建立。该书较为系统地回答了中国海洋文化在世界海洋文化体系中的坐标及中国海洋文化的基本内涵、特点特性、历史

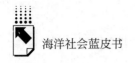

积淀、价值和功能、发展现状等问题，为提高国民海洋文化主体意识、弘扬
中华民族海洋文化、促进海洋文化发展繁荣提供了基础理论和方法。①

2015 年，随着"一带一路"倡议的逐步深入推进，中国海洋文化研究
空前高涨，由此大大拓展了中国海洋文化研究格局：一是与其他学科、领域
的交叉融合显著提升；二是研究层级逐步拓展，研究维度日趋多元。"一带
一路"倡议不仅推进了学者对于古代丝绸之路、古代"海上丝绸之路"研
究的深入，而且引起了更多学科领域学者对海洋文化的学术兴趣，学者们纷
纷从政治学、经济学、社会学、文化学、国际关系学、人类学、教育学等角
度对海洋文化开展研究。在这一过程中，中国海洋文化理论主体建构意识日
益凸显。

2016 年 7 月 1 日，海洋出版社出版了中国海洋文化丛书，这是中国海
洋文化研究史上的里程碑。共有《辽宁卷》《河北卷》《天津卷》《山东卷》
《江苏卷》《上海卷》《浙江卷》《福建卷》《海南卷》《广东卷》《广西卷》
《香港卷》《澳门卷》《台湾卷》14 卷，历经 5 载编纂而成，凝结了全国
200 余位学者的心血与汗水，首次展现了中国海洋文化的总体概貌，比较
全面、系统地介绍了中国沿海地区海洋事业发展、海洋文学艺术、海洋风
俗民情、沿海名胜风光、海洋军事演变等内容，是中国海洋文化建设的一
项重要成果。

2017 年，中国海洋文化研究在理论探索中，逐步由现象和事实分析进
入比较视域，从而进入本质研究视野。在实践层面，学者们开始着眼于对具
体实践问题的深度观照。其中，宁波在《海洋文化：逻辑关系的视角》一
书中，论述了渔文化、海洋文化与海洋社会的逻辑关联，指出海洋文化缘起
于人类渔猎时代所创造的渔文化，并逐渐超越渔文化，且通过海洋社会不断
走向深入、创新和多元。② 2018 年，由江泽慧、王宏主编的《中国海洋生态
文化》（上、下卷），突破性地探讨了中国海洋生态文化的主题，不仅延伸

---

① 赵娟：《追寻蓝色海洋文化的深厚底蕴——评〈中国海洋文化基础理论研究〉》，《海洋世
   界》2015 年第 10 期，第 76～77 页。
② 宁波：《海洋文化：逻辑关系的视角》，上海人民出版社，2017。

了中国海洋文化研究体系的内容，而且开辟了我国海洋生态文化研究的新视域，对提升中华民族"蓝色国土"意识、海洋生态文化自觉具有重要理论意义和现实意义，且为今后理论发展与创新提供了一个新的着眼点。[①]

经过近十年积累，围绕《西洋记》（全称《三宝太监西洋记通俗演义》）的郑和文化研究，在 2018 年出现一个高潮。2018 年 5 月 4~7 日，浙江师范大学、上海海事大学、德国慕尼黑大学和《明清小说月刊》杂志社共同主办"《西洋记》与海洋文化国际学术研讨会"，来自浙江、上海、江苏、北京、福建和德国、俄罗斯等的 20 多位学者，围绕《西洋记》展开了广泛而深入的讨论。《西洋记》是明朝万历年间罗懋登以郑和下西洋为题材而创作的一部文学作品，被当代欧洲汉学家誉为中国第一部海洋小说。上海郑和研究中心与德国慕尼黑大学汉学系合作研究《西洋记》已有多年，先后出版《〈三宝太监西洋记通俗演义〉之研究》（第一辑、第二辑）、《〈三宝太监西洋记通俗演义〉注释目录》等著作，成果丰硕。[②]

洪刚与洪晓楠以马克思主义的理论视角，探讨了中国海洋文化的当代建构问题，认为马克思主义"综合创新"的海洋文化观作为新时代中国海洋文化建构的理论自觉和实践指导，标示了海洋文化的中外之分和古今之别，明晰了海洋文化的主体性维度，实现了中国海洋文化发展的主体自觉。[③]

2019 年，围绕"一带一路"倡议，学术界研究热度依然未减。其中，在我国推进"一带一路"倡议与海洋强国建设的宏观背景下，有学者强调海洋文化有效传播的重要性，认为深入挖掘唐宋时期海洋文化的历史基因、考察海洋文化传播方式与途径，对当下具有积极借鉴意义和重要参考价

---

① 江泽慧、王宏：《中国海洋生态文化》（上、下卷），人民出版社，2018。
② 时平：《〈西洋记〉与海洋文化国际学术研讨会述评》，《海交史研究》2018 年第 2 期，第 137~143 页。
③ 洪刚、洪晓楠：《马克思主义综合创新观视阈下的中国海洋文化主体自觉》，《马克思主义研究》2018 年第 7 期，第 70~75 页。

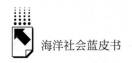
值。[①] 付琳和官民秋则从探究新石器时代人类的航海实践中，发现东亚早期的文化互动和人群扩散，为创造原始的海船与航海术打下重要基础，进而在过去数千年来的亚太地区"海上丝绸之路"的形态与发展过程中发挥了关键作用。[②]

中国海洋史研究自20世纪80年代迄今硕果累累。李尹通过综述显示，20世纪80年代以后海洋经济史研究逐步进入学术界视野，而今成为海洋史研究中成果最丰硕的领域。20世纪90年代，海洋文化作为一门新兴交叉学科被提出，先后有6卷《中国海洋文化研究》以及其他海洋文化系列著作与论文问世，标志着中国海洋文化研究日趋走热。20世纪特别是80年代以来，中国海防史研究取得了引人注目的成就。《中国人民保卫海疆斗争史》系该领域最早的一部著作。杨金森、范中义所著的《中国海防史》则是国内第一部相关专著。台湾海洋史研究亦成果颇丰，自20世纪80年代起，相关学者先后出版多部《中国海洋发展史论文集》。台湾学者陈昭南鲜明地指出，中国不只是一个大陆国家，也是一个海洋国家。[③] 李亦园亦认为我国疆域广大、幅员辽阔，宋代以后海疆的开拓逐渐重要，海外贸易与拓殖渐受注意，海洋发展的历程成为中华民族发展史上不可或缺的一页。[④]

中国海疆史研究卓有特色。中国海疆史研究将史学研究与社会现实紧密相连，1998~2018年取得较好成绩，有关海防史、海疆开发史、钓鱼岛、海疆文化史、南海史地研究等大量学术成果问世，研究领域不断拓展，理论方法不断创新，呈现欣欣向荣的局面。如李金明的《中国南海疆域研究》（福建人民出版社，1999年）、李国强的《南中国海研究：历史与现状》

---

① 杨威：《"一带一路"视阈下中国海洋文化国际传播路径探析》，《湖湘论坛》2019年第1期，第135~142页。
② 付琳、官民秋：《"重建海上丝绸之路史前史：东亚新石器时代海洋文化景观"国际学术研讨会综述》，《南方文物》2019年第3期，第236~242页。
③ 李尹：《20世纪80年代以来中国海洋史研究的回顾与思考》，《中国社会经济史研究》2019年第3期，第92页。
④ 李尹：《20世纪80年代以来中国海洋史研究的回顾与思考》，《中国社会经济史研究》2019年第3期，第92页。

（黑龙江教育出版社，2003 年）、郭渊的《晚清时期中国南海疆域研究》（黑龙江教育出版社，2010 年）、张良福的《让历史告诉未来：中国管辖南海诸岛百年纪实》（海洋出版社，2011 年）、鞠德源《钓鱼岛正名：钓鱼岛列屿的历史主权及国际法渊源》（昆仑出版社，2006 年）、郑海麟的《钓鱼岛列屿之历史与法理研究》（中华书局，2007 年）、刘江永的《钓鱼岛列岛归属考：事实与法理》（人民出版社，2016 年）、秦天等主编的《中华海权史论》（国防大学出版社，2000 年）等。因应时代发展需求，是中国海疆史研究发展的动力保障和根本遵循。随着国家海洋事业的发展，中国海疆史研究必然会迎来更大发展。①

2018～2019 年，由上海海洋大学外国语学院组织翻译，上海译文出版社出版的海洋文化译丛，先后推出《小说与海洋》《变迁中的沿海城镇——景观变化的地方认知》《海洋科学技术的现在和未来》等。其中，约翰·迈克的《海洋——一部文化史》认为，是广袤的海洋把人类联结为一体又相互产生隔阂。② 海上丝绸之路研究中心通过浙江大学出版社，于 2018～2019 年先后出版浙江海洋文化知识专题丛书《东海问俗：话说浙江海洋民俗文化》《蓝色牧场：话说浙江海洋渔业文化》《漫歌东海：话说浙江海洋音乐文化》《沧海寄情：话说浙江海洋文学》《岛屿·海洋民俗和文化产品》等著作。

2018 年，渔文化的艺术与应用实践研究出现值得关注的动向。陈敏比较系统地梳理了渔家女的服饰文化及制作工艺。③ 盛文强则从渔民画、渔具入手，图文并茂地介绍了沿海居民信奉的各种海神④与生产用具⑤。王颖和丁建东则从渔文化挖掘与应用层面，对浙江象山的渔文化实践进行了总结和

① 侯毅、项琦：《中国海疆史研究评述（1998～2018 年）》，《中国边疆史地研究》2019 年第 2 期，第 77～87 页。
② 约翰·迈克：《海洋——一部文化史》，陈橙、冯延群、陈淑英译，上海译文出版社，2018。
③ 陈敏：《海洋文化背景下的渔家女服饰文化与工艺》，东北师范大学出版社，2018。
④ 盛文强：《海神的肖像——渔民画考察手记》，浙江人民美术出版社，2018。
⑤ 盛文强：《渔具图谱》，北京时代华文书局，2019。

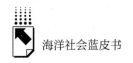

思考。① 同时，以人类学视角对东南地区的艺术与族群进行海洋文化角度剖析的著作也应运而生。冯莎从艺术人类学视角，对东南地区民族艺术的形态、技艺、审美及其社会文化体系进行了整体性考察，探究了东南地区民族艺术的发展路径、历史情境和文化意义，以及当地人在具体场景下的艺术实践方式。② 蓝达居等通过对梅村的人类学调查，探讨了东南汉人社区的海洋文化面相。③

迄今为止，仍有学者断言中国没有海洋文学。对此，滕新贤以《沧海神钩：中国古代海洋文化研究》进行了回应。她以若干典型的中国古代海洋文学作品为素材，论述了我国古代海洋文学作品的内容特点与语言特色，展现了中国古代海洋文学的文学价值与历史价值。④

2019 年，作为蓝皮书系之一的《中国海洋文化发展报告（2019）》出版，系蓝皮书系首次专辑出版有关中国海洋文化发展的报告。同年，中国海洋文化丛书推出该系列的又一部——《抗敌保民捍国土——明代著名海战》。在"一带一路"倡议大背景下，许元森在《"一带一路"下的海洋文化发展》一书中指出，中国海洋文化的全球传播，是建设陆海兼备的文明型国家的重要支撑。坚持陆海统筹、把握"丝路文化"的国际复兴热潮、落实"一带一路"倡议的实施和发展，可以提升中国海洋文化的全球影响力，有效促进中国陆海兼备的文明型国家形象的建构。⑤ 赵全鹏和王崇敏对南海诸岛渔业史的研究，还原并增强了南海海洋文化的厚度。他们认为，汉代开通"海上丝绸之路"后，南海诸岛开发进入一个新时期；唐宋以降，海南岛渔民成为开发南海诸岛的主要群体；近代以来，南海诸岛渔业受外来影响，在生产、渔获种类、渔具渔法等方面发生诸多变化；中华人民共和国

---

① 王颖、丁建东：《中国海洋渔文化研究与象山实践》，海洋出版社，2018。

② 冯莎：《东南民族的艺术实践：审美感知与文化情境》，厦门大学出版社，2018。

③ 蓝达居、刘家军、张志培：《梅村调查：东南汉人社区的人类学研究》，厦门大学出版社，2018。

④ 滕新贤：《沧海神钩：中国古代海洋文化研究》，上海三联书店，2018。

⑤ 许元森：《"一带一路"下的海洋文化发展》，中国纺织出版社，2019。

成立后，南海诸岛渔业由传统渔业向现代渔业转型。① 对于南海海洋文化，《更路簿》研究尤为引人关注。2019 年 11 月 9～10 日，第五届南海《更路簿》暨海洋文化研讨会在海南省琼海市博鳌镇举办，进一步将《更路簿》研究引向深入。② 在《更路簿》研究方面，先后有王晓鹏的《南海针经书〈更路簿〉彭正楷本内容初探》，周伟民、唐玲玲的《南海天书——海南渔民"更路簿"文化诠释》（昆仑出版社，2015 年），夏代云的《卢业发吴淑茂黄家礼〈更路簿〉研究》（海洋出版社，2016 年），刘南威、张争胜的《〈更路簿〉与海南渔民地名论稿》（海洋出版社，2018 年）等论文及著作。

在海洋文化遗产保护方面，相关学者的关注热度逐步走高。麻三山研究分析了环北部湾海洋文化遗产抢救、挖掘与创意产业廊道的构建问题。③ 倪浓水对中国的部分海洋非物质文化遗产进行著书介绍。④ 汇集韩国国立海洋文化财研究所水下文化遗产保护经验的《韩国海洋出水文物保护手册》亦引进翻译并出版。该书对从事水下文物保护，开展现场保护、分析测试、保护修复等方面具有重要参考意义。⑤ 赵吉峰则对海洋体育文化进行了历史扫描与展望，以海洋体育文化发展的时空背景为研究起点，从海洋体育文化的形态变迁、传播体系、发展动力、发展现状、现代化模式 5 个方面，探讨了我国海洋体育文化的变迁与现代化发展问题。⑥ 这是海洋文化研究细分化、具体化、深入化的可喜新动向。

这些成果的涌现，反映了中国海洋文化的研究内容日益广阔、研究方法更加多元和成熟。

在中国海洋文化研究发展期，中国海洋文化研究呈现多元共进、交叉融

---

① 赵全鹏、王崇敏：《南海诸岛渔业史》，海洋出版社，2019。
② 郑俊云：《第五届南海〈更路簿〉暨海洋文化研讨会在海南博鳌举行》，《太平洋学报》2019 年第 11 期，第 101 页。
③ 麻三山：《海洋文明复兴导源：环北部湾海洋文化遗产抢救、挖掘与创意产业廊道构建》，中国社会科学出版社，2019。
④ 倪浓水：《中国海洋非物质文化遗产十六讲》，海洋出版社，2019。
⑤ 韩国国立海洋文化财研究所：《韩国海洋出水文物保护手册》，国家文物局水下文化遗产保护中心译，文物出版社，2019。
⑥ 赵吉峰：《变迁与现代化：我国海洋体育文化的发展研究》，中国海洋大学出版社，2019。

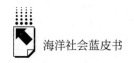

合的格局，理论体系由基础理论向上进一步深化完善，与建设海洋强国、推进"一带一路"倡议的联系更加紧密，尤其是在海洋文化理论体系建构、海洋文化史研究、中外比较研究、反思研究、文化实践研究、海洋生态文化研究等方面不断推进。之所以取名发展期，是因为相比于其他人文社会科学，海洋文化理论建构仍处于初步发展阶段，还有诸多不太成熟、有待完善之处，有待后续研究逐步推进。

二 中国海洋文化研究展望与建议

（一）中国海洋文化研究展望

目前，学术界对海洋文化的定义、研究对象、研究内容等方面依然没有形成统一的定论，在其与历史学、民俗学、社会学、人文地理学等的相互交叉中，仍缺乏独特的理论体系和研究方法。同时，目前仍有许多问题需要我们去回答，比如，是历史学、社会学等学科的海洋文化研究，还是海洋文化学体系下的海洋文化研究；海洋文化的本质与特征；渔文化、航海文化与海洋文化三者之间是什么关系；中国海洋文化发展史的历史分期以及各个时期的特点又是什么；等等。从某种意义上说，今后一段时间需要迫切回答基于"海洋强国"的海洋意识建构与海洋文化建设，"一带一路"倡议下海洋文化资源的转化、创新与应用，中华海洋文化的历史分期、主要特点、思想理论变化与代表人物，谱系海洋文化的相互联系与区别，中华海洋文化的对外传播与交流，海洋文化理论体系建构、研究内容与研究方法等问题。

党的十九大报告提出，要"坚持陆海统筹，加快建设海洋强国"。海洋文化对人类社会认知及社会行动具有潜在的深远影响。因此，加强中国海洋文化研究、促进中华海洋文化传承与发展，是建设海洋强国的重要内容。此外，"一带一路"倡议稳步推进，使得开展海洋文化方面的对外交流与合作研究更加迫切：一是寻找人文共识，扩大合作基础；二是化解难题和障碍，助力"一带一路"倡议；三是加强跨文化学科人才培养，确保"一带一路"沿着互惠互利、合作共赢的框架可持续发展。此外，还需重视海洋文化如何为"一带一路"倡议提供内生动力、跨文化背景下中国海洋文化对外传播与交流、海洋文化教育模式研究、海洋文博与海洋相关节庆会展业的策划设计、海洋文化资源的创造性转化应用研究等问题。"三山六水一分田"，中国海洋文化研究迎来了史无前例的大好机遇期，中国海洋文化研究大有可为。

（二）中国海洋文化研究建议

2019 年 4 月 23 日，习近平首次提出"海洋命运共同体"。海洋是一个连续的水体，关系着世界 70 多亿人的命运、福祉和未来，是构建"人类命运共同体"的重要内容。在习近平新时代中国特色社会主义思想指导下，在"加快建设海洋强国"、推进"一带一路"倡议的背景下，中国海洋文化研究今后宜着眼于以下三个方面。

1. 海洋文化理论体系建构

中国海洋文化研究经过 70 多年发展，已逐步成长为一个独立的知识系统。回顾 70 多年的研究成果，中国海洋文化研究以历史学、政治学、军事学、社会学、艺术学等为主，迄今呈现历史学、社会学、民俗学、文学、艺术学、旅游学、传播学、翻译学等众多学科百舸争流的格局，研究的内容、时空范畴和层次日趋广阔和多元。然而，在一派生机的大背景下，却缺乏海洋文化自身理论体系的支撑与应用。这无疑是海洋文化领域的一个遗憾，也是今后需要着力研究的重要方向。既往的成果多源汇流，为海洋文化理论体系建构奠定了良好基础。当务之急是走出理论"嫁接"困境，在自我建构中以更全局、更客观、更宏大的视野，创建属于海洋文化自身的理论与应用体系。

2. 海洋文化人才队伍建设

要提升中国海洋文化研究水平，关键在人才。由于年龄原因，老一辈海洋文化研究学者陆续退出研究舞台，新一代学者正在逐步成长。由于中国海洋文化研究自身发展积淀不足和学术圈规模的局限，在论文发表、论著引用率、项目申报与考核等方面仍存在弱势，不利于年轻后起之秀的成长，急需加快人才队伍建设，并给予政策倾斜，给年轻学者更多空间和机会。比如，在研究机构的个人绩效考核中、在社科基金项目立项中、在研究经费分配中、在专业技术职务评聘中，适当为海洋文化研究学者提供政策支持，为海洋文化人才队伍建设创造空间。海洋是人类的未来，海洋是人类文明的希望。在共建"人类命运共同体"、构建世界海洋新秩序中，中国应该要有自身的海洋文化理论体系和人才队伍。如此，才能助力海洋强国建设与"一带一路"倡议落实。

3. 中国海洋文化研究特色

由于我国的海洋文化研究刚刚起步，所以应从一开始就立足中国特色发展道路，构建中国特色海洋文化理论体系与发展模式。研究海洋文化，不能立足陆地谈海洋，也不能以海洋为本位谈海洋；不能照搬国外理论与方法，也不能故步自封、自以为是地发展，而应立足于中华海洋文化资源的历史性、丰富性、独特性，在进一步挖掘与研究中国海洋文化遗产的基础上，建构中国特色海洋文化理论体系，在新时代创新海洋文化的形式和内容，树立海洋文化自信，传播中国海洋文化的内涵和独特魅力，为21世纪海洋世纪贡献中国智慧。

中国海洋文化既有辉煌的有形存在，也有深植于民族基因的无形财富，从古至今为中华民族提供着生生不息的内在动力、创新源泉与文化滋养。这无疑需要传承创新、继往开来，不断重视和加强研究，以其成果提升海洋意识，提升海洋文化自觉，丰富海洋文化内容，让海洋文化转化为实现"中国梦"的文化软实力，成为建设海洋强国的思想基础、文化自觉与行为动力。

B.10
中国海洋生态文明示范区建设发展报告

张一 王钧意 秦杰*

摘要： 海洋生态文明示范区项目是一项重大议题，从这个项目设立过程中我们可以窥探出该项目是探索沿海地区经济社会同海洋生态环境和谐发展的科学新范式，也是我国海洋生态文明建设的"路线图"和"时间表"。本报告注重从顶层的制度设计与示范区的建设实践情况两个方面来梳理2018年及2019年中国海洋生态文明示范区建设领域的重要事件，并对示范区在海洋经济运行、海洋生态保护、海洋科技创新和海洋社会建设四个方面取得的一些进展和成就进行描述。与此同时指出目前海洋生态文明示范区建设的不足之处，主要包括：海洋产业结构布局不合理；海洋渔民生态环境保护意识匮乏；海洋环境保护力度不足以及海洋生态文明示范区机制不完善；等等。针对沿海地区海洋生态文明建设的既有问题，示范区需要对目前的发展做出一个梳理并重新拟定相应的顶层设计，即注重集约利用海洋资源，把海洋生态效益视作一个推动海洋经济可持续发展的重要抓手，从而实现海洋生态文明的全面推进。

关键词： 海洋生态文明示范区 海洋经济 人海和谐

---

* 张一，中国海洋大学国际事务与公共管理学院副教授，社会学博士，硕士生导师，研究方向为海洋社会学、社会治理；王钧意，中国海洋大学国际事务与公共管理学院社会学专业硕士研究生，研究方向为海洋社会学；秦杰，中国海洋大学国际事务与公共管理学院社会学专业硕士研究生，研究方向为海洋社会学。

海洋强国建设同海洋生态文明建设是相互依存的关系，海洋强国建设是海洋生态文明建设的动力来源，而海洋生态文明建设则是海洋强国建设的保障。开发和保护成为当前海洋开发整体布局中的核心议题，如何处理好开发和保护之间的关系自然是目前海洋开发总体布局中的重要一环。处理好开发和保护之间的关系也是合理保护及利用海洋资源的重要举措。党的十九大报告指出："中华民族永续发展的基石是建设生态文明，要想做到生态文明就需要坚持人与自然和谐相处的发展观念。将人同自然之间的和谐发展观提升为我国社会主义基本方略的重要内容，在这个目标的指引下将美丽中国的目标落到实处，将生态文明建设以及生态环境科学防护提升到前所未有的高度。"① 而后的《全国海洋经济发展"十三五"规划》对未来海洋生态文明示范区（以下简称为示范区）建设提出了更进一步的发展要求。由此可见海洋生态文明示范区建设的重大战略意义。海洋生态文明示范区对于推动人海互动的良性运行具有不可忽视的作用。然而目前对于我国众多沿海城市而言，海洋生态文明示范区的建设尚处于待加强阶段，急需通过一些顶层制度设计来引领示范区建设。

一 问题的提出

我国幅员辽阔，陆地面积和海域面积都非常大，其中领海面积可达500万平方公里，可以说我国是一个非常典型的海洋大国。正是因为我国是一个沿海国家，才使得我国的航运贸易相当发达。2016年，全球排名前十的港口中，有七个港口属于中国。在这些沿海城市中，上海作为改革开放排头兵，正在打造国际贸易投资新高地和国际消费城市。在未来的5年，上海的目标是打造区域引领、国际先进的示范性区域，从这一点意义上而言，上海自由贸易试验区的建设还需要进行大刀阔斧的探索和改革。"目前，青岛市

---

① 《加强生态环境保护 建设美丽中国》，中国经济网，http://views.ce.cn/view/ent/201712/04/t20171204_27080385.shtml，最后访问日期：2019年12月1日。

召开海洋经济发展座谈会，深入贯彻领会习近平总书记关于海洋生态文明的相关指示精神，在相关指示精神指引下，山东省委省政府颁布了相应的文件，青岛市需要发挥其海洋特色优势，利用海洋来实现城市的二次飞跃，在飞跃过程中逐渐摸索出新旧动能转化的发展思路，从而推动青岛市高质量发展。"① 这些沿海城市的发展都得益于海洋所带来的经济效益及其附加价值，但是它们在发展海洋经济效益的同时却忽视了海洋的生态效益。我国海洋经济发展迈进了快速发展的轨道，然而与此同时我国的领海污染也在日益严重。在2016年7月10日的海洋生态文明建设主题论坛中，王宏一再强调，在海洋生态文明建设的实际过程中，中国政府充分利用其制度优势，以政府为重要抓手通过制度建设以及一系列法律法规的制定，有力地保护了海洋生态环境，从而为海洋经济效益起到了保驾护航的作用。② 加快推进生态文明建设是党和政府做出的重大战略部署，在《关于加快推进生态文明建设进程的意见》中，明确要求深入持久地推进生态文明建设。作为生态文明建设进程中的重要环节和结构性短板，国家海洋局要求将海洋生态文明建设贯穿于海洋事业发展的整个过程之中，并在2012年和2015年先后两次下发通知，鼓励有条件的沿海市、县、区申报国家级海洋生态文明示范区，并印发了《海洋生态文明建设实施方案（2015~2020）》。③ 这极大地推动了我国海洋生态文明示范区的建设，对海洋生态保护、海洋资源的合理开发起到了一定的示范性作用，并对后续海洋生态文明建设起到了一定的先导作用。

因而本报告旨在梳理2018年以及2019年中国海洋生态文明示范区建设的大事件，对中国海洋生态文明示范区相关大事件的梳理不仅有利于认清当前我国海洋生态文明建设过程中由盲目追求经济增长导致的海洋环境污染问

---

① 《青岛发起"海洋攻势"，要打六场"硬仗"》，https://www.sohu.com/a/293602355_120065720，最后访问日期：2020年8月27日。

② 王自堃：《海洋生态文明建设主题论坛在贵阳举行——全国政协副主席罗富和出席 王宏发表主旨演讲》，中国海洋信息网，http://www.nmdis.org.cn/c/2016-07-11/53938.shtml，最后访问日期：2019年12月1日。

③ 赵宁：《指出将生态文明建设融入海洋事业发展》，http://www.xinhuanet.com/politics/2015-06/02/c_127870803.htm，最后访问日期：2020年8月27日。

题，从而使得过去粗放式增长的经济模式有所改变，而且更有利于把握当前海洋发展的阶段性特征，在反思当前海洋发展不足之处的同时不断优化当前制度设计，以便实现海洋未来永续发展的长远目标。

二 2018年和2019年海洋生态文明示范区建设现状

海洋生态文明建设事关全世界人民的福祉，更是我国人民幸福的基石，关乎我国未来的良性发展，因而在党的十九大报告中明确将提升其发展的质量，从报告中我们可以看出我国意图大力发展海洋生态文明的政策导向。我国沿海区域拥有优势较为明显的地理区位，我国的海洋经济是具有较大开发潜力和支撑经济发展作用的新增长极。习近平总书记来到青岛时就强调，我们要认识海洋、经略海洋。在未来的一段时期内，要进一步释放国内需求的潜力，明晰各个区域之间的功能协作，推进海洋生态文明示范区的建设。海洋生态文明示范区建设主要分为四个模块：第一个模块是海洋生态保护，海洋生态保护是海洋可持续发展的基础；第二个模块是海洋资源利用，该模块是在海洋生态保护的基础上展开的；第三个模块是海洋经济发展，该模块是对前两个模块的补充式发展；第四个模块则是海洋文化建设，所谓经济决定文化。各个地区也会根据自己的特殊情况，制定出适合本地的海洋生态文明示范区建设的文件和路线。例如，长岛就在2018年制定出了较为完备的海洋生态文明示范区建设路线的具体指南。

2018年10月中旬，烟台长岛举办了"2018中国海洋生态文明论坛"，该论坛的主题是"生态文明新时代的海洋智慧"。苏杨研究员认为，从生态安全的角度来看，位于烟台市的长岛是我们国家海洋环境和海洋生物资源的博物馆，它的特殊区位赋予了环渤海地区以相应的保护屏障作用。从全国生态文明建设的大格局进行考量，长岛在温带海岛生态系统方面具有原真性、完整性、典型性、代表性和稀缺性等特点。从这些特殊性质来看，长岛的独特优势地位将被进一步放大，最终使其成为一个典范。在进行示范区试点建设过程中需要注意严格卡住环境、生态、资源等底线，逐步推动全域高污染企业全拆除，在推动百分之百绿色能源交通基础之上，在 2018 年实现垃圾分类投放。这对于全国沿海地区及海岛的海洋生态文明建设具有里程碑式的意义。[1]

（一）海洋经济发展

海洋经济发展水平是一个国家开发、利用、管控和保护海洋能力的重要体现，是建设海洋强国的重中之重。从 2017 年的海洋数据来看，我国涉海生产总值达到了 7 万多亿元人民币，与 2016 年相比增长的幅度比较明显，增长了将近 7%，涉海经济占 GDP 比重也达到了 10%。从这些数据中可以直观地看出我国海洋经济的发展呈现良好的态势且发展速度持续加快。[2] 海洋经济是一种顺应时代潮流的经济，推动海洋经济的高质量发展对于推动我国迈入世界强国之列具有举足轻重的作用。可见推动海洋经济高质量发展，大力发展绿色经济是题中应有之义。在谋求海洋经济发展的同时，仍需尊重其发展的客观规律，做到尊重自然、顺应自然、保护自然，坚持可持续发展，坚定走生产发展、生活富裕的良好发展道路，促进海洋经济良性发展以及海洋生态效益的维护。

2018 年，我国海洋经济发展的体量较上年增长明显，增长率也比较可观，从这一点可以窥探出我国经济结构正在不断优化、经济实力正在不断增强。在经济实力增强的前提下，我国的民生福祉得以不断向前推进，久而久之形成了一种良性循环，人们对于我国环境也有所要求，进而推动了我国海洋环境的改善。海洋环境的改善无形之中促进了我国海洋经济结构的进一步优化。《2019 中国海洋经济发展指数》显示，过去 7 年时间里我国海洋经济发展指数（OEDI）从 2011 年的 105.4 增长到了 2018 年的 131.3，将这 7 年

① 侯嘉伟：《中国海洋生态文明论坛举行 智库专家长岛"论道"》，http：//www.chinaislands. org.cn/c/2018 - 10 - 13/50718.shtml，最后访问日期：2019 年 12 月 1 日。
② 杜芳：《国家海洋局：去年海洋生产总值逾 7 万亿元 占 GDP 比重接近 10%》，http：// news.cnwest.com/content/2017 - 03/17/content_ 14596705.htm? from = pc，最后访问日期：2020 年 9 月 2 日。

的增长率进行平均换算得出年均增长率达 3.5%。在后期海洋经济体量逐步扩大的前提下，2018 年贡献了 3.2% 的增长率，这是来之不易的。这些数字折射出我国海洋经济发展水平正在逐步提升，海洋经济的质量不断提高、结构日臻完善。2018 年我国海洋经济生产总值达到了惊人的 8.3 万亿元人民币，同 2011 年的海洋经济生产总值相比增长了近 83%。比重大意味着海洋经济对我国整体国民经济的贡献之大，从相关统计数据来看，2018 年的海洋经济增长对整体经济增长的贡献可达 10%。同时，随着海洋新旧动能转化大背景的到来，我国海洋产业逐步以第三产业为主，结构正在不断优化，海洋服务业和海洋金融业在海洋可持续发展的动能中起到了中流砥柱的作用。将 2011 年海洋第三产业增加值同 2018 年海洋第三产业增加值做对比，可以发现海洋第三产业增加值在这短短 7 年时间里竟增长了 11.4%。在这些增加值当中，涉海旅游占比极高，在 2018 年相关数据统计报表中，旅游业全年增加值可达 1.6 万亿元人民币，与 2017 年涉海旅游业经济相比增长了 8.3%。潮汐能、水力发电等海洋二次能源，海洋生物医药以及海水淡化等新兴产业已经逐步成为我国海洋经济良性发展和结构转型升级的重要法宝。

从自然资源部公布的 2019 年全年涉海经济数据报表来看，2019 年一季度我国海洋经济的发展趋势较为平稳，结合国家统计局的数据来看，2019 年一季度我国海洋生产总值可达 1.9 万亿元人民币，比 2018 年一季度增长了 6.6%，从这个对比的数据可以看出我国的海洋经济整体发展稳中有进。从营收角度来看，我国涉海工业和相关的企业的数量正在稳步增长，从自然资源部给出的统计数据来看，一季度重点监测的涉海企业收入总额可达 3000 亿元人民币。从数据可以看出我国海洋经济整体运行较为平稳，2019 年较 2018 年同期增长了将近 6.3%；海洋经济产业的营业率也正在平稳发展，2019 年一季度同 2018 年一季度都为 10.4%。基于我国政策的持续性发酵，金融业正在逐步介入海洋企业发展，从一季度的情况来看，用于支持海洋开发的金融支持贷款项目总额可达 1300 多亿元人民币，与 2018 年同期持平。此外，海洋新能源产业正在蓬勃发展，加快了海洋产业结构升级的步伐。从 2018 年一季度的统计报表来看，重点监测的海洋生物制药企业、海洋生物加工业企业以及海洋可持续再生能源大型企业利润总额较 2017 年同比降幅可达 5%~6%。从这些数据我们可以发现，我国涉海新兴企业发展动力强劲，市场较为活跃。①

（二）海洋生态环境保护

2019 年上半年，生态环境部对外公布了相关数据报表并发布了《2018 年中国海洋生态环境状况公报》（以下简称《公报》）。从《公报》的整体概述来看，我国的海洋生态环境在一年的治理过程中呈现了良好的态势，总体稳中向好。据悉，该《公报》由生态环境部会同国家发展和改革委员会、自然资源部等 11 个部门共同编制。《公报》着重从海洋环境质量评测、历年来我国海洋环境状况综合调查、各海域的污染情况排摸、海洋倾倒区域的总体情况以及海洋油区的综合状况考察、近海渔业水域环境的质量评级、海洋环境的灾害情况及其损失、突发污染性事件以及未来我国海域发展的相关措施八个方面进行了阐述，围绕着这八个方面我国生态环境部和自然资源部协同制定了一系列规范，并进行了详细的监测。从这些监测的结果来看，经过 2018 年整体海域问题的治理，我国海洋生态环境状况较之前有了不小的进步，且未来发展态势稳中向好。从海水质量的维度来看，2019 年符合我国制定的第一类海水标准的海域面积占总体海域面积的 96.3%，而劣四类水质面积较去年同期减少了近 500 平方公里；近岸海域的优良率可达 74.6%，与上一年相比上升了至少 6 个百分点。截至 2018 年底，我国各种直排入海的污染总量正在呈现明显的下降态势。2018 年符合一类海水水质标准的海域面积可达我国海域面积总量的 96.3%，从这一点可以看出我国海域污染情况正在持续向好。2018 年自然资源部出台了一系列改善海域污染情况的政策措施，有效地缓解了我国近岸环境问题，并修

---

① 乔思伟：《一季度我国海洋经济开局平稳》，http：//www. mnr. gov. cn/dt/ywbb/201906/t20190603_ 2439739. html，最后访问日期：2019 年 12 月 1 日。

复了海岸线 150 多公里、滨海湿地 5 万多亩。自然资源部充分地将新发展理念融会于心，并将进一步加大对海洋资源节约保护的政策力度。总的来说，我国海洋生态文明示范区环境正在改善，物种更加多样，陆源污染防治效果显著。

（三）海洋文化建设与传承

2019 年 7 月 27 日，由自然资源部宣传教育中心、自然资源部北海局、中国海洋大学、中国海洋发展基金会共同举办的全国大中学生第八届海洋文化创意设计大赛完成作品终审评审，共评出大学组金奖 9 件、银奖 18 件、铜奖 43 件、优秀奖 287 件。本届大赛主题为"生态海洋"，共有 897 所高校、81 所中学参赛，参赛作品达 45190 件。全国大中学生海洋文化创意设计大赛是"世界海洋日暨全国海洋宣传日"的主要活动之一，自 2012 年起，已经举办了 8 届。

此外，2018 年我国涉海民生改善成效比较突出。就业是保障民生的基础，从 2018 年的统计情况来看，该年涉海就业人员已经达到了 3600 万余人，与 2011 年相比增加了近 200 万人，由此可见我国的海洋事业发展速度之快和规模之大。国家统计局的数据显示，2018 年我国海洋渔民人均收入增长速度较快，截至 2018 年达到了 2.6 万元，较 2011 年提升了两倍有余。广东、浙江等一些沿海发达省份先后印发了保证渔民可持续发展的政策文件，这些政策文件的颁布旨在增加渔民收入、保障渔民权益。截至 2018 年，全国共有 48 个海洋公园，这些海洋公园为我国海洋事业的发展、海洋科教的宣传提供了一个非常好的契机。①

（四）海洋科技创新

2018 年，我国海洋科技创新成果呈现喷涌态势。2018 年我国重点科

---

① 赵磊：《国家海洋信息中心发布〈2019 中国海洋经济发展指数〉》https：//baijiahao. baidu. com/s？ id = 1647515007382621628&wfr = spider&for = pc，最后访问日期：2020 年 9 月 2 日。

研机构的涉海科研人员与 2011 年相比增长了近 20%，研究横向经费扩充至 2011 年的近一倍，专利授权数量较 2011 年提升了近 3.5 倍。在强大的资金投入下，一批高质量的海洋科研产品被研制出来，例如我国自主研发的治疗阿尔茨海默病的药物"GV - 971"以及探索深海的"深海一号"顺利下水。

三　海洋生态文明示范区建设中的问题

自海洋生态文明示范区建设逐步推行以来，沿海的各个省、市以及县城实现了海洋生态效益与海洋经济效益的统筹兼顾。一些高污染的沿海地区也因海洋生态文明示范区的设立而情况逐渐好转，可以说，目前海洋生态文明示范区对于一个地区高质量发展起到了一定程度上的引领作用，尤其是近海海域的一些重工业企业执行了严格的排放规定。然而目前我国正处在工业化和城镇化的快速发展之中，高污染、高排放、粗放式的经济增长模式仍然是目前的主流，海洋生态文明建设工作力度仍然不够。

（一）考核体系有待完善

2018 年 3 月，第十三届全国人民代表大会第一次会议审议了国务院机构改革方案，将国家海洋局进行有效的职责整合，在此基础上成立中华人民共和国自然资源部。这种海陆统筹的思想有利于正确处理沿海海洋资源环境承载力、开发强度与生态环境保护的关系，坚持海陆一体、江河湖海统筹，坚持陆域污染排放管控和生态环境治理。反观我国相关城市综合系数的评价体系，主要有两类较为突出的指标：第一类指标是目前应用得较为广泛的指标参照体系；第二类指标是基于城市生态系统结构以及由此而形成的功能和协调度综合加权系数所得。根据目前海陆一体化的推进，针对海洋生态文明示范区的设立初衷，笔者认为考核体系应该全面考核示范区的经济建设、政治建设、文化建设、社会建设四个方面。我们目前急需从这四个方面出发来构建相应的指标体系，以便制定出较为准确的指标来测定生态情况。从经济建设、政治建设、文化建设、社会建设的构建因子中我们可以提炼出进一步完善考核指标的意见。（1）保证客观性，我们所选取的指标理应符合海洋生态文明的科学内涵，无论是定量研究还是定性研究都应该符合海洋生态文明示范区建设的初衷，在选取指标参照时需要排除与海洋生态文明建设无关的指标；（2）各个指标需要相互独立，分类完成后各个指标应是互相独立、没有任何交集的，并且具有一定的代表性；（3）可操作性，各项指标的测定过程应该尽量遵循简单快捷的原则，过于复杂烦琐的指标体系反而会事倍功半并增加一定的考核难度从而影响指标体系的构建；（4）指标还需相对稳定，因为海洋生态文明示范区建设是一个漫长的过程，倘若指标朝令夕改就不利于海洋生态文明示范区的建设。

（二）"一刀切"管理存在弊端

目前海洋生态文明示范区的设立有着"一刀切"的倾向，欠发达城市与发达城市都使用了同一款测评指标。这就容易阻断海洋生态文明示范区建设的多样化发展，违背了海洋生态文明示范区建设的初衷。我们需要做的是因地制宜，即在对主体功能区规划的总体布局中，对不同发达程度的沿海地区实施差异化考评标准。

这种差异化考评主要是通过两个维度展开：第一个是指标体系的设置，第二个是指标体系的设定。海域承接的陆域对未来功能区的划定有着划时代的意义，陆海协调统筹是率先加快经济发展方式转变的重要途径。从这个意义上看，海洋生态文明示范区建设对于陆海协调统筹规划有着先导意义，从海洋生态文明示范区建设中逐步推进海洋环境友好型、高新技术型企业的孵化，进而打造海洋产业聚集群。基于此，海洋经济的发展仍然需要保护环境，海洋生态效益是海洋经济发展的前提，因而需将保护环境提到重要议程上来，严格控制开发的强度。从陆域可持续发展理念来看，陆海协调统筹规划将成为重要的经济增长点，在此基础上要进一步落实区域发展的总体战略，从而促进区域协调发展。[①] 综上所述，位于陆域优化开发区的海洋生态文明示范区，要以经济结构优化为立身之本，不断地加大海洋环境保护的考核力度，实现海洋生态效益和海洋经济效益的双丰收。

（三）缺乏相应的奖惩机制

第一，缺乏一种有的放矢的政策指导，这就致使我国不同地区之间对于建设海洋生态文明的理念不同，从而导致海洋生态文明示范区建设的实际举措不同。从一些地方政府的实际举措来看，建设海洋生态文明示范区多多少少含有一定的功利性，目的性导向非常明确。

第二，创建式运动的高喊口号只是形式上达到了创建的样式，却没有深刻领会创建的意义，这种运动本身致使本质不能发挥预先设定的作用。我国种类繁多的示范区创建工作都存在一种"自上而下"运动式推进，这些运动的主要表现为通过一些短期集中、超量、高速的方式来达成相应的目标。一旦海洋生态文明示范区建设成功，一些地方政府就会削减相应的经费投入，从这种创建式运动可以窥探出目前海洋生态文明示范区建设的长效机制落实不足。为此相关部门着手制定了5年复查的规定，然而这终究会形成新一轮的创建式运动推进方式。

四 海洋生态文明示范区建设的趋势与展望

海洋生态文明示范区建设是一项重大工程，此重大工程是以相关政府为主、以社会公众为辅的形式推进的。正如上面所阐述的那样，目前海洋生态文明示范区建设存在一系列的问题，譬如，考核体系的固化、"一刀切"的管理模式、激励机制的匮乏以及建设主体权威性的缺乏等。"海洋生态文明示范区建设是机遇与困难同频共振的，随着信息革命的深入、我国的经济发

---

① 曹英志：《海洋生态文明示范创建问题分析与政策建议》，《生态经济》2016年第1期，第210页。

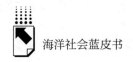

展进入了新常态、顶层设计的巨大推动力以及示范区数量的激增带来辐射范围的扩展，这为我国海洋生态文明示范区的建设带来了新的机遇与挑战。"①从海洋生态文明现状来看，海洋生态文明示范区建设重在示范，落脚点在于创新体制机制，要在建设过程中不断丰富相关内涵。在海洋生态文明示范区建设的过程中，要明确其关键点在于落实好每一步建设的指南，在探索创新路径时应该注重探究完善示范区发展规划、提升海洋生态文明意识、扶持海洋特色的产业文化群。

（一）海洋生态文明示范区建设的趋势

1. 陆海统筹模式日臻完善

2018 年 3 月 13 日提请第十三届全国人民代表大会第一次会议审议的国务院机构改革方案指出，自然资源部的主要职责是对自然资源开发利用和保护进行监管，建立空间规划体系并监督实施，履行全民所有各类自然资源资产所有者职责，统一调查和确权登记，建立自然资源有偿使用制度，负责测绘和地质勘查行业管理等。② 组建自然资源部是关乎我国陆海统筹协调发展的重大举措，自然资源部的设立可以从根本上解决自然资源管理中相互掣肘的问题，进而解决了有关部门的内耗问题，使得传统的管理效率挣脱了束缚。在效率提升的基础之上，同一部门的不同主体实现责任对接推动了资源的优化使用，从这一点来说，这使得我国的生态文明建设又迈出了坚实的一步。在设立自然资源部之后，自然资源部的主要职能是将新时代发展观念落到实处，将我国所有自然资源统一管理，并对以往管理盲区进行全方位修正。这对海洋生态文明示范区建设起到了一定的积极作用。此外，过去部门林立导致众多规划相互矛盾和重叠。现如今，自然资源部的设立将陆海统筹发展的理念落到实处。

---

① 张一：《海洋生态文明示范区建设：内涵、问题及优化路径》，《中国海洋大学学报》（社会科学版）2016 年第 4 期，第 68 页。
② 《自然资源部将整合 8 个部委职责　组建国土空间规划局统一规划体系》，https：//new. qq. com/omn/20180914/20180914A0DAIU. html，最后访问日期：2020 年 9 月 2 日。

2. 信息技术的提升为海洋生态文明示范区建设永续动力

人类历经了第一次工业革命、第二次工业革命以及随后的信息革命。随着信息革命的持续性深入，信息的脱域性将满足广大互联网用户对于知识的渴求，无疑能推动人民对于绿色发展理念的深刻理解。从这一点来说，信息技术为海洋生态文明示范区建设提供了技术上的支撑。在过去十年的发展模式中，海洋经济效益与海洋生态效益成了对立面，即要想攫取海洋经济效益就要舍弃海洋生态效益。然而事实上，没有海洋生态效益的基本保障，海洋经济效益就无从谈起。信息技术为海洋生态效益的发挥提供了持久保障，海洋大数据可以实时监测海洋生态文明示范区内的海质；海洋无人机可以实时监控海洋生态文明示范区内污染的实情；海洋分析中心可以实时测定海域的生态情况。

3. 示范区的数量正在呈几何级的增长

"海洋生态文明示范区从 2013 年的 12 家国家级示范区，到 2015 年的 24 家，再到 2020 年规划建设达到 40 家国家级示范区，无疑大大增强了海洋生态文明建设的力量。"[①] 这就意味着海洋生态文明示范区将起到模范带头作用，将一些成功的做法逐渐推而广之，不断将一些成功的做法传授到各个沿海地区，同样也可以将一些经验教训传授到各个沿海地区。量变引起质变，随着示范区数量的增多，各个沿海地区能做到有机联合，假以时日，海洋生态文明示范区能推向全国所有的沿海城市。

（二）海洋生态文明示范区建设的展望

海洋生态文明示范区建设是一个不断推进、不断完善的理性发展过程，应该坚持习近平新时代中国特色社会主义思想。发展海洋经济和维护海洋生态是我国建设海洋强国的一个重要方面。建设海洋强国是中国特色社会主义事业的重要组成部分。在党的十八大报告中做出了建设海洋强国的重大战略

---

① 张一：《海洋生态文明示范区建设：内涵、问题及优化路径》，《中国海洋大学学报》（社会科学版）2016 年第 4 期，第 69 页。

部署。这一重大战略部署对推动我国经济的持续增长、维护我国的国家主权具有不可忽视的作用，进而对实现中华民族伟大复兴具有重大而深远的意义，而海洋生态文明示范区建设是题中之义。笔者认为目前海洋生态文明示范区建设仍有几个突破点。

从第一个方面来说，海洋生态文明示范区建设需要各个示范区之间互联互通、互通有无。海洋生态文明示范区的建设初衷是引领各个沿海地区海洋发展模式走向良性，从而不断推而广之，将这些示范区的经验传递到各个沿海地区，以此来实现沿海地区的良性发展。在这个先锋带头的过程中，要求相应的示范区应当破除思维定式，通过陆海统筹的方式实现"大海洋"的发展思想，在此基础之上实现不同功能区块之间的和谐互动、充分发挥集中力量办大事的凝聚效应并着手提升智力支持，通过举办高峰论坛的方式吸引一批人才来为发展建言献策，进而实现各个沿海地区的良性发展并不断将成功经验推广到全国。

从第二个方面来说，应该建立较为健全科学的评价考核体系，以往的评价指标已经不能再沿用。在未来相当长的时期的探索过程中，评价海洋生态文明示范区建设的指标以及相应的办法仍然是重点内容，因此可以说，建立一整套完备的评价考核体系对于厘清不同地区各自实际需求、明晰不同示范区建设的实际困难并对制定改善政策方面起到了不可或缺的重要作用。

从第三个方面来说，互联网、大数据的兴起给海洋生态文明示范区建设增添了强劲动能。大数据分析可以实时监控示范区内海洋生态的情况，并可以通过目前已有的自然科学技术来改善相应海域内的生态环境。海洋无人机可以以较低的成本来对海洋生态环境进行 24 小时的监控。可以说海洋大数据分析以及海洋无人机技术可以为海洋生态文明建设增添强劲动力。

总的来说，党的十九大以后，我国对于海洋的发展日渐重视。此外，随着互联网和大数据的兴起，这些技术的应用可以为海洋生态文明建设提供持久的动力保障。海洋生态文明示范区最首要的是要做好排头兵和先行者的工作，将自己失败的教训和成功的经验不断推而广之，由点到面，使越来越多的沿海地区能学习到示范区比较先进的治理制度。这是对以往生态环境破坏的反思以及对反思的经验总结，同时也是对未来我国海洋生态效益和海洋经济效益统筹兼顾的一种实践上的探索。海洋生态文明示范区的建设应该站在高标准、高起点上，以更加饱满的姿态来应对海洋发展所面临的各种困难和挑战。不同示范区之间应该做到相互借鉴，提升各个示范区的品牌效应以达到辐射带动的作用。希望经过若干年的建设，我国能建成一批具有国际影响力的海洋生态文明示范区。

B.11
中国海岸带保护与发展报告

摘 要: 当前我国沿海地区经济发展迅速,工业化与城市化的水平不断提高。在工业化与城市化的过程中,海岸带为沿海地区的发展提供了物质基础,促进了工业化与城市化的发展,但围海造地与湿地破坏等现象仍然广泛存在,海岸带开发与保护问题凸显。本报告从中央政府、地方政府及学术界三个层面,对2018~2019年海岸带保护及其成效进行了整理和总结,分析了当前海岸带保护工作中存在的问题,并提出了相关建议。本报告认为,2018~2019年我国加大了对海岸带的保护力度,中央以及各级地方政府出台了大量有关海岸带保护的制度规定,也推进了有关"湾长制"的制度创新和试点,并围绕中央环保督察结果进行了专项整改,陆海统筹的海岸带保护工作得到有效推进。面对我国海岸带保护问题长期存在的客观事实,本报告强调,海岸带开发与保护不是一场零和博弈,二者应当相互促进,共同推进美丽海洋建设。

关键词: 城市化 围填海 海岸带开发 中央环保督察 陆海统筹

---

* 刘敏,中国海洋大学国际事务与公共管理学院讲师,社会学博士后,主要研究方向为海洋社会学、环境社会学;王景发,中国海洋大学国际事务与公共管理学院行政管理专业硕士研究生,主要研究方向为海洋行政管理。

一 引言

2018～2019 年对于海洋强国战略实施与海洋生态文明建设具有重要的里程碑意义，我国海岸带保护工作取得了重要进展。为遏制海岸带的无序发展与破坏性开发，各级政府和相关部门围绕促进陆海统筹的海岸带保护与正确处理人海关系，以及建立健全海岸带保护机制等方面进行积极探索，并取得一定成效。但同时也要看到，海岸带的无序发展和破坏性开发现象仍然存在，围海造地问题依然比较突出，海岸带保护机制还不完善，难以适应新时代海洋强国的战略需求，同时也不利于海洋生态文明体制改革与美丽海洋建设。例如，"向海要地"的填海工程缩减了我国自然海岸线长度，大量滩涂湿地、红树林等海岸线地区被转化为工业用地、居住用地、养殖用地，海岸带开发与保护的关系失衡，海岸带保护工作急需有效落实。

本报告聚焦海岸带开发与保护之间的关系协调，总结了 2018～2019 年海岸带保护工作的成效，探讨了当前我国海岸带保护所面临的问题，分析了其产生原因，进一步提出了我国海岸带保护与开发的相关对策与解决方案。

二 2018～2019年海岸带保护工作及成效

2018～2019 年，为加大海岸带保护的工作力度，从中央到地方都出台了相关法律与制度规定，致力于促进海岸带管理工作进一步法制化、制度化与常态化。本报告从中央政府与地方政府以及学术界三个层面对 2018～2019 年我国海岸带保护工作的成效进行总结。

（一）中央政府层面的海岸带保护管理体制改革

从顶层设计层面来看，2018 年，中央政府层面的海岸带保护管理体制改革得到了事实上的推进。2018 年 3 月，第十三届全国人民代表大会第一次会议审议了国务院机构改革方案，不再保留国家海洋局，其主体职能并入新组建的自然资源部，自然资源部对外仍保留国家海洋局牌子；其环境保护职能则并入了新组建的生态环境部。此次国务院机构改革后相关部委被精简，各部门职能进一步明确，从体制上为我国沿海地区海岸带保护提供了支撑，对推进陆海统筹发展具有极大的促进作用。

机构改革后，国务院各部门职能范围的整合使得陆海共治得以实现。此前，由于海岸带兼具陆地与海洋的特征，我国相关部门的职责在海岸带上有重叠和交叉，导致九龙治水、多头治理。这次机构改革把海岸带治理的责任统一到自然资源部，从而打通了海洋和陆地的管理通道，使海岸带治理不必再跨部门协调，陆海统筹的海岸带保护工作得到有效推进。一方面，自然资源部承担了自然资源所有者职责，同时承担国土空间管制和生态保护修复职责，在这一前提下，各类国家规划都能统筹好海陆关系，从而避免空间规划重叠的问题。另一方面，海洋环保的功能纳入生态环境部，使海洋环保的相关功能得到整合，陆海统筹的海岸带保护工作得到有效推进。

为转变"向海索地"的发展思路，实现岸线滩涂等海岸带地区的严格保护，2018年7月，国务院出台了《关于加强滨海湿地保护严格管控围填海的通知》（国发〔2018〕24号），提出加强滨海湿地保护和严格管控围填海活动，是严守海洋生态保护红线、改善海洋生态环境、提升生物多样性水平与维护国家生态安全，以及推进海洋生态环境治理体系和推进生态文明建设的重要举措。同时，该文件还提出，要严控新增围填海项目，加快处理围填海历史遗留问题，加强海洋生态保护修复和建立滨海湿地保护的长效机制，进而将围填海管控与海岸带保护提到了新的高度。在该文件中，我们还注意到，针对2017年启动的围填海专项督察发现的沿海各地未批先填、填而未用、违规改变用途等违法违规围填海现象比较普遍的问题，该文件提出，要严控新增项目，取消围填海地方年度计划指标，除国家重大战略项目外，全面停止新增围填海项目审批。而随着2019年全国地理国情监测工作的展开，我国海岸带保护以及海岸线恢复情况也将得到直观地展示。

为了贯彻落实中央政府层面关于加强海岸带保护的精神，新组建的自然资源部在 2018 年 8 月召开了围填海现状调查工作部署专题会议，制定了全国围填海现状调查工作方案和技术规程，明确了全国围填海现状调查任务分工，这有利于确定围填海历史遗留问题清单，进一步做好海洋督察工作。之后，自然资源部又对海岸带的修复和使用做出规定。同年 11 月 1 日，自然资源部印发《围填海项目生态评估技术指南（试行)》和《围填海项目生态保护修复方案编制技术指南（试行)》，对我国海岸带地区海岸带修复做出了明确规定。之后在 12 月 27 日，自然资源部又下发了《关于进一步明确围填海历史遗留问题处理有关要求的通知》，对已取得海域使用权但未利用以及未取得海域使用权的围填海项目的开发利用与保护进行了规定。

从中央环保督察角度来看，中央环保督察对全面推进海洋生态文明建设，切实加强海洋资源管理与海洋生态环境保护，强化政府内部层级监督和专项监督，健全海洋督察制度等都起到了极大的促进作用。2018 年 1 月，原国家海洋局举行了围填海情况新闻发布会，对国家海洋督察情况做了通报，督促各地政府开展专项整治，并公布了 13 条具体措施将围填海问题的管控上升到了史上最严。9 月，生态环境部对部分地区中央环保督察整改情况进行现场抽查，通报了 4 起中央环保督察整改不力问题，暴露了个别地方政府对中央环保督察整改要求敷衍应对、整改进展滞后、虚报整改成果的问题，同时也警示了其他地区相关部门，推进了中央环保督察整改的深入。

此外，为督促和检查地方政府整改，生态环境部于 2018 年 5 月和 10 月，分两批对全国 20 个省（区）开展了中央环保督察"回头看"。"回头看"一方面对相关违规主体进行了处理，另一方面也促进了相关问题的整改。在同年 11 月的例行新闻发布会上，生态环境部提出中央环保督察将围填海纳入督察范畴，这有利于海岸带保护工作的推进。一系列的保护措施与督察也使得围填海得到有效控制，根据自然资源部 2019 年 7 月公布的数据，我国 2019 年上半年发现并制止违法填海行为，涉及海域面积约 2.15 公顷。

这远低于《关于加强滨海湿地保护严格管控围填海的通知》印发前 2018 年
1~7 月确认的 187.48 公顷围填海面积。①

（二）地方政府的海岸带保护实践

2018 年，我国围填海管理达到史上最严，各级地方政府纷纷出台措施严
格管控围填海，保护海岸带自然岸线。一方面，各级地方政府大力整改中央
环保督察中出现的海岸带保护问题，有针对性地出台了相关措施，加强了海
岸带保护管理；另一方面，一些地区逐步探索建立"湾长制"，出台海岸带保
护与利用规划条例，推进海岸带的陆海统筹保护工作。

2018~2019 年各地海岸带问题整改持续推进。各地政府纷纷发布贯彻落
实中央环保督察（包括海洋督察）反馈意见的整改方案，成立国家海洋督察
整改工作领导小组并下重拳整治围填海以及海洋污染。以海南省为例，2018
年 5 月，针对督察组反馈的问题，海南省向社会公开了《海南省贯彻落实中
央第四环境保护督察组督察反馈意见整改方案》，其中就提出要全面推行"湾
长制"，实施严格的围填海总量控制制度，规范围填海审批程序，严肃查处违
法违规用海，制定一岛一策整治方案。② 其余各省也均采取相关措施整改督察
组提出的相关问题，并对外公开整改方案，同时，为贯彻落实国务院 2018 年
颁布的《关于加强滨海湿地保护严格管控围填海的通知》，截至 2019 年末已
经有 9 个省（自治区、直辖市）出台有关实施方案或实施意见。2018~2019
年，随着中央环保督察专项整治工作在各地的推进，围填海项目得到有效控
制，海岸带保护工作成效显著。

基于国务院出台的相关文件，2018~2019 年，沿海地区各级政府也积
极出台相关海岸带保护与利用规划，推动海岸带陆海统筹保护工作。多地相

---

① 《自然资源部通报上半年违法用海情况》，http：//www.mnr.gov.cn/dt/hy/201908/t20190801_
2451030.html，最后访问日期：2020 年 8 月 27 日。
② 《海南省贯彻落实中央第四环境保护督察组督察反馈意见整改方案》，海南省政府网，
http：//www.hainan.gov.cn/hn/zwgk/gsgg/201805/t20180529_2644561.html，最后访问日期：
2019 年 9 月 11 日。

继印发实施切合本地区实际的海岸带规划或条例，有效地指导了各地海岸带保护工作。我国沿海地区海岸带保护相关政策文件逐渐向保护与利用条例转变，我国海岸带保护也更趋于规范化、正规化、专业化。通过查阅各地海岸带保护规划与条例发现，2018～2019年实施的相关规划与条例各有侧重，但都着重强调了对海岸带自然岸线的保护与恢复，规定了海岸带功能区划，着力推动陆海统筹的海岸带保护。同时，海岸带保护法的立法工作也被提上日程。2019年11月末，山东省人大常委会批准通过了本省5个沿海地区的海岸带相关保护条例，加之在同年9月批准的《日照市海岸带保护与利用管理条例》以及2018年6月批准的《威海市海岸带保护条例》，山东省成为全国首个也是目前为止唯一一个沿海地区海岸带保护条例全覆盖的省份。

此外，为了解决当前海岸带地区围填海乱象、控制海岸带污染，沿海地区也进行了一系列的制度创新及海岸带保护的机制创新，"湾长制"等一系列海岸带保护新措施得到了推广和应用。"湾长制"是河长制、湖长制等制度从陆地向海洋的创新，也是环境保护压力由陆地向海洋传导的现实表现，其目的在于构建一种陆海统筹、河海兼顾、上下联动、协同共治的新型治理模式。① 在2018年1月举行的全国海洋工作会议上，原国家海洋局提出推动"湾长制"纳入中央深改任务。② 随后在3月，原国家海洋局在浙江省台州市召开"湾长制"试点工作领导小组第一次会议，并在会议中提出扩大试点工作范围的要求。③ 随着"湾长制"的不断探索，山东省政府在9月7日召开的省政府常务会议上提出要在2018年底前初步建立省、市、县三级湾长体系。之后在2019年11月1日，《海口市湾长制规定》在海口市正式施行，这也是全国第一部"湾长制"地方性法规。可以

---

① 《国家海洋局印发〈关于开展"湾长制"试点工作的指导意见〉》，中国政府网，http://www.gov.cn/xinwen/2017-09/14/content_5224996.htm，最后访问日期：2019年9月11日。

② 《王宏局长在全国海洋工作会议上的讲话（摘登）》，自然资源部网站，http://www.mnr.gov.cn/zt/hy/2018hygzhy/xwzx/201801/t20180122_2101866.html，最后访问日期：2019年9月11日。

③ 《"湾长制"试点工作领导小组会议暨现场会召开》，中国政府网，http://www.gov.cn/xinwen/2018-03/16/content_5274696.htm，最后访问日期：2019年9月11日。

认为,"湾长制"在我国的不断探索也促进了海岸带陆海统筹保护工作的开展。

(三)学术界的海岸带开发与保护研究

2018～2019年,学术界针对围填海导致的海岸线形态变化,进行了一系列有关海岸带开发与保护的系列研究,为政策层面与实践层面的海岸带保护工作提供了理论支持。例如,姜忆湄等学者认为,当前我国海岸带存在规划管理体系庞杂、矛盾不断、资源利用率低等问题,为此,应编制基于"多规合一"的海岸带综合规划,建立统筹协调的海岸带管理机制,从而解决海岸带规划冲突、提高资源利用率、实现陆海统筹的海岸带管理。[①] 全永波、顾军正针对海岸带保护,提出了完善滩长制的对策建议,从而实现海岸带小微单元的治理。[②] 王琪、辛安宁认为"湾长制"是一种权威依托型治理模式,进而对"湾长制"的本质与运行逻辑进行了阐释。[③] 张良则对当前我国围填海热进行了深入分析,认为围填海热的原因在于地方政府土地财政需要、中央及地方政府的利益诉求不同以及监管缺失。[④] 此外,还有学者对基于生态系统的海洋管理理论与实践进行了分析,并初步提出了基于生态系统的海洋管理发展方向。[⑤]

同时,学术界还多次召开学术会议探讨海岸带的保护问题。例如,河海大学、华东师范大学、中国海洋发展研究会与中国海洋发展研究中心、中国海洋工程咨询协会海洋生态环境监测分会与中国太平洋学会海洋生态环境分会等高校及研究机构分别召开海岸带保护的相关会议,众多学者通过不同的视角、方式、手段对海岸带保护进行了分析,致力于探索海岸带保护的最佳

① 姜忆湄等:《基于"多规合一"的海岸带综合管控研究》,《中国土地科学》2018年第2期。
② 全永波、顾军正:《"滩长制"与海洋环境"小微单元"治理探究》,《中国行政管理》2018年第11期。
③ 王琪、辛安宁:《"湾长制"的运作逻辑及相关思考》,《环境保护》2019第8期。
④ 张良:《围填海热潮不减的原因分析与对策建议》,《中国海洋社会学研究》2019年卷总第7期。
⑤ 王斌、杨振姣:《基于生态系统的海洋管理理论与实践分析》,《太平洋学报》2018年第6期。

方式与方法，并强调了制度建设与社会参与在海岸带保护中的重要性，这有利于海岸带保护工作的推进。

三　城市化进程中的海岸带保护问题

我国东部沿海地区以 14% 的国土面积，承载了 40% 的全国人口，创造了 60% 的国内生产总值。[①] 尽管近年来，在中央政府的重视和沿海地区地方政府的推动之下，海岸带保护工作得到了事实上的推进，然而，由于快速现代化进程中的水产养殖、临海工业、港口物流及城镇化建设等用地规模的不断扩张，沿海地区围海造地、滨海湿地面积减少等问题将长期存在。

（一）围海造地屡禁不止

人口不断增加与有限土地资源之间的矛盾使得围海造地屡禁不止。虽然围海造地在一定程度上缓解了海岸带沿线地区用地紧张问题，促进了经济增长，但不合理、违法的围填海活动也给海岸带地区带来了一系列问题。一方面，通过侵占海岸带沿线的自然湿地，将其改造成居住用地或者农业用地会使海岸带周边生物多样性遭到破坏，涵养水源能力下降，引发自然灾害；另一方面，在当前气候变迁的背景下，人工填海以及围海造地的人工地段难以抵抗风浪侵袭，存在着巨大的安全隐患。《2018 年中国海平面公报》显示，中国沿海海平面变化总体呈波动上升趋势。1980～2018 年，中国沿海海平面上升速率为 3.3 毫米/年，高于同时段全球平均水平；2018 年，中国沿海海平面较常年高 48 毫米。[②] 这些数据表明，气候变化加大了海洋对海岸带地区人工造地损害的可能性，进而威胁到沿海城市的可持续发展，而这也正是我国近年来推进海岸带保护工作的重要原因。

---

① 《向海索地　地方无权再批》，中国政府网，http：//www. gov. cn/zhengce/2018 – 07/30/content_ 5310297. htm，最后访问日期：2019 年 9 月 11 日。

② 《2018 年中国海平面公报》，自然资源部网站，http：//gi. mnr. gov. cn/201905/t20190510_ 2411195. html，最后访问日期：2019 年 9 月 11 日。

在城市化的发展中，工农业以及居住用地的不足使得相关主体不断向海要地。以上海南汇新城为例，南汇新城是从一片滩涂上成长起来的城市。根据《南汇新城镇 2018 年政府工作报告》，南汇新城 2018 年引进约 9300 户商贸型企业，注册资本约 500 亿元，并在该年实现税收 63.5 亿元，其中地方税收为 17.3 亿元。① 对比同年度其他地区财政公报，南汇新城 2018 年的税收收入甚至超过了一些西部地区的城市。由此可见，在巨大的经济利益面前，地方政府往往把海岸带保护放在次要的位置，优先考虑通过土地财政发展经济、增加税收。但不容忽视的是，虽然围海造地在一定程度上促进了海岸带地区经济的发展，然而从长远角度来看，持续性的、不合理的围海造地对沿海地区的环境以及经济发展是不利的。

此外，虽然我国对围填海项目进行了严格管控，但由于地方政府重短期经济利益、轻长期环境保护的固有观念以及一些企业无视法律的投机心态，围海造地行为屡禁不止。2018 年 9 月，生态环境部公开通报了中央环保督察中 4 起整改不力案件，其中一起为辽宁葫芦岛市虚假整改违法围填海问题，当地政府五次编造虚假整改情况，编写虚假公文应付检查。② 2019 年 4 月，在第四批中央环保督察 8 省（区）公开移交案件问责情况中，通报了海南省三亚市政府违规干预执法，致使珊瑚礁国家保护区以及海岸带范围内的违法建设行为长期未得到制止。③ 同年 8 月，生态环境部通报了海南澄迈县肆意围填海、破坏红树林典型案例。其中提到澄迈县不仅没有按照第一轮督察要求整改，反而顶风违规围填海，不断侵占、破坏自然保护区，甚至调

---

① 《南汇新城镇 2018 年政府工作报告》，上海浦东网，http：//www. pudong. gov. cn/shpd/InfoOpen/Detail. aspx？ CategoryNum = 003002&InfoId = 8eff4b1c – 301f – 49e0 – b217 – e785db2b66c4，最后访问日期：2019 年 9 月 11 日。

② 《生态环境部通报 4 起中央环保督察整改不力问题》，新华网，http：//www. xinhuanet. com/politics/2018 – 09/18/c_ 1123450091. htm，最后访问日期：2020 年 8 月 28 日。

③ 《第四批中央环保督察公开八省（区）案件问责情况》，光明网，http：//epaper. gmw. cn/gmrb/html/2019 – 04/23/nw. D110000gmrb_ 20190423_ 2 – 04. htm，最后访问日期：2019 年 8 月 28 日。

整规划为旅游地产让路。①

而在自然资源部 2018 年 12 月通报的 8 起围填海案件中，辽宁、山东、江苏、浙江、福建、广东、海南、广西各省（区）均被"点名"，违法填海主体有房地产公司、土地开发公司、旅游产业公司、科技投资公司以及相关政府部门等。② 可以看出，在沿海地区，部分地方政府追求经济发展，从而导致海岸带保护工作不能落实到位，使得围填海监管等工作变得困难重重。此外，因为缺乏相应的惩罚措施，一些地方政府甚至带头破坏法规，参与违法围填海工程，进而使得海岸带保护的政策效果并不理想，还有待持续推进。

（二）"湾长制"等海岸带保护工作有待推进

"湾长制"与河长制相比，有很多相似的地方。一方面，二者行政逻辑相似；另一方面，二者都是基于我国国情的创举。但相比于河长制，"湾长制"在我国尚处在探索与试点阶段，还未在全国铺开。从时间来看，"湾长制"于 2017 年 9 月在青岛首次实施，到 2020 年才仅仅 3 年。从范围来看，目前河长制在我国已全面推广施行，而"湾长制"除在青岛外，仅在浙江、秦皇岛、连云港、海口进行了试点。简言之，虽然当前一些地区计划逐步推广"湾长制"试点范围，但其覆盖范围还很小，且治理的效果还有待继续观察。

应该指出，"湾长制"对于我国沿海地区海岸带保护工作以及解决人地矛盾所引发的围填海问题来说是十分有益的制度创举和尝试，但当前城市化与海岸带的矛盾问题没有随着"湾长制"的实施而得到有效解决。一方面，"湾长制"与河长制之间缺乏有效衔接，陆海统筹的海岸带保护工作有待推进。实行"湾长制"后，河流入海水域与海湾水域重叠，很容易导致河流

---

① 《生态环境部：海南澄迈县肆意围填海、破坏红树林》，中新网，http://www.chinanews.com/gn/2019/08-09/8921629.shtml，最后访问日期：2019 年 8 月 28 日。
② 《自然资源部通报 8 起违法围填海案件》，光明网，http://politics.gmw.cn/2018-12/28/content_32262544.htm，最后访问日期：2020 年 8 月 28 日。

入海口陷入多头治理或无人治理的怪圈。在这方面,我国"湾长制"试点地区政策并不完善。另一方面,"湾长制"没有真正落实到位,其所产生的管理效果也大打折扣。《2018 年中国海洋生态环境状况公报》就显示,浙江海岸带附近水污染依然严重,近岸海域水质极差,其中杭州湾分布有大量劣四类水质海域。[①]

除了政府方面的海岸带保护工作有待推进之外,在我国当前的海岸带治理过程中,我们还注意到,社会组织及公众也很少参与其中,未与政府形成有效合力,以政府为主导、以企业为主体、社会组织和公众广泛参与的海岸带长效保护机制还有待推进。例如,作为在社会参与中非常重要的组织形式,NGO 在我国海岸带治理方面的力量还很弱小。在中国登记在册的 NGO中,涉海洋 NGO 普遍面临成立时间短、年度收支低、专职人数少等问题,很少实际参与海岸带地区围填海项目的听证、监督与环保调查等环节,其对海岸带保护所起的作用受到很大的限制。

四 结论与建议

综上,2018~2019 年,我国海岸带保护工作取得了巨大成效,沿海地区围海造地、侵占湿地等破坏海岸带的行为得到了有效遏制。然而,我国海岸带地区经济转型升级还未完成,快速发展的经济与海岸带环境承载能力之间的矛盾依然突出。为此,各级政府应不断完善相关政策措施和尝试"湾长制"、滩长制等海岸带保护工作的制度创新,进一步完善我国海岸带管理工作的措施。

首先,要坚持海岸带开发与保护的协调。海洋的污染源头在陆地,海岸带的治理也应从陆地出发实现海陆内外联动,需协调好河长制、湖长制与"湾长制"三者的关系,做好衔接工作,使三者能够形成合力,共同推进陆

---

① 《2018 年中国海洋生态环境状况公报》,生态环境部网站,http://www.mee.gov.cn/hjzl/shj/jagb/,最后访问日期:2019 年 9 月 11 日。

海统筹的海岸带保护工作。海岸带开发与保护应寻求平衡，海岸带开发不应建立在破坏环境的基础上，环境保护也不应该建立在拖累经济的基础上。沿海地区的经济增长应从高速增长向高质量发展转型，进一步发挥好我国各地区海岸带湿地的生态调节、灾害预防、涵养水源的积极作用。

其次，要推进海岸带保护工作的落实。在我国的围填海专项督察中暴露出了相关政府部门工作落实不到位的问题。当前，我国一些地区的海岸带执法存在流于形式、执法不严的问题。这一方面不利于海岸带保护工作的开展，另一方面会严重损害政府的公信力。当前我国部分地区已经出台了海岸带保护与利用的相关条例，各地方政府要做好海岸带的保护工作，严格遵守相关条例，不能单纯使用以罚代管的方式，更不能允许相关主体使用财政代缴罚款以及返还罚款，即禁止变相纵容破坏海岸带等行为。政府同时也要加强海岸带生态保护与环境治理修复，提高生态环境准入门槛，淘汰海岸带地区产能严重过剩企业，禁止高能耗、高污染项目，调整产业布局，大力发展先进制造业，推动企业创新转型，推动海岸带利用方式向绿色化、生态化转变。而对一些海岸带破坏问题，各地方政府可采用 PPP（Public Private Partnership）模式进行海岸带修复，使海岸带保护工作由谁破坏谁治理的模式转变为谁破坏谁出资的第三方治理新模式。

再次，要完善海岸带保护相关法规制度体系。2018 年 1 月，沿海地区首部海岸带保护管理地方性法规在福建省正式实施，但国家层面的海岸带管理法至今还未出台，而且其他大多数沿海省、自治区、直辖市都没有本地区的海岸带保护管理地方性法规。因此，随着我国依法治国进程的不断推进，为解决海岸带城市化所带来的诸多问题，中央以及各级地方政府应积极推进海岸带法规建设，使海岸带管理有章可循、有法可依。

最后，要加强海岸带保护的社会参与。海岸带保护不仅仅是政府的事，公众也应参与其中。而无论是在公众参与意识层面还是在实施层面，我国与其他国家尤其是发达国家相比都还有一定的差距。2018 年 7 月，生态环境部公布的《环境影响评价公众参与办法》中提到国家鼓励公众

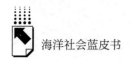

参与环境影响评价。① 但是当前我国仍存在公民参与环境评价的积极性不高、环境影响评价参与途径有限、获取环境影响评价信息渠道狭窄等诸多问题。因此，沿海地区政府应积极落实沿海地区公民对围填海工程的知情权与参与权。另外，在海岸带污染治理中也应发挥公民的作用。一方面，提升公民环境保护意识，减少海岸带人为污染；另一方面，鼓励公民对违法行为进行举报，进而促进海岸带保护工作的顺利进行。

海岸带保护与经济发展不是对立的，海岸带沿线生态保护与沿海地区城市化进程也不是对立的。海岸带为沿海地区的经济发展注入了强大的动力，因此在利用海岸带的同时要注意保护海岸带，不能先污染后治理、边污染边治理。虽然目前我国在海岸带治理上仍存在一些问题，但治理情况总体是向好的。接下来我们要继续坚持人与自然和谐共生的理念，进一步明确建设生态文明、建设美丽中国的总体要求，以陆海统筹推进海洋强国建设，坚持走依海富国、以海强国、人海和谐、合作共赢的发展道路。

当前我国应进一步统筹协调海岸带空间格局，划设陆海统筹的生态安全红线，进一步推进人与自然的和谐发展。沿海地区应逐渐摆脱之前的粗放式方法，更加注重创新、绿色、协调、开放、共享，进而形成陆海内外联动、东西双向互济的良好开放格局。我国各级海洋管理部门也要深化组织机构改革，完善相关海岸带管理机制，积极履行好职责。今后，我国海岸带的保护工作离不开中央以及地方各级政府的重视和努力，离不开海岸带保护政策的不断完善，更离不开公民海岸带保护意识的提高以及社会组织的共同参与。只有形成多方合力，共同推进海岸带保护的政策落实，才能实现陆海统筹的海岸带保护与发展。

---

① 《环境影响评价公众参与办法》，生态环境部网站，http：//www.mee.gov.cn/gkml/sthjbgw/sthjbl/201808/t20180803_447662.htm，最后访问日期：2019年9月11日。

B.12
中国远洋管理与全球治理发展报告

陈　晔*

摘　要： 中华人民共和国成立70周年以来，我国渔业取得了历史发展和举世瞩目的成就。从20世纪80年代初开始，我国远洋渔业持续快速发展，装备水平、捕捞加工能力、渔船规模、科研水平均已跻身世界前列。远洋渔船建造能力和远洋渔船管理能力得到大幅提升。2019年10月10日，在浙江舟山举行的中国远洋鱿钓发展三十周年总结大会暨可持续发展高峰论坛上，我国第一次发布中国远洋鱿鱼指数，成为本年度远洋渔业新亮点。当前我国远洋渔业企业在海外投资建厂，积极参与当地社会经济发展。为了保障我国的公海渔业利益，我国政府陆续加入印度洋金枪鱼委员会（IOTC）、国际大西洋金枪鱼养护国际委员会（ICCAT）等七个区域渔业管理组织。国家管辖范围以外区域海洋生物多样性（BBNJ）国际文书谈判是当前海洋和海洋法领域最为重要的立法进程。我国远洋渔业发展前景广阔，应该抓紧对我国远洋渔业发展取得的成果加以总结，为其他国家发展提供借鉴。同时，我国应该加强国际合作，积极参与当地经济融合发展，构建良好的国际环境。

关键词： 远洋渔船　中国远洋鱿鱼指数　区域渔业管理组织

---

* 陈晔，浙江镇海人，上海海洋大学经济管理学院、海洋文化研究中心讲师，博士研究生，研究方向为海洋文化及经济。

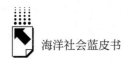

一 引言

2019 年是中华人民共和国成立 70 周年，其间中国渔业发展取得了举世瞩目的成就，经历历史性变革，在服务"三农"、保障国家食物安全、维护国家海洋权益、提升生态文明建设等领域发挥了十分重要的作用，为全球渔业发展不断贡献中国智慧、中国方案。中国远洋渔业发展更是成绩喜人，从 20 世纪 80 年代初开始，我国远洋渔业持续快速发展，装备水平、捕捞加工能力、渔船规模、科研水平均已跻身世界前列。

1985 年 3 月 10 日，由 13 艘渔船、223 名船员组成的中国水产总公司的远洋渔业船队，从中国福建马尾港出发，远航万里，抵达西非，与几内亚比绍、塞内加尔等国家开展远洋渔业合作，开启中国远洋渔业发展的历史。历经三十多年的艰苦奋斗，我国远洋渔业成绩斐然。

第一，产业规模进入世界前列。据统计，2018 年全国远洋渔业总产值和总产量分别达 262.73 亿元和 225.75 万吨，作业远洋渔船超过 2600 艘，产量和总体规模均居世界前列。其中，公海鱿鱼产量和鱿鱼钓船队规模居世界第一，金枪鱼产量和金枪鱼延绳钓船数均居世界前列，秋刀鱼生产能力和专业秋刀鱼渔船数进入世界先进行列，南极磷虾资源开发领域取得重要进展。

第二，国际合作领域不断拓展。中国远洋渔业"从小到大""从弱到强"，作业范围不断扩大，国际合作领域进一步拓展，实现了从"近海"到"公海"再到"深蓝"的转变。作业船队已遍布太平洋、印度洋和大西洋及周边 40 多个国家的海域以及南极公海区域。

第三，装备水平不断提升。远洋渔船更新改造力度不断加大，远洋渔船整体装备水平显著提升，专业化、现代化、标准化的远洋渔船船队已初具规模。渔船及船用设备设施的设计、制造能力明显提高，自主设计并建造的一批金枪鱼围网船、金枪鱼超低温延绳钓船和秋刀鱼舷提网船，标志着我国建造大型远洋渔船水平迈上了新的台阶。作业方式由单一的底拖网捕捞，扩展至大型拖网、大型围网、大型延绳钓等，已经形成相对完整的现代远洋渔业生产体系（包括海洋捕捞、海上加工补给运输和基地配套服务一体化等），一改以往加油运输受制于西方的被动局面。

第四，科技水平稳步提高。我国远洋渔业科技已形成比较完善的捕捞和加工技术体系。包括捕捞技术、渔情海况预报、资源调查与探捕、水产品加工渔用装备研发等的科技支撑体系已经形成。远洋渔业数据中心、远洋渔业学院、远洋渔业国际履约中心、远洋渔业工程技术中心等机构已经建立，资源评估、研究开发以及国际履约能力持续提升，已经培养了一大批远洋渔业专业技术人才。

中国远洋渔业起步虽然较晚，但是发展迅速，三十多年就走完了发达国家用一百多年走过的路程，跻身世界远洋渔业大国家行列。[1]

二 远洋渔船及管理

与近海渔业相比，远洋渔船装备的现代化要求更高，远洋渔船既是捕捞船又是工厂，因此远洋渔船的科技含量对于远洋渔业至关重要，世界渔业强国都十分重视远洋渔船的研发。

远洋渔场的主要船型为拖网渔船、围网渔船和延绳钓船。

三种主要船型中，远洋拖网渔船的船型最大，世界最大的拖网渔船总长在140米以上，鱼舱舱容超过11000立方米，主要进行中上层拖网；远洋围网渔船次之，但是大型金枪鱼围网渔船船长也会超过100米；远洋延绳钓船一般较小，世界最大的延绳钓船船长在55米左右。围网和拖网捕捞作业一般采用先进的液压传动与电气自动控制技术，操作灵活、安全、自动化程度高；绞纲机拖力在100吨以上，钓捕设备则以自动钓为主。[2]

近年来中国远洋渔船建造取得了多项重要成果。2018年7月16日，中

① 刘身利：《我国远洋渔业的发展成就回顾与未来发展展望》，http://www.yyj.moa.gov.cn/gzdt/201910/t20191023_6330464.htm，最后访问日期：2020年1月15日。
② 韩翔希：《国内外渔船研究现状》，《船舶工程》2019年第4期。

国自主建造的第一批大洋性玻璃钢超低温金枪鱼延绳钓船隆兴 801 和隆兴 802 从大连湾辽渔码头驶出,赴太平洋公海海域进行为期两年的捕捞作业。隆兴 801 和隆兴 802 是由船东大连远洋渔业金枪鱼钓有限公司、宁波梅山玻璃钢船舶设计研究院、大连海洋大学、大连环球国际船舶制造有限公司等多家单位历时四年共同研发建造的。在兴隆 801 和兴隆 802 的建造过程中,建造方对其结构、管系、工艺等方面进行了优化,突破了多个技术瓶颈和难关,达到了在大洋及恶劣气候下作业的性能要求。两船于 2017 年 9 月在大连下水,船总长达 39 米,型宽 7.5 米,排水量为 507.4 吨,设计吃水 2.55 米,主机功率为 837 千瓦,续航力为 7000 海里,设计航速达 12 节,自持力为 100 天。该新型渔船具有适合远洋航行、具备超低温技术以及玻璃钢材质三大特点,开启了我国远洋渔业渔船装备升级的新里程。[①]

在远洋渔船管理方面,中国船级社于 2018 年 8 月 1 日起启用新版系统,开展远洋渔船检验发证。同时,在 2018 年 9 月 30 日之前完成中国籍远洋渔船现有有效证书的集中换发工作。新版远洋渔船检验证书编号由原 13 位更改为 12 位,规则为 2 位机构编号 +2 位检验年份 +Y +NB(或 SS)+5 位流水号。[②]

大部分远洋渔船长期在海外作业,常年甚至两三年无法回国,为方便渔民、服务远洋企业,从 1999 年起,国家船检局已将渔船检验监管服务延伸至境外,每年统一组织渔业船舶验船师到境外,为远洋渔船"体检",有效地提高了远洋渔船的受检率,提供了境外远洋渔船拥有安全航行生产的基本条件,避免因船舶安全技术状况可能发生滞留的风险。目前,中国已在南亚、西非、南美、南太平洋等地建立了 8 个固定远洋渔船检验点,境外已经成为我国远洋渔船检验工作的"主战场"。2017 年,国家船检局共派出 20 个境外检验团组,61 名渔业船舶验船师奔赴 30 多个国家(或地区),对 1254 艘远洋渔船进行检验,占到当年受检船数的 59.7%。2018 年,国家船

① 农业农村部渔业渔政管理局:http://www.yyj.moa.gov.cn/yyyy/201904/t20190428_6248323.htm,最后访问日期:2019 年 11 月 4 日。

② 农业农村部渔业渔政管理局:http://www.yyj.moa.gov.cn/tzgg/201808/t20180831_6300801.htm,最后访问日期:2019 年 11 月 4 日。

检局进一步优化境外检验点的布局，建设 13 个 A 类检验点（能够进行全面"体检"）、6 个 B 类检验点（能够进行常规项目"体检"），设立若干个临时检验点（备用的"流动医疗站"），为保障中国远洋渔船在全球海域航行作业安全，做出了突出贡献。①

自 2014 年 10 月 27 日农业农村部下发《远洋渔船船位监测管理办法》（农办渔〔2014〕58 号）以来，远洋渔船船位监测工作逐步完善，在保障远洋渔船航行作业安全、强化远洋渔业管理、严格执行远洋渔业扶持政策等方面发挥了重要作用。近年来，国际社会对渔业资源保护以及打击非法捕鱼日益重视，相关区域性渔业组织和入渔国对渔船管理的要求也日益严格。为了应对新情况、新形势，农业农村部在广泛征求有关方面意见的基础上，对旧版《远洋渔船船位监测管理办法》进行修订。农业农村部，于 2019 年 8 月 1 日，发布了新版《远洋渔船船位监测管理办法》，该办法自 2020 年 1 月 1 日起执行，届时，原办法将同时废止。

新版《远洋渔船船位监测管理办法》提高了船位的日常报告和监测频率。纳入船位监测系统的远洋渔船，船位监测设备日常自动报告船位信息的频率不得少于每日 24 次，有效船位每日不得少于 18 次。农业农村部和省级渔业主管部门可根据管理需要调取远洋渔船船位信息（包括渔船船名、渔船地理位置、渔船在上述位置的时间、航向、航速等）。此外，因设备故障或不可抗力造成船位监测设备无法正常自动报告船位时，相关企业应及时联系远洋渔业协会，并报省级渔业主管部门，采取有效措施，尽快排除设备故障，最长期限不得超过 30 日。设备故障期间，相关企业须通过船位监测系统，每日报送设备故障渔船前 24 小时的每 1 小时 1 次的船位信息。如设备故障在 30 日后仍然无法排除的，应该立即停止生产，回港修复设备后，再继续生产作业。远洋渔船在公海作业时，如果未按农业农村部要求与相关国家专属经济区边界保持安全距离，船位监测系统将发出越界预警信息。远洋

---

① 农业农村部渔业渔政管理局：http：//www.yyj.moa.gov.cn/yyyy/201904/t20190428_6248322.htm，最后访问日期：2019 年 11 月 4 日。

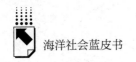

渔业协会应及时通知有关省级渔业主管部门，督促相关企业采取措施，要求其所属渔船立即驶离预警区，避免越界生产作业。远洋渔船正常航行通过有关国家专属经济区或未经批准作业的国家管辖外海域时，相关企业应事先向远洋渔业协会报告，以免船位监测系统发出预警或报警信息。①

近年来，国际渔业管理领域的最重要议题之一就是打击非法、不报告和不受管制（简称"IUU"）的捕捞活动。世界各渔业组织已普遍将对 IUU 渔船采取港口措施，作为打击 IUU 捕捞活动的一项重要措施，要求其成员国采取相应举措履行国际义务。中国已加入多个区域渔业公约或渔业组织，作为渔业大国，中国履约情况备受国际社会关注。为更好地履行相关国际义务，维护远洋渔业整体利益，维护负责任大国形象。2018 年 12 月 24 日，农业农村部办公厅、外交部办公厅印发《关于商请将我加入的相关区域渔业管理组织公布的非法、不报告和不受管制渔船纳入我各口岸布控范围的函》，将我国已加入的相关区域渔业组织公布的 IUU 渔船名单，通报全国各口岸，将其列入布控范围，防止名单中的 IUU 渔船进入我国港口，拒绝此类渔船在我国港口进行加油、维修、补给和上坞等，拒绝其所载鱼品在我国港口卸货、转运、包装、加工等。②

三 远洋渔业新亮点

随着海洋传统底层鱼类资源的衰退以及人类对海洋蛋白质需求的不断增长，鱿鱼类作为新兴渔业和优质动物蛋白质的重要来源，逐渐受到渔业国家的重视。近几十年来，世界头足类渔业发展较快，在世界海洋渔获量中，其占比不断上升。③

① 《中国水产》：《新版〈远洋渔船船位监测管理办法〉发布》，《中国水产》2019 年第 9 期。
② 农业农村部官方网站：http://www.moa.gov.cn/gk/tzgg_1/tfw/201901/t20190103_6166046.htm，最后访问日期：2020 年 1 月 15 日。
③ 陈新军、曹杰、田思泉、刘必林、钱卫国：《鱿鱼类资源评估与管理研究现状》，《上海海洋大学学报》2009 年第 4 期。

自 1993 年开始，中国对北太平洋公海鱿鱼资源进行探捕，并逐步开发至东南太平洋和西南大西洋公海渔场，取得了显著的社会和经济效益。

2019 年 10 月 10 日，中国远洋鱿钓发展 30 周年总结大会暨可持续发展高峰论坛在浙江省舟山市举行。

会上，农业农村部渔业渔政管理局局长张显良指出，三十年来，在党中央的坚强领导和全体远洋鱿钓人的共同努力下，中国远洋鱿钓渔业经历快速发展，取得卓越成绩。截至 2018 年底，全国远洋鱿钓渔船达 600 余艘，产量超过 52 万吨，产值约 70 亿元，产业规模跃居全球前列，鱿鱼年产量连续 9 年居世界第一。整个行业在规范管理、国际履约、产业链建设、科技支撑、行业自律、市场拓展等方面取得了跨越式发展。

资源丰度指数是通过采集四大海域中鱿鱼资源丰存度相关数据，通过测算，反映鱿鱼可开发资源的分布情况，指导中国远洋鱿钓企业可持续开发。①

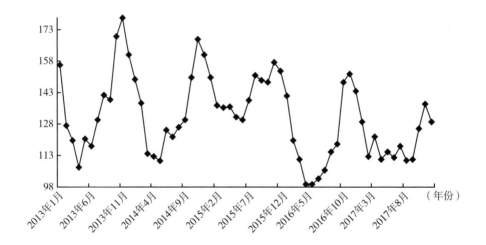

图 1　东南太平洋鱿鱼资源丰度指数（年平均值基比）

数据来源：中国远洋鱿鱼指数：https：//www. china‑squid. com/data. html？showIndex=2，最后访问日期：2020 年 8 月 29 日。

---

① 中国远洋鱿鱼指数：https：//www. china‑squid. com/introduce. html，最后访问日期：2020 年 1 月 18 日。

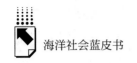

编制与发布中国远洋鱿鱼指数，是我国乃至全球鱿鱼产业可持续发展的风向标，提升了中国在世界鱿鱼产业的话语权，也是中国向世界宣传远洋渔业、讲好中国故事的重要窗口。

四 中国远洋渔业与东道国经济社会

中国远洋渔业"走出去"始于1985年，当时我国船队到国外捕捞，主要有两个目的：（1）获取全球的海洋资源为国家创汇；（2）把近海可捕捞的渔业资源留给集体经济组织的渔民。经过三十多年的发展，结合"一带一路"倡议，我国远洋渔业政策已发生转变，从倾向支持捕捞到鼓励综合投资，促进当地社会经济发展。中国远洋渔业的发展，为东道国创造了大量经济收益和就业岗位，得到了当地的高度评价，仅在非洲大陆就创造了数万人次的就业机会。渔业合作在促进我国和平外交进程中，发挥了独特作用。①

上海水产集团是上海"走出去"20强国企之一。目前上海水产集团利用全球资源服务国内和国际两个市场，在海外的营收、投资、收益、从业人员的比例都超过50%。21世纪初，上海水产集团开始"走向陆上"，在海外独资、合资开办加工厂，"十二五"期间，实现昔日"出海型"的"走出去"模式向"上岸型"发展的转变。通过跨国并购的资产运作推进上海水产集团改革。上海水产集团于2013年成功收购摩洛哥希斯内罗海产有限公司，除了4艘有证生产船，还有可持续发展的厂房、冷库等配套设施，改变了早期采用的"入渔他国，在双边合作上，我方提供船只，对方提供资源"的模式，进一步巩固在摩洛哥专属经济区获取资源的基础，提升产品和资产价值。上海水产集团又于2014年全资收购阿根廷马德林的阿特玛渔业公司，包括产品品牌、4艘有证生产船和一座标准加工厂，新增年产量10000吨、产值4000万美元的红虾、鳕鱼、鱿鱼等产品。②

---

① 刘身利：《我国远洋渔业的发展成就回顾与未来发展展望》，http：//www. yyj. moa. gov. cn/gzdt/201910/t20191023_ 6330464. htm，最后访问日期：2020年1月15日。
② 宋杰：《专访上海水产集团有限公司董事长濮韶华：从出口创汇到让国人吃上更多"外国鱼"》，《中国经济周刊》2018年第33期。

当地人曾说，"美国、韩国、日本的船都是捞完鱼就走，上海水产集团在捞鱼的同时给我们建立了一家非常现代化的工厂，解决当地人的就业问题"。① 原先当地只是卖鱼，现在则可以卖经过加工的鱼产品，这些地区过去几乎没有工业，现在顺应当地的需求，食品加工业得到发展。近几年，上海水产集团贯彻"一带一路"倡议，利用当地资源，同时又在当地进行投资，促进当地经济发展，实现共赢。②

我国远洋渔业公司还在东道国发生动乱和战争等危急时实施救援。在也门、塞拉利昂、几内亚比绍以及科特迪瓦等国发生战乱时，根据国家部署中国农业发展集团船队，营救我国使馆人员和侨民以及部分友好国家的外交人员 2000 多人，受到国务院有关部门表彰，赢得国际社会赞誉。③ 我国远洋渔业公司还积极营救当地渔民，斐济时间 2018 年 2 月 27 日凌晨 3 点，中水集团远洋渔业股份有限公司所属远洋渔船"中水 702"在所罗门群岛海域进行捕捞作业时，营救了一艘所罗门群岛小艇上的 3 名渔民。其中 2 人为一对父子（40 岁和 9 岁），另一人为一名 60 岁老人，他们出海捕鱼时因遭遇恶劣天气，小艇汽油耗尽，已在海上漂泊 20 多天。中水集团渔船经过 4 天 4 夜 1500 公里的航行，于当地时间 3 月 5 日上午 10 点将三人安全送至所罗门群岛首都霍尼亚拉，所罗门群岛渔业部、卫生部、消防局、移民局和新闻媒体均派员到港口迎接，场面热烈，三人随后被送到医院进行身体检查。根据所罗门群岛海事救助中心事后告知，之前他们已经接到该船求救请求，并与澳大利亚等搜救组织采取行动，但搜救未果，已宣布结束搜救。④

---

① 宋杰：《专访上海水产集团有限公司董事长濮韶华：从出口创汇到让国人吃上更多"外国鱼"》，《中国经济周刊》2018 年第 33 期。
② 宋杰：《专访上海水产集团有限公司董事长濮韶华：从出口创汇到让国人吃上更多"外国鱼"》，《中国经济周刊》2018 年第 33 期。
③ 刘身利：《我国远洋渔业的发展成就回顾与未来发展展望》，http：//www. yyj. moa. gov. cn/gzdt/201910/t20191023_ 6330464. htm，最后访问日期：2020 年 1 月 15 日。
④ 农业农村部渔业渔政管理局：http：//www. yyj. moa. gov. cn/gzdt/201904/t20190418_ 6195935. htm，最后访问日期：2019 年 11 月 4 日。

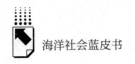
五　区域性远洋渔业组织

公海捕鱼自由是指在国际法的规定下，任何国家或其国民都有权在公海上自由捕鱼，而不受其他国家的阻碍。公海捕鱼自由给人类社会带来的问题日益显露。各国只重视渔业资源的开发，不重视其养护，使公海捕鱼活动处于一种掠夺式的、无序的开发状态。海洋生态系统遭到破坏，海洋渔业资源因捕捞强度过大、利用过度而面临枯竭，伴随科技发展以及发展中国家对远洋渔业投入增加，该矛盾变得日益突出，引起了国际社会的关注。第二次世界大战结束时，传统的公海捕鱼自由受到限制。1982 年 12 月第三次联合国海洋法会议通过，并于 1994 年 11 月 16 日起正式生效的《联合国海洋法公约》创立专属经济区，标志着国际渔业制度的革命，明确确立公海捕鱼自由原则，也对公海生物资源的养护和管理做了专门规定。2001 年 12 月 11 日正式生效的《执行 1982 年 12 月 10 日（联合国海洋法公约）关于养护和管理跨界鱼类种群和高度洄游鱼类种群的规定的协定》（以下简称《联合国鱼类种群协定》）对相关内容做了详细规定。为了禁止日益严重的公海上的非法、未报告和无管制的捕鱼活动（"Illegal, Unreported and Unregulated Fishing Activities"，简称 IUU 捕鱼活动），鼓励负责任的渔业，联合国有关机构通过了一系列文件，其中包括《促进公海渔船遵守国际养护和管理措施的协定》《负责任渔业行为守则》《联合国粮农组织全球行动计划》等，这些文件都规定了养护和管理措施，以保持渔业资源的可持续利用。[1]

与此同时，众多区域性渔业组织逐步建立，目前，全球共有 50 多个区域渔业管理组织（Regional Fisheries Management Organization，RFMO），覆盖了几乎全部海洋主要渔区。20 世纪以来，区域渔业管理组织成为保障渔业可持续发展的重要力量，扮演着渔业管理和海洋生态环境保护的关键角色。

---

① 张晓丽：《公海渔业法律制度研究》，硕士学位论文，外交学院国际法系，2005，第 2 页。

区域渔业管理组织通过的养护与管理措施（Conservation and Management Measure，CMM）对区域渔业的参与国具有法律拘束力，可以直接决定所管理区域内捕鱼的总量和各国配额。与此同时，基于国家同意原则，那些不同意有关措施的国家一般可以通过提出异议（objection）的方式拒绝接受措施中的安排。区域渔业管理组织能够使得养护与管理措施顺利通过、生效，从而维护区域公共利益，降低对单个国家的利益造成不合理损害的可能性，从而保障每个国家的利益，提高国家加入组织的意愿。

以金枪鱼为例，世界上主要的区域金枪鱼渔业管理组织有：1949 年成立的美洲间热带金枪鱼委员会（Inter American Tropical Tuna Commission，IATTC），1966 年成立的大西洋金枪鱼养护国际委员会（International Commission for the Conservation of Atlantic Tunas，ICCAT），1994 年成立的南方蓝旗金枪鱼养护委员会（Commission for the Conservation of Southern Bluefin Tuna，CCSBT），1996 年成立的印度洋金枪鱼委员会（Indian Ocean Tuna Commission，IOTC），2004 年成立的中西太平洋高度洄游性鱼类资源养护和管理委员会（Commission for the Conservation & Management of Highly Migratory Fish Stocks in the Western & Central Pacific Ocean，WCPFC）。这些区域渔业管理组织均采取如限制入渔渔船、控制捕捞配额、强化船旗国责任、派遣观察员、渔船安装 VMS 系统、消除 IUU 捕捞等措施，港口国和市场国采取诸如产地证书制度等，对捕捞活动进行管理。[1]

国际渔业组织对中国远洋渔业发展有着重要影响。[2] 为了保障我国的公海渔业利益，中国已加入印度洋金枪鱼委员会（IOTC）、国际大西洋金枪鱼养护国际委员会（ICCAT）等七个区域渔业管理组织。从 1999 年起，上海海洋大学承担农业部渔业局交办的履行金枪鱼渔业养护管理公约义务，派遣教师参加印度洋金枪鱼委员会、大西洋金枪鱼养护国际委员会和中西太平洋高度洄游和跨界鱼类养护公约筹备会议等，后来又逐步扩大至现在的七个区

---

[1] 聂启义、黄硕琳：《公海金枪鱼渔业管理趋势研究》，《上海海洋大学学报》2011 年第 4 期。
[2] 乐美龙：《国际海洋渔业管理趋势及其对我国渔业的影响》，《中国渔业经济研究》1998 年第 3 期。

域渔业管理组织会议以及《濒危野生动植物种贸易公约》（CITES）、《南印度洋渔业协定》（SIOFA）、北太平洋金枪鱼和类金枪鱼国际科学委员会（ISC）以及北极生物资源养护多边谈判等国际机制，维护我国的权益配额。我国能够在中西太平洋取得捕捞权利，数据履约和科学研究是十分重要的支撑点。戴小杰指出：捕鱼权的获得依赖于履约，其背后是养护管理，需要得到大学科学研究的支撑。

六 海洋渔业全球治理新发展

当前海洋和海洋法领域最为重要的立法进程是在国家管辖范围以外区域海洋生物多样性（The Conservation and Sustainable Use of Marine Biological Diversity of Areas Beyond National Jurisdiction，BBNJ）国际文书谈判。该立法进程事关占全球64%的海洋秩序的调整和海洋利益的再分配。国家管辖范围以外区域包括两类区域：①除沿海国领海、毗连区和专属经济区之外的公海水体；②国际海底区域（以下简称"区域"），即超出国家管辖范围的海床、洋底及其底土。随着科技进步，人类对海洋生物资源的开发利用强度不断增加，对养护和可持续利用BBNJ产生严重威胁。养护和可持续利用BBNJ已经得到国际社会的普遍关注，相关利益集团、沿海国、内陆国以及相关国际组织均给予高度重视，在联合国进行激烈讨论与磋商。目前，各国在国家管辖范围以外区域开展大量的海洋活动，主要包括公海渔业捕捞、海底矿产资源勘探、海上船舶航行运输、海底电缆铺设和海洋科学研究等。国家管辖以外区域攸关各国的生存和发展空间，也是当前国际社会竞相竞争的战略新疆域。① 中国关于BBNJ国际文书谈判的主要基本立场如下。

BBNJ国际文书应以《联合国海洋法公约》（以下简称《公约》）为依

---

① 自然资源部海洋发展战略研究所课题组编《中国海洋发展报告》（2019），海洋出版社，2019，第241页。

据。BBNJ 国际文书是《公约》的执行法，应严格遵循并重在贯彻落实《公约》的规定和精神。BBNJ 国际文书应是对《公约》的补充和完善，不能破坏《公约》建立的制度框架，不能偏离《公约》的原则和精神，不能与现行国际法以及现有的全球、区域和部门的海洋机制相抵触。各国根据《公约》享有的在航行、科研、捕鱼等方面的权利以及沿海国在《公约》框架下的权利不应受到减损。

BBNJ 国际文书应以维护共同利益为目标。人类在养护和可持续利用国家管辖范围以外区域海洋生物多样性方面已成为一个不可分割的命运共同体，具有共同利益。BBNJ 国际文书既要维护各国之间的共同利益，特别是顾及广大发展中国家的利益，也要维护国际社会和全人类的整体利益，致力于实现互利共赢的目标。

BBNJ 国际文书制度的设计应以合理平衡为导向。BBNJ 国际文书应在各方和各种利益之间合理平衡，不能厚此薄彼。首先，应平衡推进一揽子协议中四项主要议题，确保各项议题均得到充分讨论；其次，应兼顾国家管辖范围以外区域海洋生物多样性养护和可持续利用两个方面，不能偏废；再次，应兼顾具有不同地理特征的国家的利益和关切，保持权利义务的平衡；最后，应兼顾各国之间的共同利益与国际社会和全人类的整体利益，包括子孙后代的利益。此外，BBNJ 国际文书还应兼顾人类探索和利用海洋生物多样性的客观现实和未来发展的实际需要，确立与人类活动和认知水平相适应的国际法规则，确保有关制度安排切实可行。

（一）海洋遗传资源包括惠益分享

BBNJ 国际文书应明确规定海洋遗传资源适用的地理范围是国家管辖范围以外区域，不能影响各国依照《公约》享有的对其国家管辖范围内所有区域，包括对专属经济区和大陆架的权利，也不能影响各国依照《公约》享有的在国家管辖范围以外区域的权利。海洋遗传资源不应包括作为商品的鱼类，其不应纳入 BBNJ 国际文书的调整范围，而应继续由 1995 年《联合国鱼类种群协定》和有关区域性渔业协定规范。BBNJ 国际文书规定的是海

洋遗传资源，不应适用于衍生物。衍生物是生物化学合成产物，不含有遗传功能单元，本身也不属于遗传资源。

原生境获取海洋遗传资源的活动本质上属于《公约》规定的国家管辖范围以外区域的海洋科学研究，应适用自由获取制度。BBNJ 国际文书应确认缔约国可自由获取海洋遗传资源，并规定各缔约国应以适当方式向缔约国大会秘书处通报其开展获取活动的相关信息。关于获取方面的规则，BBNJ 国际文书应就海洋遗传资源的获取制定相关指南或行为守则，同时规定各国应采取国内立法、行政政策措施进行管理。

惠益分享除了适用 BBNJ 国际文书的一般目标和指导原则外，其目标还应该包括促进海洋科学研究和技术创新，为全人类的共同利益可持续利用、公平合理分享惠益、代际公平做贡献。BBNJ 国际文书的惠益分享模式应优先考虑非货币化惠益分享机制，包括样本的便利获取、信息交流、技术转让和能力建设等。在大规模商业化利用之前不宜进行货币化惠益分享，以免打击研发者的积极性，阻碍惠益分享。

BBNJ 国际文书不是处理知识产权问题合适的平台。知识产权问题，特别是海洋遗传资源来源披露的相关问题，正在世界知识产权组织和世界贸易组织等专门机构框架下讨论，BBNJ 国际文书无需对知识产权做出专门规定。

（二）包括公海保护区在内的划区管理工具

根据《公约》，缔约国在公海和"区域"开展活动时，应"适当顾及"其他国家包括邻近沿海国的权利和自由；各国在国家管辖范围以外区域享有同等的权利，邻近沿海国并不享有特殊权利。《公约》规定的"适当顾及"规则是处理邻近沿海国和在国家管辖范围以外区域开展活动的国家之间关系的一般标准。BBNJ 国际文书应根据"适当顾及"规则来处理 BBNJ 国际文书所规定措施与邻近沿海国所规定措施之间的兼容问题。

BBNJ 国际文书应在不影响现有区域性、部门性机构的职权和运作的情况下，待实质性问题基本确定后，可以讨论设立缔约国大会履行决策和监管职责，并在大会之下设立理事会和秘书处等机构。这一机制包括两个重点：

一是不得妨碍现有区域性、部门性机构的职权，包括其在养护海洋生物多样性方面的已有职权；二是建立新的缔约国大会的机制处理以养护和可持续利用海洋生物多样性为目标的划区管理工具问题。

划区管理工具提案应由缔约国提出，并向 BBNJ 国际文书可能设立的相关机构（如缔约国大会）递交有关提案。提案的内容应包括以下几方面：①对拟保护区域的基本情况说明；②具体保护目标和保护对象说明；③法律依据、科学数据和事实依据；④管理计划和措施；⑤科研和监测计划；⑥保护期限。

参与协调和协商程序主体的范围应视保护区域的养护目标、对象、地理范围、边界和所涉实体的情况而定，其中包括但不限于国家、国际组织、非国家实体，如民间社会、业界、科学家、传统知识拥有者等其他相关利益攸关方。为保持协调和协商程序的开放性，BBNJ 国际文书仅做一般规定即可，无须列举具体利益攸关方。提案国应充分考虑各缔约国、相关国际组织、非国家实体的意见，必要时进行磋商和协调。可设立科学和技术委员会对划区管理工具的必要性、科学性、合理性和可行性进行评估；也可设立法律委员会，在法律方面提供评估和建议。

BBNJ 国际文书应采用协商一致的决策机制，决定划区管理工具的相关事项，缔约国大会负责落实划区管理工具相关决策。有关划区管理工具的决策应在充分协商、全面考虑各缔约国关切和各相关主管国际组织职能的基础上做出，以增进合作与协调。邻近沿海国可充分参与决策程序中的协商评估程序，在决策程序中，邻近沿海国与其他缔约国具有同等地位。

缔约国应就本国管辖或控制下的活动采取管理措施；应根据科研和监测计划开展相关活动；同时应鼓励缔约国之间、缔约国和国际组织之间开展国际合作，促进划区管理工具目标的实现。BBNJ 国际文书应根据划区管理工具的监测和评估做出规定，明确可由缔约国大会所属的科学和技术委员会负责评估并提出建议，交由缔约国大会审议，并由缔约国大会提出适应性管理措施。

（三）环境影响评价

BBNJ 国际文书应尊重现有国际文书、框架或机构在本领域开展环境影

响评价活动的职能和作用，避免就同种类型的活动建立新的环境影响评价规则，也不应妨碍各国在现有相关国际文书、框架下的权利和义务。

BBNJ 国际文书应根据《公约》第 206 条规定，环境影响评价的启动门槛是各国"如有合理依据认为"和"可能造成重大污染或重大和有害的变化"。目前现有国际文书对何为"重大污染或重大和有害的变化"并没有给出判断标准，各国可结合现有环境影响评价实践，根据拟开展活动的特点、位置、影响特征和应对影响的能力等因素综合判断。BBNJ 国际文书可就此制定相应的指南。

各类海上活动对海洋环境的影响不尽相同，一项活动对海洋环境的影响不仅取决于活动类型，还取决于活动的规模、强度、所处的位置和影响方式。各国在决定是否启动环境影响评价时，已综合考虑了有关活动所处的特殊位置以及活动的特点、影响特征等情况，包括活动所处区域是否位于具有环境敏感性、脆弱性和代表性的重要区域，因而 BBNJ 国际文书无须就此做出专门规定。累积影响可作为对被拟议活动开展环境影响评价的考虑因素之一，但其并非单一的环境影响评价因素。

现有国际文书关于环境影响评价流程、步骤的规定一般包括：筛查、公告和协商、发布报告并向公众公开、审议报告、发布决策文件、监测和审查。筹备委员会报告中已基本涵盖上述流程、步骤，无须再增加其他流程、步骤。BBNJ 国际文书关于环境影响评价程序采取简约的方式，具体内容以建议或指南的形式加以规定。BBNJ 国际文书关于环境影响评价采取国家主导的方式，由国家启动、决策和实施环境影响评价。国家管辖范围内活动产生的跨境影响由本国主导启动环境影响评价，不需要邻近沿海国参与；只有发生在国家管辖范围以外区域的活动可能对沿海国管辖海域产生重大环境影响，需要启动环境影响评价时，才涉及邻近沿海国参与的问题。可在环境影响评价发起阶段即听取受影响沿海国意见，请其参与评论并提出建议，但是决策应由对拟议活动拥有管辖权的缔约国做出。

根据《公约》第 204 条和第 205 条的规定以及现有国际文书和实践，

BBNJ 国际文书应规定环境影响评价的监测、报告和审查由国家完成。根据《公约》第 206 条，BBNJ 国际文书有关环境影响评价的对象应是各国管辖或控制下的计划中的"活动"，不包括战略环境影响评价。

（四）能力建设和海洋技术转让

能力建设和海洋技术转让的目标是促进各缔约国在国家管辖范围以外区域海洋生物多样性的探索、认识、养护和可持续利用。各缔约国应在能力所及的范围内促进与发展中国家在能力建设和海洋技术转让方面的国际合作，切实提升发展中国家在养护和可持续利用国家管辖范围以外区域海洋生物多样性的能力，特别是顾及最不发达国家、内陆发展中国家、地理不利国和小岛屿发展中国家以及非洲沿海国家的特殊需求。

BBNJ 国际文书在能力建设和海洋技术转让的监测和审查方面建立向缔约国大会提交履约报告的制度，即由各缔约国向缔约国大会报告开展相关工作的情况，由缔约国大会进行审议并提出建议，相关建议应仅具有指导意义，不具有强制效力。

BBNJ 国际文书谈判已历经 15 年，各方在包括公海保护区在内的划区管理工具、环境影响评价等问题上立场的倾斜性比较明显。各国因利益不同而选择不同的立场，尤其是发达国家和发展中国家在海洋遗传资源问题存在根本性分歧，BBNJ 国际文书谈判复杂而艰巨。作为负责任的海洋大国，中国一贯支持养护和可持续利用国家管辖范围以外区域海洋生物多样性，是维护《公约》原则和精神的中坚力量，在政府间大会谈判过程中继续发挥建设者的作用，既要维护各国之间的共同利益，也要维护国际社会和全人类的整体利益，致力于实现互利共赢的目标，构建海洋利益共同体，务实推进制定BBNJ 国际文书。[①]

[①] 自然资源部海洋发展战略研究所课题组编《中国海洋发展报告》（2019），海洋出版社，2019，第 247~251 页。

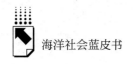

七　总结及建议

我国远洋渔业发展方兴未艾，前景广阔，应该抓紧总结我国远洋渔业发展取得的经验，为其他国家发展提供借鉴。我国应该加强国际合作，积极参与当地经济融合发展，构建良好的国际环境。

（一）我国远洋渔业发展前景

我国人口众多，进入新时代，人们对优质海洋产品的需求越来越大，为我国远洋渔业提供了巨大的市场发展空间。同时，远洋渔业资源潜力巨大，据相关研究，海洋生物资源在合理开发的情况下，可以满足全球人类的海洋蛋白需求。[1] 大力发展远洋渔业是我国从海洋大国变成海洋强国的重要前提和基础，是"渔权即海权"思想的最好实践，是实现海洋强国战略的重要途径，是柔性国家战略，还是普及海洋意识的有效手段。[2] 应该进一步加大对远洋渔业政策扶持力度，充分肯定远洋渔业发展的历史成就和重大意义，要牢记远洋渔业发展使命，充分认识新时代远洋渔业发展面临的新形势、新要求；要深入贯彻习近平总书记指示精神，加大支持力度促进远洋渔业有序高质量发展。[3]

（二）总结我国远洋渔业发展取得的成果

我国远洋渔业快速发展，在较短时间内跻身国际前列。其一，得益于制度优势。我国社会主义制度具有集中力量办大事的优势，能够集中各方面力量，迅速调配资源，实现重大战略目标。远洋渔业从"零"的突破到取得

---

[1] 刘身利：《我国远洋渔业的发展成就回顾与未来发展展望》，http://www.yyj.moa.gov.cn/gzdt/201910/t20191023_6330464.htm，最后访问日期：2020年1月15日。
[2] 陈晔：《海洋渔业与海洋强国战略》，《中国海洋社会学研究》2017年第1期。
[3] 单袁：《中国远洋鱿钓发展30周年总结大会暨可持续发展高峰论坛在浙江舟山举行》，《中国水产》2019年第11期。

辉煌成就是又一明证。其二，得益于国家改革开放。远洋渔业发展的重要成果是改革开放最直接、最有成效的证明，没有改革开放，就没有远洋渔业的今天。其三，得益于国家强有力的支持。国家对远洋渔业发展给予了强有力的政策支持，对提高我国远洋渔业的竞争能力起到了十分关键的作用。其四，得益于广大远洋渔业工作者多年来的艰苦奋斗。特别是战斗在第一线的员工，他们长年在海上艰苦劳作，远赴异国他乡，为我国远洋渔业发展贡献青春，甚至献出了宝贵的生命。我国远洋渔业三十多年发展积累的经验，为远洋渔业转型升级、实现高质量发展提供了有力的支撑。[1] 这些经验都值得总结和提炼，为我国今后的发展，乃至其他国家的发展提供借鉴。

（三）对我国远洋渔业发展的建议

1. 进一步加强远洋渔业企业的监管与教育

2018 年 2 月 13 日，原农业部公布对 2017 年违法远洋渔业企业和渔船的处罚通报。被通报的渔船和企业，停止运营、取消其全年油费补贴、部分船员被列入黑名单，五年内不得从事渔业。[2] 2019 年 9 月 16 日，农业农村部渔业渔政管理局，对五起"远洋渔业企业及渔船涉嫌违法违规问题调查情况和处理意见"进行公示。发生违法违规问题的企业，务必要提高思想认识，查找问题，深入分析原因，切实开展整改工作。其他企业要举一反三，以此为戒，开展自查自纠，加强远洋渔业船员和管理人员培训教育，严格遵守国内法律规定、国际公约和入渔国规定，提高渔船装备和安全生产设施水平，建立健全并严格执行安全生产管理制度，按规定配备合格船员，提升规范有序发展能力和水平。[3]

---

[1] 刘身利：《我国远洋渔业的发展成就回顾与未来发展展望》，http://www.yyj.moa.gov.cn/gzdt/201910/t20191023_6330464.htm，最后访问日期：2020 年 1 月 15 日。

[2] 杨泽伟、刘丹、王冠雄、张磊：《〈联合国海洋法公约〉与中国（圆桌会议）》，《中国海洋大学学报》（社会科学版）2019 年第 5 期。

[3] 农业农村部渔业渔政管理局：http://www.yyj.moa.gov.cn/gzdt/201909/t20190923_6328680.htm，最后访问日期：2019 年 11 月 4 日。

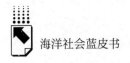

2. 加强国际合作，构建良好国际环境

2019年我国国内生产总值990865亿元，人均国内生产总值70892元，按年平均汇率折算达到10276美元，突破1万美元的大关，实现新的跨越。① 我国远洋渔业要在国家"一带一路"倡议引领下，充分利用国际、国内两个市场、两种资源，加快"走出去"步伐，不断创新国际合作方式，提高核心竞争力。同时要遵守国际规则，履行保护、养护海洋资源的社会责任，处理好与国际社会和合作国家的关系，坚持互惠互利，建立更为良好的可持续合作机制，使我国远洋渔业事业达到国际一流水平，为实现我国两个一百年奋斗目标做出新贡献。②

3. 积极参与当地社会经济发展

目前我国远洋作业渔船中，超过半数的渔船采用在各国专属经济区内付费入渔的做法，即在入渔前由我国政府与入渔国签订双边协定，入渔国提供资源调查情况，并且协定可以捕捞的量，提供执法规定，我国则提供入渔渔船的信息并缴纳入渔费用。③ 如果仅仅是渔业资源，这样长此以往，必然引起当地人的反对，现在他们经济收入低，全国经济主要依靠渔业资源，但是当他们将来收入提高了之后，则可能发生变化，所以现在就应该要加强与当地经济社会的联系，融合发展，为当地人民创造福祉。

① 中华人民共和国国务院新闻办公室官网：http://www.scio.gov.cn/video/gxbb/34056/Document/1672115/1672115.htm，最后访问日期：2020年1月18日。
② 刘身利：《我国远洋渔业的发展成就回顾与未来发展展望》，http://www.yyj.moa.gov.cn/gzdt/201910/t20191023_6330464.htm，最后访问日期：2020年1月15日。
③ 杨泽伟、刘丹、王冠雄、张磊：《〈联合国海洋法公约〉与中国（圆桌会议）》，《中国海洋大学学报》（社会科学版）2019年第5期。

B.13
中国国家海洋督察发展报告

张　良*

摘　要： 国家海洋督察组于 2018 年和 2019 年先后对第一批 6 个省
（自治区）、第二批 5 个省（直辖市）反馈了国家海洋督察情
况。两批 11 个省（自治区、直辖市）按照规定时间和要求制
定了贯彻落实国家海洋督察反馈意见的整改方案，并开始着
手问题整改落实。总体而言，2018 年和 2019 年的国家海洋督
察取得如下成效：在建立政府内部层级监督机制之外，构建
起政府外部的社会监督机制；通过国家海洋督察的政策平台
和高位推动，督促地方政府建立了海洋资源环境保护的常态
化机制。其存在的问题主要有：国家海洋督察的持续性不强、
预防性不足；国家海洋督察组织体系不健全；国家海洋督察
的对象主要局限于地方各级政府；国家海洋督察组与地方政
府之间的权力关系有待进一步规范；国家海洋督察和中央环
保督察在职责分工上存在重叠之处。展望未来国家海洋督察
发展，主要对策建议包括：增强国家海洋督察的可持续性和
预防性，完善国家海洋督察组织的顶层设计和地方设置，将
国家海洋督察对象扩大至地方各级党委，加强对国家海洋督
察的全程监督，明确国家海洋督察和中央环保督察的职责
分工。

---

* 张良，中国海洋大学国际事务与公共管理学院副教授，法学博士，研究方向为乡村治理。

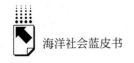

关键词： 国家海洋督察 政府内部层级监督 外部社会监督

国家海洋督察是在国家层面建立的有关海洋资源环境的政府内部层级监督制度，其目的在于督促地方政府落实海域海岛资源监管和生态环境保护的责任，从根本上建立健全海洋资源环境监管体制机制。自 2017 年 8 月国家海洋督察正式启动以来，先后有两批共计 11 个沿海省（自治区、直辖市）接受了海洋督察，并按照督察反馈要求进行了问题整改。国家海洋督察的重点主要包括：（1）监督检查地方政府在海洋主体功能区规划、海洋生态保护红线、围填海总量控制等方面的政策落实情况；（2）监督检查海洋资源、海洋环境等相关方面法律法规的执行情况；（3）监督检查区域性环境破坏与生态严重退化、影响恶劣的围填海项目与海岸线破坏、环境灾害与重大海洋灾害等问题的处理情况。2018～2019 年，国家海洋督察取得了若干进展，本报告从中总结归纳了两年期间取得的成就，分析了其中存在的问题，并有针对性地提出了解决对策。

一 国家海洋督察的实施进展

（一）第一批国家海洋督察的整改情况

自 2017 年 8 月下旬开始，原国家海洋局（现已并入自然资源部）组建了第一批 6 个国家海洋督察组，以围填海专项督察为重点，完成了对河北、福建、江苏、辽宁、广西、海南 6 省（区）的督察进驻。2017 年 9 月底，6 个国家海洋督察组都结束进驻工作，并于 2018 年 1 月完成了对以上 6 省（区）的督察意见反馈。6 省（区）党委和政府均高度重视，都在 30 个工作日内①制定

---

① 根据国务院批准的《海洋督察方案》要求，被督察对象要落实国家海洋督察组提出的督察整改要求，于督察情况反馈后 30 个工作日内制定完成整改方案，并在 6 个月内报送整改情况（第二批延迟到 2019 年初）。

了贯彻落实国家海洋督察反馈意见的整改方案，并报原国家海洋局批复。被督察对象整改落实是国家海洋督察的重要组成部分，也是衡量国家海洋督察成功的重要指标。从6省（区）的整改方案来看，国家海洋督察的整改情况呈现以下特点。

1. 实行问题整改"清单制"，短期实现整改目标

6省（区）的整改方案都将国家海洋督察组反馈的所有问题逐一细化分解为若干个整改事项，针对每一个整改事项都明确其责任单位、整改时间、整改目标和具体的整改措施。为确保真正整改到位，各省（区）严格规定整改一个、销号一个，做到件件有着落、事事有回音。针对国家海洋督察反馈意见，广西经过梳理共归纳了4大类18小类49个整改事项，[①] 江苏省则梳理明确了43个整改事项，[②] 福建省归纳了5个方面14类主要问题66个整改事项。[③]

与此同时，整改呈现很强的时效性，这种时效压力可以被传递给相关的责任单位（主要包括涉及整改的地方政府和相关部门）。例如，广西围绕国家海洋督察组的反馈意见，于2018年6月制定了督导检查和整改验收的总体工作方案。[④] 在此方案基础上，涉及整改的北海市、钦州市、防城港市、玉林市等地方政府及各有关部门，就关涉自身的整改事项进一步制定细化、可操作性强的具体整改方案，建立工作台账。地方政府和各个相关部门等责任单位的具体整改方案要求在总体方案印发后的10日内呈报给"国家海洋督察专项督察反馈意见自治区整改工作领导小组"。同时责任单位需要将每

---

① 李鹏、杨晓佼：《广西公布国家海洋督察整改方案》，https：//www.sohu.com/a/235275254_100122948，搜狐网，最后访问日期：2020年8月27日。

② 《江苏公开国家海洋督察整改方案》，江苏新闻网，http：//www.js.chinanews.com/news/2018/0529/179896.html，最后访问日期：2019年10月21日。

③ 《福建省贯彻落实国家海洋督察反馈意见整改方案》，自然资源部东海局网站，http：//ecs.mnr.gov.cn/zt_233/hydc/hydchddt/201901/t20190124_14491.shtml，最后访问日期：2019年10月21日。

④ 《广西壮族自治区人民政府关于印发广西壮族自治区贯彻落实国家海洋督察专项督察反馈意见整改方案的紧急通知》，广西壮族自治区人民政府门户网站，http：//www.gxzf.gov.cn/zyhjbhdcfkyjwtzgzl/t1232269.shtml，最后访问日期：2019年10月21日。

个月的整改落实情况在次月 5 日前报领导小组办公室。广西指出："对确定的整改问题，各级领导分片检查督办，每月调度整改进展，挂图作战、建账督办，整改一个、验收一个、销号一个、公开一个，确保按时完成整改任务。"① 与此类似，福建省针对不同的整改事项进行分类，具体制定不同的完成时限：对问题简单、短期内能解决的，要求 2 个月内完成整改；对问题复杂、需要较长时间解决的，力求在 6 个月内取得明显整改成效；对问题特别复杂、需要长期解决的，明确总目标和各个阶段性目标的完成时限，确保尽快取得明显成效。②

2. 加强组织领导，高位推动、部门协调

在贯彻落实国家海洋督察反馈意见整改的过程中，各省（区）均成立由省长（自治区主席）任组长、省（区）直相关政府部门参与的贯彻落实国家海洋督察反馈意见整改工作领导小组（以下简称领导小组），统筹谋划、系统协调推进整改工作，督促并确保国家海洋督察反馈意见的整改落实。高位推动、部门协调，保障了整改工作的组织权威性和资源动员能力，形成压力层层传递、责任层层落实的工作格局。具体而言，在领导小组的总领导下，各个地级市政府领导、省直部门领导、分管领导、相关职能部门主要负责同志分级负责。牵头负责部门和协同配合部门各司其职、各负其责，认真完成国家海洋督察的整改工作。

3. 强化督导检查，确保整改落实到位

在整改落实过程中，各省（区）均建立了督导检查工作机制，督促各省（区）直相关部门加快整改进度，并将整改情况纳入领导小组的督察目录，以保障国家海洋督察组的反馈意见能够认真落实。特别是对国家海洋督察组反馈的重大问题，各省（区）要求挂账督办、专案盯办。江苏省强

---

① 余锋：《广西对外公开中央环境保护督察整改方案》，https：//www.sohu.com/a/137170553_
114731，搜狐网，最后访问日期：2020 年 8 月 28 日。
② 《福建省贯彻落实国家海洋督察反馈意见整改方案》，自然资源部东海局网站，http：//
ecs.mnr.gov.cn/zt_ 233/hydc/hydchddt/201901/t20190124_ 14491.shtml，最后访问日期：
2019 年 10 月 21 日。

化督导检查，全面掌握整改工作进度，及时发现整改过程中出现的拖延、不作为或消极作为问题，并对相关单位和责任人给予相应的处罚。① 广西对整改责任落实不到位、整改成效不明显的单位或个人，进行通报批评；对整改严重滞后、未能按照时限完成整改任务的，严肃追责。② 辽宁省出台了《辽宁省海洋督察整改问责办法（试行）》③，对海洋督察整改落实不到位、措施不得力的相关省直部门和地方政府进行问责，对不按时限要求完成整改任务或整改效果不明显的单位和个人，进行约谈、通报；对国家海洋督察组进驻督察期间转办的群众举报问题要进行"回头看"，确保问题不反弹④。

4. 严肃责任追究，健全问责机制

对于国家海洋督察组移交的责任追究问题的调查处理意见，各级地方政府进行深入调查、明确责任，对于在海洋生态环境保护中不作为或消极作为的，进行通报批评；对于造成海洋环境破坏、产生恶劣影响的，予以严肃追责；对于在用海过程中存在违法违纪的地方政府、企业或个人，移送纪检监察机关，涉嫌犯罪的，移送司法机关。在 GDP 主义导向下，一些地方政府为了发展地方经济，不惜牺牲海洋生态环境，对于盲目围填海、违规用海、越权审批、违规审批行为，依照《海域使用管理违法违纪行为处分规定》《中国共产党问责条例》《党政领导干部生态环境损害责任追究办法（试行）》，进行严肃问责。将海洋生态环境保护与地方政绩、官员升迁进行制

---

① 《江苏省贯彻落实国家海洋督察反馈意见整改方案》，江苏省人民政府网站，http://www.jiangsu.gov.cn/art/2018/5/2/art_ 47024_ 7625733.html，最后访问日期：2019 年 10 月 21 日。

② 《广西印发彻落实"国家海洋督察专项督察反馈意见整改方案"（全文）紧急通知｜自然资源部将适时对重要督察整改情况组织"回头看"》，https://www.sohu.com/a/236205456_ 726570，搜狐网，最后访问日期：2020 年 8 月 28 日。

③ 东文：《〈辽宁省海洋督察整改问责办法（试行）〉发布》，中华人民共和国自然资源部网站，http://www.mnr.gov.cn/dt/hy/201811/t20181106_ 2358641.html，最后访问日期：2019 年 10 月 21 日。

④ 《辽宁省人民政府关于印发辽宁省贯彻落实国家海洋督察组督察反馈意见整改方案的通知》，辽宁省人民政府网站，http://www.ln.gov.cn/zfxx/zfwj/szfwj/zfwj2011_ 125195/201805/t20180530_ 3257200.html，最后访问日期：2019 年 10 月 21 日。

度化关联，对海洋生态环境保护工作成效不明显，甚至造成海洋生态环境破坏和资源严重浪费的责任单位和领导，进行严肃责任追究，具体问责建议呈报省级海洋督察整改工作领导小组办公室，经其审核后报原国家海洋局，经同意后进行依法依规处理。

5. 动员全社会参与和监督

根据《国家海洋督察方案》的要求，地方政府应充分运用电视、广播、网络、报刊等媒介，及时宣传报道当地的整改落实情况，保障群众的知情权和参与权。在整改落实过程中，各个地方均要求做好海洋督察整改工作的跟踪报道，及时公开重点问题整改和典型违法案件查处情况，加强舆情跟踪和引导，努力营造良好氛围。在经国家海洋督察组批准后，国家海洋督察组移交的责任追究问题的调查处理意见按有关要求向社会进行公开。省级政府积极通过省级主流新闻媒体向社会公开省政府的整改方案和整改落实情况。各省（区）整改方案和整改落实情况也在当地新闻媒体进行公开。

（二）第二批国家海洋督察组的进驻情况及发现的共性问题

2017年11月中旬，由原国家海洋局组建的第二批5个国家海洋督察组分别对山东、浙江、天津、广东、上海5省（市）进行海洋督察。截至2017年12月底，第二批5个国家海洋督察组全部结束进驻工作。2018年7月初，经国务院批准，国家海洋督察组陆续向上述5省（市）反馈围填海专项督察情况，海洋督察相关督察意见书也陆续反馈给被督察的沿海各省（市），并同步向社会公开。

第二批国家海洋督察组的进驻情况显示，山东、浙江、天津、广东、上海5省（市）存在3个方面带有共性的突出问题。

1. 围填海政策法规落实不到位

（1）用海手续管理办法违反中央政策。例如，浙江省有9个项目没有按时缴纳海域使用金，金额多达8061万元。之所以如此，是因为省海洋与渔业局、省财政厅规定的用海手续违背中央相关政策，允许用海单位在海域使用金未完全缴纳的情况下办理用海确权手续。①（2）沿海项目实施前没有依法开展海洋工程环境影响评价。例如，2012 年以来，上海有 29 个采砂项目、7 个新建或扩建港口码头项目、9 个滩涂整治项目都没有按照规定办理用海手续和进行海洋工程环境影响评估。②（3）围填海空置现象普遍存在。例如，经国家海洋督察组核查，天津市 2002 年以来共有 2.785 万公顷围填海面积，空置率高达 69%，空置面积为 1.920 万公顷。③（4）违规突破用海规模。国家在《全国海洋功能区划（2011～2020 年）》中对渤海围填海提出"两个最严格"管控，天津市相关区划违反管控规定，实际规划填海面积大大超过《天津市海洋功能区划（2011～2020 年）》规定的围填海控制数。另外，旅游等相关行业规划和《滨海新区城市总体规划（2011～2020 年）》拟规划围填海规模竟然达 413.6 平方公里，是海洋功能区划围填海控制规模（92 平方公里）的 4.5 倍。④

2. 围填海项目存在审批不规范、执法不力的问题

（1）化整为零、越权审批。例如，天津市 13 个总面积达 1548 公顷的用海项目被拆分为 38 个单个面积 50 公顷以下的用海项目，如此一来，本应报国务院审批的围填海建设项目就可以由天津市政府进行审批。⑤（2）违反审批程序办理用海手续。例如，山东省滨州等地相关部门违规办理 12 个围填海项目，这些项目都是在没有取得围填海计划指标和用海预审意见的情况

① 蔡岩红：《国家海洋督察组：部分围填海项目政府主导未批先填》，大众网，http://www.dzwang.com/xinwen/guoneixinwen/201807/t20180710_17586235.htm，最后访问日期：2019 年 10 月 21 日。
② 朱彧：《国家海洋督察组向上海反馈围填海专项督察情况》，中华人民共和国自然资源部网站，http://www.mnr.gov.cn/dt/zb/2018/2018bhsd/beijingziliao/201807/t20180704_2183955.html，最后访问日期：2019 年 10 月 21 日。
③ 方正飞：《国家海洋督察组向天津反馈围填海专项督察情况》，搜狐网，http://www.sohu.com/a/240047781_100122948，最后访问日期：2019 年 10 月 21 日。
④ 方正飞：《国家海洋督察组向天津反馈围填海专项督察情况》，搜狐网，http://www.sohu.com/a/240047781_100122948，最后访问日期：2019 年 10 月 21 日。
⑤ 方正飞：《国家海洋督察组向天津反馈围填海专项督察情况》，搜狐网，http://www.sohu.com/a/240047781_100122948，最后访问日期：2019 年 10 月 21 日。

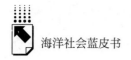

下立项的。①（3）以罚代管、名罚实保。广东省阳江市查处阳江港码头工程违法填海，但当事人缴纳罚款后相关管理部门默许其继续违法施工。有些地方政府则名罚实保，中山翠亨新区管委会对下属企业违规用海实施罚款之后，又以各种名义向该企业返还违法填海罚款。②

3. 海洋生态环境存在防治不力、监管不力的问题

（1）近岸海域污染防治不力，大量入海排污口未纳入监管。广东省各类陆源入海污染源 2839 个，其中包含 891 个养殖排水口；天津市 8 条入海河流中，有 7 条断面常年处于劣 V 类水质。③（2）海岸工程建设项目环评审批不符合规范。山东省相关部门没有严格按照《中华人民共和国海洋环境保护法》进行管理，多达 38 个海岸工程建设项目在没有征求或未取得相关部门意见的情况下进行了环评审批。④

针对以上问题，国家海洋督察组要求 5 省（市）实施最严格的围填海管控制度，分期分批拆除违法且严重破坏生态环境的围填海项目；实施流域环境和近岸海域综合治理，开展入海河流综合整治，切实保护海洋生态环境。

（三）第二批国家海洋督察的整改情况

根据国家海洋督察组的反馈意见，山东、浙江、天津、广东、上海 5 省（市）制定了相应的整改方案。总体来看，其整改情况除了具有第一批国家

---

① 于燕妮：《国家海洋督察组向山东反馈围填海专项督察情况》，中华人民共和国自然资源部网站，http://www.mnr.gov.cn/dt/zb/2018/2018bhsd/beijingziliao/201807/t20180704_2183954.html，最后访问日期：2019 年 10 月 21 日。
② 《国家海洋督察组向广东反馈例行督察和围填海专项督察情况》，新浪网，https://finance.sina.com.cn/roll/2018-07-03/doc-ihevauxi7434624.shtml，最后访问日期：2019 年 10 月 21 日。
③ 蔡岩红：《国家海洋督察组：部分围填海项目政府主导未批先填》，大众网，http://www.dzwww.com/xinwen/guoneixinwen/201807/t20180710_17586235.htm，最后访问日期：2019 年 10 月 21 日。
④ 于燕妮：《国家海洋督察组向山东反馈围填海专项督察情况》，中华人民共和国自然资源部网站，http://www.mnr.gov.cn/dt/zb/2018/2018bhsd/beijingziliao/201807/t20180704_2183954.html，最后访问日期：2019 年 10 月 21 日。

海洋督察的整改特点之外，还呈现以下特征。

1. 坚决贯彻落实党中央、国务院关于海洋资源与环境保护方面的重大决策

国家海洋督察的目标之一就是代表国务院检查和监督地方政府认真贯彻落实党中央、国务院关于海洋资源与环境保护方面的重大决策。地方政府在经济发展的刺激下，对党中央、国务院关于海洋生态文明发展的政策选择性执行、歪曲执行，过度开发利用海洋资源、破坏海洋生态环境。5 省（市）在国家海洋督察的强大压力下，地方政府提高政治站位，从思想意识上改变重开发轻保护的惯性思维，严格落实党中央、国务院关于海洋生态文明建设的各项政策。例如，浙江省废止、修改公共用海备案管理、海域使用金缓缴、用海类型界定等地方性文件或规定，确保用海政策与党中央、国务院保持高度一致。[①] 山东省要求全面清理与法律法规和上位政策不符的政策文件，严格执行《中华人民共和国海洋环境保护法》和《中华人民共和国海域使用管理法》，特别修订了《山东省海洋环境保护条例》等地方法规。[②]

2. 实施严格的围填海管控政策

本次国家海洋督察的重点是围填海专项督察，特别对于违规审批、化整为零审批、越权审批等问题进行了重点检查监督。5 省（市）按照国家海洋督察组的反馈意见，均制定了整改落实方案。山东省对违规批准或未经批准的围填海项目进行严肃查处和依法处罚，并要求恢复海域原状。同时，对于涉及胶州湾、渤海湾、莱州湾等自我净化能力相对较弱、生态脆弱敏感的海域，原则上不再予以审批。[③] 上海市对国家海洋督察反馈意见指出的围填海问题进行切实整改，同时，严格落实国务院《关于加强滨海湿地保护严格

① 《浙江省公开国家海洋督察反馈意见整改方案》，浙江省人民政府网站，http://www.zj. gov. cn/art/2019/1/15/art_ 1545696 _ 30441855. html，最后访问日期：2019 年 12 月 23 日。

② 《山东省人民政府办公厅关于印发山东省贯彻落实国家海洋督察反馈意见整改方案的通知》，山东省人民政府网站，http: //www. shandong. gov. cn/art/2018/12/28/art _ 2267 _ 30342. html，最后访问日期：2019 年 12 月 23 日。

③ 《山东省人民政府办公厅关于印发山东省贯彻落实国家海洋督察反馈意见整改方案的通知》，山东省人民政府网站，http: //www. shandong. gov. cn/art/2018/12/28/art _ 2267 _ 30342. html，最后访问日期：2019 年 12 月 23 日。

管控围填海的通知》，全面叫停新增围填海项目的审批（国家重大战略项目除外）。① 天津市也要求按照规定禁止围填海，确定围填海历史遗留问题清单，依法严格处置违规违法围填海项目。② 浙江省在落实本次整改过程中，对污染海洋生态环境项目、房地产开发项目和低水平重复建设的旅游休闲娱乐项目等围填海项目严格限制，对已完成围填海但长期闲置又无力开发利用的，以政府引导、市场化运作的形式提高围填海的利用效率。

3. 推进近岸海域的生态保护与修复

5 省（市）根据国家海洋督察组的反馈意见，大力推进海洋生态环境的保护力度和修复力度，实施近岸海域污染防治。上海市对海岸线实行分类管理，科学规划海岸布局、合理利用海岸资源，实现海岸线保护与开发的均衡发展，制定并执行《上海市生态保护红线划定方案》，守住生态安全底线。③ 浙江省则专门出台并实施《浙江省近岸海域污染防治实施方案》，做好近岸海域污染的治理和预防，按照陆海统筹和“一口一策”“一源一策”的原则，严格实施直排海污染源排查、入海排污口整治，建立工业污染物、农业污染物和生活污染物的分类治理。④ 与浙江省相似，天津市建立“一口一册”档案制度，对入海排污口进行动态监测管理，实施入海排污口污染溯源排查，制定严格的入海排污口排放标准。⑤ 山东省则推行“一河一策”，

---

① 《上海市贯彻落实国家海洋督察反馈意见整改方案》，上海市人民政府网站，http：//www. shanghai. gov. cn/nw2/nw2314/nw2319/nw12344/u26aw57965. html，最后访问日期：2019 年 12 月 23 日。

② 《市规划和自然资源局关于印发〈天津市贯彻落实国家海洋督察反馈意见整改方案〉的通知》，天津市规划和自然资源局，http：//ghhzrzy. tj. gov. cn/zwgk – 143/tzgg/201912/t20191220 – 1941207. html，最后访问日期：2019 年 12 月 23 日。

③ 《上海市贯彻落实国家海洋督察反馈意见整改方案》，上海市人民政府网站，http：//www. shanghai. gov. cn/nw2/nw2314/nw2319/nw12344/u26aw57965. html，最后访问日期：2019 年 12 月 23 日。

④ 《浙江省公开国家海洋督察反馈意见整改方案》，浙江省人民政府网站，http：//www. zj. gov. cn/art/2019/1/15/art_ 1545696_ 30441855. html，最后访问日期：2019 年 12 月 23 日。

⑤ 《天津印发国家海洋督察整改方案》，天津市规划和自然资源局网站，http：//ghhzrzy. tj. gov. cn/zwgk – 143/tzgg/201912/t20191220 – 1941207. html，最后访问日期：2019 年 12 月 23 日。

对水质长期处于达标边缘的入海河流，进行追根溯源和全面排查，据此制定相应方案，实现河流水质限期达标，从而推动了近海岸生态环境的保护与修复。①

4. 加大海洋执法监管力度

5 省（市）根据国家海洋督察组的反馈意见，制定了整改方案并严格执行。天津市大力推动各部门联合执法，实现行政执法与刑事司法的有效衔接，严格依法惩治违法用海和破坏海洋环境的行为。② 广东省加大海洋执法力度，落实海洋执法的属地责任，严格执行执法巡查制度和违法案件查处制度，确保对违法用海行为做到及时发现和处理。③ 与广东类似，上海市特别强调对无居民海岛、海岸线的日常巡查和监督管理，增加巡查次数、落实巡查责任，以及时发现和处理违法违规用海问题，实现海域生态环境防治和陆源污染控制双管齐下，探索建立海洋执法的江海联动和陆海联防联控机制，从而提高海洋执法效率和管控能力。④ 浙江省特别重视防患于未然，在海洋执法过程中通过使用无人机技术、动态监视监测、加大巡查力度的方式，尽量将违规违法用海行为遏制在萌芽状态，同时还努力尝试建立跨区域交叉执法模式、部门间联合执法模式、重大复杂案件集中执法模式。⑤

---

① 《山东省人民政府办公厅关于印发山东省贯彻落实国家海洋督察反馈意见整改方案的通知》，山东省人民政府网站，http：//www. shandong. gov. cn/art/2018/12/28/art _ 2267 _ 30342. html，最后访问日期：2019 年 12 月 23 日。

② 《天津印发国家海洋督察整改方案》，天津市规划和自然资源局网站，http：//ghhzrzy. tj. gov. cn/zwgk － 143/tzgg/201912/t20191220 －1941207. html，最后访问日期：2019 年 12 月 23 日。

③ 《广东省人民政府关于印发广东省贯彻落实国家海洋督察反馈意见整改方案的通知》，广东省人民政府网站，http：//www. gd. gov. cn/gkmlpt/content/2/2165/post _ 2165487. html，最后访问日期：2019 年 12 月 23 日。

④ 《上海市贯彻落实国家海洋督察反馈意见整改方案》，上海市人民政府网站，http：//www. shanghai. gov. cn/nw2/nw2314/nw2319/nw12344/u26aw57965. html，最后访问日期：2019 年 12 月 23 日。

⑤ 《浙江省公开国家海洋督察反馈意见整改方案》，浙江省人民政府网站，http：//www. zj. gov. cn/art/2019/1/15/art _ 1545696_ 30441855. html，最后访问日期：2019 年 12 月 23 日。

二 国家海洋督察取得的成就

（一）建立起中央政府—省级政府—地市级政府的政府内部层级监督机制

在 2011 年建立国家海洋督察制度之时，督察的对象和范围局限于海洋行政主管部门和海洋执法机构，具体包括沿海各省、自治区、直辖市的海洋厅（局），国家海洋局北海、东海、南海分局，中国海监总队。① 而在 2016 年年底出台的《国家海洋督察方案》则将国家海洋督察上升至国家层面，国家海洋督察组代表国务院对地方人民政府落实海洋资源环境主体责任的情况进行督察，督察对象和范围包括沿海各省、自治区、直辖市人民政府及其海洋行政主管部门和海洋执法机构，甚至可下沉至设区的市，并试图建立起中央政府—省级政府—地市级政府的政府内部层级监督机制。②

第一，国家海洋督察组代表国务院，通过督察进驻、撰写督察报告并进行督察反馈等程序向省、自治区、直辖市开展海洋督察，监督检查地方政府在海洋主体功能区规划、海洋生态保护红线、围填海总量控制等方面的政策落实情况，监督检查海洋资源、海洋环境等相关方面法律法规的执行情况。省、自治区、直辖市政府按照国家海洋督察组的反馈意见进行整改落实。具体而言，被督察的省、自治区、直辖市政府于国家海洋督察组反馈意见后的 30 个工作日内制定具体整改方案，并在半年内完成对相关问题的整改落实后呈报给原国家海洋局。根据督察需要和各个地方的整改落实情况，原国家海洋局可以对省、自治区、直辖市政府的整改情况进行再次监督检查，即所谓的海洋督察"回头看"。③

---

① 《关于印发〈海洋督察工作管理规定〉的通知》（国海发〔2011〕27 号），中华人民共和国自然资源部网站，http://gc.mnr.gov.cn/201806/t20180614_1795414.html，最后访问日期：2020 年 4 月 13 日。

② 《国家海洋局关于印发海洋督察方案的通知》，中华人民共和国自然资源部网站，http://gc.mnr.gov.cn/201806/t20180615_1796311.html，最后访问日期：2020 年 4 月 13 日。

③ 《国家海洋局关于印发海洋督察方案的通知》，中华人民共和国自然资源部网站，http://gc.mnr.gov.cn/201806/t20180615_1796311.html，最后访问日期：2020 年 4 月 13 日。

国家海洋督察组代表国务院进行监督检查，这种强大威慑力有效地督促了省、自治区、直辖市政府的立行立改、边督边改。据统计，截至2018年4月底，在对第二批5个省（市）的国家海洋督察中，广东对国家海洋督察组转办的322件举报办结305件，其中立案处罚19件，责令整改196件；浙江对国家海洋督察组转办的114件举报办结111件，其中立案处罚10件，责令整改23件①；针对国家海洋督察组反馈的整改意见，上海、浙江、天津等省（市）政府领导表示"诚恳接受，照单全收，坚决整改"；广东省省长表示"狠抓问题的整改落实，同时注重建立长效机制"；山东省省长表示"确保认识水平提上去、提到位，整改措施落下去、落到位，海洋工作强起来、强到位"②。由于国家海洋督察的督察对象由之前的沿海各省、自治区、直辖市的海洋行政主管部门和海洋执法机构扩展至沿海各省、自治区、直辖市人民政府，从而可以通过人民政府对所在地区的海洋行政主管部门和海洋执法机构进行监督检查，进一步加强国家海洋督察组反馈意见的整改落实。

国家海洋督察之前，原国家海洋局对省市县各级海洋行政主管部门的权力关系更多地限于对口部门间的业务指导。地方海洋行政管理部门处于条块关系的复杂关系中，更多时候往往需要服从本级政府或上一级职能部门的命令，更多服务于本地经济发展和社会需要。省级海洋行政主管部门不仅需要接受代表国家海洋利益的原国家海洋局的指导，还要接受代表区域海洋利益的省级政府的管理。当两方领导意见发生冲突的时候，难免出现原国家海洋局的指导被虚置，毕竟无论是从双方级别，还是从财政供养关系来看，省级政府更胜一筹。国家海洋督察实施后，原国家海洋局不仅对海洋行政主管部门和海洋执法机构进行监督检查，而且还代表国务院对沿海省、自治区、直辖市人民政府进行监督检查，甚至可以下沉至设区的市。如此一来，原国家

---

① 刘诗平：《围填海督察全覆盖：坚决打好海洋生态保卫战》，中华人民共和国中央人民政府网站，http：//www.gov.cn/hudong/2018 - 07/13/content_ 5306282. htm，最后访问日期：2020年4月13日。

② 刘诗平：《围填海督察全覆盖：坚决打好海洋生态保卫战》，中华人民共和国中央人民政府网站，http：//www.gov.cn/hudong/2018 - 07/13/content_ 5306282. htm，最后访问日期：2020年4月13日。

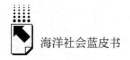

海洋局在国务院授权下，可以通过省级政府向其下的海洋行政主管部门施加压力，从而保证了督察的有效性。

国家海洋督察强化了省级政府对中央政府在海洋环境保护政策领域的贯彻落实。以围填海管控政策为例，2018 年 7 月，国务院印发了《关于加强滨海湿地保护严格管控围填海的通知》（国发〔2018〕24 号）。① 时隔不到一年，2019 年 4 月 24 日，浙江省政府就出台了《浙江省加强滨海湿地保护严格管控围填海实施方案》，提出强化围填海总量控制、严格新增围填海项目审查程序、坚决遏制新增违法围填海项目三点要求，对新增围填海项目在省级以下层面的审查程序和审查要求提出了明确规定。② 2019 年 6 月底，山东省印发了《关于加强滨海湿地保护严格管控围填海的实施方案的通知》，要求监督检查海洋生态红线制度执行情况，全面清理非法占用红线区域的围填海项目；为保障滨海湿地生态系统的健康，推行滨海湿地分级分类管理制度，并开展重大生态修复工程。③

国家海洋督察组的督察效力和组织权威，不仅是因为其代表国务院进行监督检查，也是因为国家海洋督察组所在的原国家海洋局拥有对省级政府的处罚权力。例如，对于没有按照国家海洋督察组要求在规定期限内进行整改落实的，原国家海洋局可以削减相关地方政府围填海指标或实行区域限批，这对热衷于发展经济的地方政府而言可谓影响重大。不仅如此，对于在海洋生态环境保护中不作为或消极作为并造成重大损失的地方政府党政领导，国家海洋督察组有权向党中央和国务院建议处置负有主要责任的地方政府的主要领导干部。这也就使得中央与地方之间的层级监督具有强制性的约束力。

---

① 《国务院关于加强滨海湿地保护严格管控围填海的通知》，中华人民共和国中央人民政府网站，http://www.gov.cn/zhengce/content/2018-07/25/content_5309058.htm，最后访问日期：2020 年 4 月 13 日。
② 《浙江省自然资源厅 浙江省发展和改革委员会关于印发〈浙江省加强滨海湿地保护严格管控围填海实施方案〉的通知》，浙江省人民政府网站，http://www.zj.gov.cn/art/2019/4/29/art_1553122_29590.html，最后访问日期：2020 年 4 月 13 日。
③ 《山东省人民政府印发关于加强滨海湿地保护严格管控围填海的实施方案的通知》，山东省人民政府网站，http://www.shandong.gov.cn/art/2019/7/3/art_2259_34500.html，最后访问日期：2020 年 4 月 13 日。

第二，在省级层面建立了督导检查工作机制，督促各相关政府部门加快整改进度。省、自治区、直辖市政府均成立海洋督察整改工作领导小组，严格落实国家海洋督察组的反馈意见，并制定具体的整改方案。该小组组长一般由省长（自治区主席或直辖市市长）担任，小组成员来自发改委、财政厅、自然资源厅（海洋与渔业厅）、环保厅、农业农村厅等多个相关政府部门，领导小组的人员构成充分保障了组织权威性和资源动员能力。在领导小组下面一般设立领导小组办公室，办公室主任一般由原来的省级海洋局（或海洋与渔业厅）主要领导担任，主持省级的日常海洋督察工作。省级海洋督察整改工作领导小组对各个县市的整改落实情况进行跟踪监督检查，确保国家海洋督察组的反馈意见能够在沿海县市得以贯彻落实。对于整改落实进度滞后、整改成效不明显的县市政府、责任单位和地方官员，视具体情况，或者对其进行通报批评，或者对其进行督办、约谈，甚至可以进行组织处理和司法处理。同时，省级海洋督察机构可以下沉督导，从而向下面的地级市和县级市层层传导压力、层层压实责任。例如，2018 年 11 月 17 ~ 19日，山东省海洋局主要负责人代表省级海洋督察整改工作领导小组带队赴威海市、烟台市督导非法围填海整治工作，实地检查了 7 处整治现场。为加强非法围填海整治，山东省海洋局、省海洋与渔业执法监察局实行"每日一调度、每周一通报"制度，执法人员全部下沉一线、现场督导，[①] 从而确保了沿海地级市用海的合法化。

第三，市级政府成立相应的落实海洋督察整改的督察机构，按照省级海洋督察整改工作领导小组的意见和部署，负责本区域的资源整合和部门协调，具体落实整改任务。市级的海洋督察机构一般设立在原来的市级海洋与渔业局（机构改革后，有的市级海洋与渔业局并入市级自然资源局）下面，抽调相关部门和科室人员组成海洋督察办公室。

由上可见，国家海洋督察建构起了中央政府—省级政府—地市级政府的

---

① 王永卫：《山东省海洋局下沉督导非法围填海整治》，搜狐网，https://www.sohu.com/a/277057003_100122948，最后访问日期：2020 年 4 月 13 日。

政府内部层级监督机制，层层传导海洋资源和环境保护的压力，打通国家海洋督察的"最后一公里"。

（二）构建起政府外部社会监督机制

政府内部层级监督也存在失效的可能。只有在政府内部层级监督机制之外，建构起政府外部社会监督机制，才能有效避免地方政府间的"共谋"。

在国家海洋督察中，中央政府对于省级政府的层级监督一般较为有效，但省级政府以下的地方政府间的层级监督往往容易失效。如果将中央政府视为委托方，省级政府视为管理方，市县政府则为代理方。中央政府（特别是代表国务院督察的国家海洋督察组及其所在的原国家海洋局）一般掌握着海洋督察的目标设定权、检查验收权，而省级政府则基本掌握着激励分配权。① 由于海洋资源管理和海洋生态环境保护的特殊性，国家海洋督察中委托方与管理方、代理方之间往往存在一定的紧张关系。中央政府是从海洋生态文明和环境可持续发展的高度，监督检查地方政府对于国家海洋资源环境有关决策部署贯彻落实情况、国家海洋资源环境有关法律法规执行情况、围填海等突出问题的处理情况，努力实现海洋资源保护与利用的经济效益、社会效益和生态效益相统一；省级政府和市县政府更多是从地方经济发展和短期成效出发，以迎接检查的心态应对国家海洋督察，其积极性并不是很高。因为完全达到国家海洋督察的设定目标，在很大程度上意味着牺牲地方经济发展，也会影响干部任期制下地方行政长官的政绩。因此，从这个角度来看，省级政府和市县政府在应付国家海洋督察的心态和出发点上，具有很大共同之处，从而容易导致地方政府在海洋环境保护和迎接国家海洋督察中的"共谋行为"。② 在迎接检查监督的过程中，地方政府存在着"共谋"应对国家海洋督察组的动机和可能，因此省级政府与市县政府间的层级监督，并不能确保国家海洋督察的有效性，有必要从政府外部引入社会监督

---

① 周雪光、练宏：《中国政府的治理模式：一个控制权理论》，《社会学研究》2012 年第 5 期。
② 周雪光：《基层政府间的"共谋现象"——一个政府行为的制度逻辑》，《社会学研究》2008 年第 6 期。

机制。

第二批国家海洋督察强调社会监督机制，保障当地公民和社会各界的知情权和参与权，发动基层群众参与到督察中。一是在国家海洋督察期间设立举报邮箱和电话，主动受理广大群众和社会团体关于围填海方面的举报，解决群众反映强烈的突出问题。第二批5个国家海洋督察组受理来信、来电举报件共计500多宗，分批向省（市）政府进行了转办，截至2017年底，地方政府已办结近400宗。二是地方政府的整改落实情况通过中央或地方主流新闻媒体向社会及时公开，自觉接受群众和社会团体的监督。

（三）督促地方政府建立了海洋资源环境保护的常态化机制

国家海洋督察是一种运动式的治理机制，具有间歇性和反复性。因此，国家海洋督察要想取得持续性的监督效力，应通过国家海洋督察的政策平台和高位推动，督促地方政府建立海洋资源环境保护的常态化机制，从制度和体制层面彻底改变地方政府重开发轻保护的发展方式，从而确保党中央和国务院在海洋生态文明建设中的各项政策方针能够落地生根。

在国家海洋督察的推动下，为了贯彻落实国家海洋督察组的反馈意见，各省级政府建立了海洋资源环境保护的常态化机制。例如福建省探索建立了"七项长效机制"，[①] 包括建立海岸带综合管理联席会议制度、出台大陆自然岸线总体保有率管控及考核制度、制定围填海管控及产业建设项目用海的投资强度和效用指标制度、推动形成海岸带监督管理执法联合联动机制等。除此之外，福建省还进一步完善海砂开采监督管理制度，厘清国土资源、海洋渔业、环保、住建、海事等部门和机构对海砂开采和利用的监管职责，推进海砂开采用海市场化配置；推进实施海岸带生态整治修复制度，组织对海岸侵蚀、海水入侵、海滩污染等生态严重破坏或者功能退化区域进行综合治理和生态修复；建立全省统一的海岸带环境及海洋灾害监测监视制度。这些长

---

① 《福建省贯彻落实国家海洋督察反馈意见整改方案》，自然资源部东海局网站，http：//ecs. mnr. gov. cn/zt_ 233/hydc/hydchddt/201901/t20190124 _ 14491. shtml，最后访问日期：2019 年 8 月 21 日。

效机制确保了地方政府在用海管海过程中对海洋资源环境的保护与修复,进一步巩固了国家海洋督察的成果。

三　国家海洋督察存在的问题

(一)国家海洋督察的持续性不强、预防性不足

国家海洋督察分为例行督察、专项督察和审核督察。第一轮的两批国家海洋督察是对沿海11省(自治区、直辖市)围填海专项督察。国家海洋督察组进驻地方的时间一般在1个月左右。这1个月国家海洋督察组通过听取汇报、调阅资料、个别访谈、实地调查等方式对各个地方政府的围填海情况进行督察,并在督察后形成督察反馈意见告知地方政府,省(自治区、直辖市)根据反馈意见需要在30个工作日内将整改方案呈报原国家海洋局,并需要在6个月内按照整改方案进行逐一落实,并报备自然资源部。自然资源部可以根据各个地方的整改情况,进行海洋督察"回头看"。应该说,如此一轮下来,国家海洋督察对于督察地方政府控制围填海项目总量、保护海洋资源与环境是具有一定积极成效的。

但是,通过整个国家海洋督察的程序和方式,也不难发现,国家海洋督察效力持续性不强。首先,国家海洋督察背后缺乏法律依据。这造成国家海洋督察的影响力度、持续时间和范围比较有限,权威性不够、震慑力不大,尚不足以对地方党委和地方政府构成持续性的强有力约束。其次,国家海洋督察是一种运动式治理机制,超越了科层体制下的常规治理。在原国家海洋局代表国务院进行国家海洋督察期间,地方政府会严格执行党中央、国务院关于海洋资源、海洋环境等方面的法律法规。国家海洋督察结束了,检查监督的压力减小了,原国家海洋局按照常规方式对地方政府进行管理的时候,一些问题往往又死灰复燃。

国家海洋督察具有滞后性,大多以事后的督促和惩罚为主,往往没有做到及时发现和纠正,缺少事前的预防。但就目前的国家海洋督察实践来看,

在这方面还有很大的完善空间。很多省级政府部门的用海政策违反中央政策和《中华人民共和国海洋环境保护法》，但是却在长期执行，以致对海洋环境产生了严重影响，国家海洋督察发现时，为时已晚；一些地方政府为了发展地方经济，对于围填海项目化整为零、分散审批、越权审批，围填海项目已经上马了很长时间才在国家海洋督察中被发现，往往只能通过罚款或缩减后续用海指标等方式进行事后惩罚。有的地方政府违规突破用海规模，例如天津市 2011 年前后出台的《滨海新区城市总体规划（2011～2020 年)》和旅游等相关行业规划，就将围填海面积规划为 413.6 平方公里，是海洋功能区划围填海控制数 92 平方公里的 4.5 倍。围填海规划面积尽管严重突破海洋功能区划的上限指标，但直到 2017 年 11 月国家海洋督察组进驻才被发现，此时很多沿海工程和项目已经落地建成，成为不可逆的事实。[①] 在这种情况下，即使对地方政府进行惩罚，对海洋环境产生的影响也很难短时间恢复。

（二）国家海洋督察的组织体系有待健全

目前，国家海洋督察的实体组织设立在原国家海洋局，其主要组织体系为全国海洋督察委员会和办公室（设立在原国家海洋局）和海区督察组织（设立在北海分局、东海分局、南海分局），组织体系不健全。

第一，就国家海洋督察的顶层组织而言，全国海洋督察委员会和办公室设立在原国家海洋局，其督察的对象却包括沿海省、自治区、直辖市人民政府及其海洋行政主管部门和海洋执法机构。从职能部门管理来看，原国家海洋局对海洋行政主管部门和海洋执法机构进行海洋督察名正言顺。但面对沿海省、自治区和直辖市人民政府，全国海洋督察委员会和办公室尽管代表国务院进行海洋督察，但对于地方政府的威慑力明显不够。正如蔡先凤、童梦琪所言："全国海洋督察委员会的组织地位及其人员组成与其承担指导、协

[①] 方正飞：《国家海洋督察组向天津反馈围填海专项督察情况》，搜狐网，http://www.sohu.com/a/240047781_100122948，最后访问日期：2019 年 10 月 21 日。

调和监督全国海洋督察工作的重要使命很不相称。"①

国家海洋督察与中央生态环境保护督察的人员构成形成一定对比。
(1)中央生态环境保护督察领导小组组长、副组长由党中央、国务院研究
确定,小组成员包括中共中央办公厅、组织部、宣传部,国务院办公厅、司
法部、生态环境部、审计署和最高人民检察院等的人员。这种协调机制的设
立有利于强化督察的权威,也有利于督察整改的落实,还有利于把生态文明
建设和生态环境保护的责任进一步夯实。(2)中央生态环境保护督察组设
组长、副组长。组长一般由现职或者近期退出领导岗位的省部级领导同志担
任,副组长由生态环境部现职部领导担任。例如,在第二轮中央环保督察
中,共组建了8个中央生态环境保护督察组,其组长均为省部级官员,均曾
在或现在全国人大或全国政协任职。

第二,海区督察组织缺乏固定的人员。在实施国家海洋督察期间,北海
分局、东海分局和南海分局会负责组建海区督察组织,代表国务院具体开展
督察工作,向全国海洋督察委员会负责。也就是说,国家海洋督察组各个小
组的部分人员一般就是从这三个分局中抽调的,各个小组组长一般由原国家
海洋局副局长担任。例如,在2017年围填海专项督察第一批督察工作中,
国家海洋督察组从当时的国家海洋局机关和三个分局选拔出200多人组成6
个国家海洋督察组。但实际上,海区督察组织并非常设机构,没有单独的编
制。在日常工作中,三个分局人员更多地需要承担各自的本职工作,国家海
洋督察不是他们的主要工作。只是在国家海洋督察期间,从各个部门临时抽
调若干人员组成国家海洋督察队伍。他们在日常工作中并不能代表国务院对
地方政府进行海洋督察。

第三,各级地方政府没有建立常设的海洋督察机构。按照理想的组织体
系设计,国家海洋督察组织应该包括:全国海洋督察委员会和办公室,海区
督察组织,省、自治区、直辖市层面设立的海洋督察组织(一般应设立在自

---

① 蔡先凤、童梦琪:《国家海洋督察制度的实效及完善》,《宁波大学学报》(人文科学版)
2018年第5期。

然资源厅下海洋主管部门），市县层面设立的海洋督察组织。全国海洋督察委员会和办公室、海区督察组织负责全国性和区域性的海洋督察，也是国家海洋督察的主要组织。省级及以下海洋督察组织负责省、市、县各自管辖区域的日常海洋督察工作，确保海洋督察的常态化和下沉。实际上，早在 2011 年的《海洋督察工作管理规定》中，就明确提出，在各个海区分局、省级及以下海洋行政主管部门应当设立相应的海洋督察机构。但对地方海洋督察机构的组织设置、职权范围、运作机制等并未做出明确的规定。在 2016 年底出台的《海洋督察方案》对此也只字未提。从地方政府的机构设置和职责分工来看，省、市、县各级海洋行政主管部门和海洋执法机构一般都没有成立专门的海洋督察机构，从官方网站公布的主要职责来看，海洋督察也并没有列入其中。因此，对地方政府及其海洋行政主管部门和海洋执法机构而言，国家海洋督察的内容没有成为其日常工作。国家海洋督察在地方缺少抓手和平台。

（三）国家海洋督察的权力体系有待完善

1. 国家海洋督察的对象主要局限于地方各级政府

国家海洋督察的对象主要为沿海省、自治区、直辖市人民政府及其海洋行政主管部门和海洋执法机构，也就是主要是政府部门，基本没有涉及各级党委。这也限制了国家海洋督察的权限。因为在当前中国的党政体制中，各级党委对海洋开发、管理、审批具有重要作用。因此，海洋督察和问责的范围如果没有扩大到各级党委，那么很难从根本上保证国家海洋资源环境有关法律法规被地方政府严格执行。反观中央环保督察，则强调落实党政同责和"一岗双责"，从而提升了地方各级党委和政府的环保责任和政治意识。全国 24 个省份出台了党政领导干部生态环境损害责任追究实施细则，其余省份也在制定和征求意见之中。[①]

2. 国家海洋督察组与地方政府之间的权力关系有待进一步规范

目前，针对国家海洋督察中发现的问题，国家海洋督察组只有监督检查

---

① 李彤、李楠桦：《环保部：环保督查落实党政同责和"一岗双责"》，人民网，http：//env. people. com. cn/n1/2017/0309/c1010 - 29135044. html，最后访问日期：2019 年 10 月 21 日。

权和问责建议权，处置权和决策权最终在地方政府手中，国家海洋督察组不参与具体案件过程的督办，主要关注的是整改结果。中央政府和地方政府在海洋资源与环境保护的立场有所不同，后者利用海洋发展经济的冲动更为强烈一些，而环境保护的动力相对较弱。同时由于地方各级政府千丝万缕的利益网络，最终问题整改有可能流于形式，只是为了迎接国家海洋督察组的检查督办。另外，从检查督办手段来看，"国家海洋督察组在向对方政府反馈督察意见后，要求地方政府在30个工作日内制定完成整改方案，并在6个月内报送整改情况。根据需要，自然资源部将对重要督察整改情况组织'回头看'"①。可见，查看地方政府报送的整改方案和整改情况、海洋督察"回头看"是对整改问题检查督办的主要手段。前者主要停留在文本审阅层面，注重形式和程序；"回头看"则大多只是针对重大督察问题整改情况，由于时间、精力和人手有限，不可能覆盖全部整改问题。

3. 国家海洋督察和中央环保督察在职责分工上有很多重叠之处

二者都涉及海洋生态环境方面的督察，目前并没有关于二者督察权限的划分和界定。这容易导致重复督察，需要地方政府耗费更多时间和精力迎接检查。

四 完善国家海洋督察的对策

（一）增强国家海洋督察的可持续性和预防性

增强国家海洋督察的可持续性。逐步将《海洋督察方案》中的若干内容适时纳入国家法律范畴，构建国家海洋督察工作完备的法律支撑体系，实现国家海洋督察的法治化，从而增强国家海洋督察的权威性和威慑力，强化国家海洋督察的制度化和常态化。特别是需要界定国家海洋督察机构的法律地位，通过法律条文的形式，界定清楚在国家海洋督察中国家海洋督察机构

---

① 《国家海洋局关于印发海洋督察方案的通知》，中华人民共和国自然资源部网站，http：//gc.mnr.gov.cn/201806/t20180615_1796311.html，最后访问日期：2020年4月13日。

与自然资源部相关部门、地方政府、地方海洋管理部门之间的权利与义务关系，增强国家海洋督察机构开展国家海洋督察的合法性和可持续性；摆脱国家海洋督察中的"运动式"治理色彩，让地方政府及其海洋行政主管部门明确国家海洋督察不是一阵风、不是权宜之计，督促地方政府在发展地方经济过程中始终绷紧海洋生态文明建设这根弦。

增强国家海洋督察的预防性。《海洋督察方案》中明确指出"对工作中的苗头性、倾向性或者重大的违法违规问题等特定事项进行监督检查，及时发现和纠正相关问题，提出改进意见和建议"。[1] 就目前两轮国家海洋督察而言，督察工作更多集中于对重大违法违规问题等特定事项进行监督检查，而对于海洋开发利用中的苗头性、倾向性的重大问题的预防性不足，国家海洋督察工作具有明显的滞后性。从国家海洋督察实践来看，2017～2019 年的两轮国家海洋督察都是以围填海问题作为监督检查的主要内容，主要针对的是地方政府长期以来大规模围填海活动造成的滨海湿地面积缩小、自然海岸线锐减等问题，督察目的在于督促地方政府严格处置违法违规围填海项目、强化生态整治修复，并试图通过退围还海、退养还滩、退耕还湿等方式，逐步修复已经破坏的滨海湿地。可见，围填海专项督察固然有非常重要的意义，但大多属于亡羊补牢式的补救措施。在国家海洋督察中，需要增加预防性和前瞻性的督察内容，将苗头性、倾向性重大问题消灭于萌芽中。

（二）将国家海洋督察对象扩大至地方各级党委

当前国家海洋督察范围已经从原有的地方海洋行政主管部门扩大至沿海省、自治区、直辖市人民政府，增强了督察效果。在当前党政体制下，各个地方党委处于核心领导地位，在海洋开发利用等重大决策中发挥着重要乃至决定性作用。可以学习中央环保督察的做法，将国家海洋督察对象扩大至沿海省、自治区、直辖市党委，实施"党政同责""一岗双责"，明确各级党

---

[1] 《国家海洋局关于印发海洋督察方案的通知》，中华人民共和国自然资源部网站，http://gc. mnr. gov. cn/201806/t20180615_1796311. html，最后访问日期：2020 年 4 月 13 日。

委领导干部在海洋生态保护中的职责，强化责任追究机制，提升各级党委和政府的环保责任和政治意识。如此一来，国家海洋督察机构通过监督检查省级党委和政府，增强省级党政领导的海洋生态保护责任意识，从而进一步强化他们对下属省级海洋行政主管部门、地级市党委政府及其海洋行政主管部门的监督检查，以此类推，督察压力层层传递、海洋保护责任层层压实，最终实现优化国家海洋督察效果的目的。

（三）明确国家海洋督察和中央环保督察的职责分工

国家海洋督察和中央环保督察在涉及海洋生态保护方面存在职责重叠或交叉，这不仅导致督察资源的浪费，而且容易形成九龙治水的低效格局。同时，从地方政府的角度来看，针对相同问题的重复督察容易扰乱其正常的工作秩序。督察次数过多导致地方政府耗费大量时间和精力用于迎接检查上、用于会议汇报、表格填写、资料汇总和接待陪同等形式与程序上，耽误了他们在海洋生态文明建设一线中的真干实干。因此，党中央和国务院应从顶层设计上规范和明确国家海洋督察和中央环保督察的职能分工、权力划分，确保二者在充分发挥各自优势的基础上，建立分工明确、各负其责的权力配置体系，从而最终在海洋生态保护方面形成互为补充、协同合作的治理格局。

B.14
中国海洋执法与海洋权益维护发展报告

宋宁而　宋枫卓*

摘　要：　海上执法与海洋权益维护呈现专题化与精准化、可持续性
　　　　　与规划性、逐步综合化以及注重科学理念指引作用的特点。
　　　　　我国海洋执法与海洋权益维护在诸多方面都取得了长足进
　　　　　展，但仍然面临诸多严峻的问题。着力加强我国海洋法治
　　　　　建设，持续推进海洋治理综合化，持续突破攻坚海洋科学
　　　　　技术，进一步明确科学的海洋权益维护理念对于海洋执法
　　　　　具有重要意义。我国的海洋执法与海洋维权之路依然任重
　　　　　而道远。

关键词：　海洋执法　海洋权益维护　海洋事业

一　2018～2019年我国海洋执法与
海洋权益维护发展动向

2018～2019年，我国海洋执法在保持方针、政策不变的前提下，海洋
执法力度与海洋执法精准化等方面产生了显著变化。我国海洋维权在坚持我

* 宋宁而，中国海洋大学国际事务与公共管理学院副教授，研究方向为海洋社会学，主要从事
日本"海洋国家"研究；宋枫卓，中国海洋大学国际事务与公共管理学院2018级硕士研究
生，研究方向为海洋社会学。

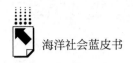

国方针、政策与立场的基础上，围绕海洋开发、利用和保护的实践活动形成
了诸多新动向。

（一）海洋执法力度的加大与精准化的提高

2018～2019 年，我国海洋执法与海洋权益维护显示了进一步加大执法
力度与提高海洋执法精准化的动向。

1. 海洋执法精准化

2018 年 1 月，国家海洋局为加强海洋督察，对围海填海采取了历史
上最严格的管控措施，对于严重破坏海洋生态环境等十种行为分批次、
分时期，一律惩办；与此同时，在生态修复、海岸带规划、围海填海的
日常监管三个领域实施强化措施。[①] 同年 9 月，我国南海区全面启动的针
对违法违规用海的查处督办工作，也是海洋执法精准化的体现。[②]

我国海洋科技领域的进步对于海洋维权的精准化有着重要的意义。2019
年 10 月，自然资源部科研人员乘坐"向阳红 03"号科考船，前往中北太平
洋海域，成功放置我国自主研发的深海浮标，填补了我国对该海域实时监测
的空白，为全球气候变化和海洋环境预报提供数据支持。海洋权益维护朝着
更精准化的方向发展。[③] 同年 12 月，我国第一艘大型浮标作业船，3000 吨
级的"向阳红 22"号船成功交付使用。这一作业船的最大特点在于船尾甲板
上的止荡装置与 A 型架，以及布放与回收浮标全流程实现高度自动化。这是
我国大型浮标保障能力进一步加强的体现，实现了我国对太平洋与印度洋等
海域观测范围的大幅度拓展，对提升我国海洋科技实力具有深远的意义。[④]

---

① 《国家海洋局采取"史上最严围填海管控措施"执行"十个一律""三个强化"》，中国海洋信息网，http://www.nmdis.org.cn/c/2018－01－18/53053.shtml，最后访问日期：2020年4月6日。
② 《南海区查处违法违规用海督办工作全面启动》，中国海洋信息网，http://www.nmdis.org.cn/c/2018－09－06/60081.shtml，最后访问日期：2020年4月6日。
③ 《我国在中北太平洋布放深海浮标》，自然资源部网站，http://www.mnr.gov.cn/dt/hy/201910/t20191025_2477045.html，最后访问日期：2020年4月6日。
④ 《"向阳红22"交付，系我国首艘3000吨级大型浮标作业船》，澎湃新闻，https://www.thepaper.cn/newsDetail_forward_5127616，最后访问日期：2020年4月6日。

执法的精准化同样体现在这一时期的海警工作中。据我国海警中心总结，2017 年度的"碧海 2017"专项行动，有力打击了海域资源环境破坏的各类违法行为，收获了明显的成效。本次行动以提升海上执法的威慑力为目的，对各类破坏海域环境资源的违法行为起到了有效的震慑。① 2019 年，为进一步精准打击海上违法犯罪行为，切实维护粤港海上边界的稳定与安全，中国海警局派遣舰艇，对粤港海上边界开展了高频度的巡逻管控。②

2019 年，渔政的"亮剑"专项执法活动启动，致力于取缔"三无"涉渔船舶，提升渔业管理执行力，为渔民增收、渔业持续发展兴旺提供支持。③

2. 海洋执法力度加大

第一，海洋执法力度的提升表现在海洋环境保护专项执法活动的推进上。2018 年 4 月，北戴河及邻近海域的海洋环保专项执法活动启动，旨在加强对相关海域油田矿区的巡航、对海洋工程的建设项目进行督察、对相关海域的非法倾废与采砂加大执法力度。④ 2019 年，渤海污染治理得到了进一步切实有效的推进。2019 年 1 月，一项专门针对渤海地区入海排污口的排查整治工作正式在唐山启动，力求有序地推进排污口的整治工作。⑤ 2019 年 2 月，渤海综合治理攻坚战座谈会在北京召开。会议提出了为期三年的整治工作，确保渤海海域生态环境不再发生恶化，渤海生态环境的综合治理切实见效。⑥ 同年 10 月，生态环境部在北京召开发布会，指出我国 2019 年近岸

---

① 《"碧海 2017"专项执法行动成效明显》，中国海洋信息网，http://www. nmdis. org. cn/c/2018 - 02 - 12/52993. shtml，最后访问日期：2020 年 4 月 6 日。

② 《海警舰艇在粤港海上边界高频度开展巡逻管控》，澎湃新闻，https://www. thepaper. cn/newsDetail_ forward_ 5118847，最后访问日期：2020 年 4 月 6 日。

③ 《渔政系列执法行动"亮剑"护渔》，渔业渔政管理局网站，http://www. yyj. moa. gov. cn/gzdt/201904/t20190418_ 6196127. htm，最后访问日期：2020 年 4 月 6 日。

④ 《北戴河海洋环境保护专项执法启动》，中国海洋信息网，http://www. nmdis. org. cn/c/2018 - 04 - 27/60309. shtml，最后访问日期：2020 年 4 月 6 日。

⑤ 《渤海入海排污口排查整治行动启动》，自然资源部网站，http://www. mnr. gov. cn/dt/hy/201901/t20190115_ 2386981. html，最后访问日期：2020 年 4 月 6 日。

⑥ 《渤海攻坚战生态环境治理务求三年见实效》，自然资源部网站，http://www. mnr. gov. cn/dt/hy/201902/t20190227_ 2396786. html，最后访问日期：2020 年 4 月 6 日。

海域的水质状况稳中向好，渤海综合治理取得初步成效。① 2019 年 1 月，生态环境部还宣布全面启动对长江入河排污口的整治工作，力求有效把控入河与入海的排污口。②

第二，海洋执法力度的提升表现在对北太平洋公海海域的渔业巡航执法活动上。中国海警局为贯彻联合国大会关于北太平洋公海渔业资源保护的相关协定，对公海渔业加强了监管。2019 年 7 月至 8 月，中国海警局派遣舰艇编队在该海域展开了巡航与执法，有效履行了公海渔业的执法职责，致力于维护北太平洋公海的渔业生产秩序。这是近年来我国持续强化远洋渔业管理、开展公海渔业巡航与执法的体现，目前相关海域的渔业生产整体呈现有序运行的态势。③

我国海洋生态预警监测能力在此期间得到了有效的提升。2019 年 5 月，海洋生态预警监测能力的验证工作全面启动。④ 同年 11 月，由我国承建的南中国海区域海啸预警中心的业务化正式启动，为南中国海周边 9 国提供预警服务。该预警中心从提出倡议到正式运行历经十年，而在此期间，我国的相关技术能力得到了跨越式提升，目前我国自主研发的海啸预警信息平台已经达到国际先进水平。⑤ 与此同时，自然资源部通报，在各级主管部门的共同努力之下，目前各沿海地带的大规模违法填海已得到有效遏制，而个别零星的违法用海情况依旧存在，因而需要再接再

① 《渤海综合治理攻坚战取得初步成效》，自然资源部网站，http：//www.mnr.gov.cn/dt/hy/201910/t20191031_2477985.html，最后访问日期：2020 年 8 月 26 日。
② 《查清所有向渤海和长江排污的"口子"》，自然资源部网站，http：//www.mnr.gov.cn/dt/hy/201901/t20190123_2389558.html，最后访问日期：2020 年 4 月 6 日。
③ 《中国海警局开展北太平洋公海渔业执法巡航》，环球网，https：//3w.huanqiu.com/a/67b845/9CaKrnKmh5F? agt=8，最后访问日期：2020 年 4 月 6 日。
④ 《海洋国家级检验检测暨海洋生态预警监测能力验证工作启动》，自然资源部网站，http：//www.mnr.gov.cn/dt/hy/201905/t20190523_2412912.html，最后访问日期：2020 年 4 月 6 日。
⑤ 《南中国海区域海啸预警中心业务化正式运行——为南中国海周边 9 国提供全天候地震海啸监测预警服务》，中国海洋信息网，http：//www.nmdis.org.cn/c/2019-11-06/69548.shtml，最后访问日期：2020 年 4 月 6 日。

厉，进一步强化监管，巩固管控围、填海所取得的成果。①

科技的进步推动了海洋监测的进展。2019 年 10 月，"向阳红 21"号船完成重大维修与改造，在威海顺利下水，改造后的"向阳红 21"号海洋监测调查能力得到了有效的提升。② 11 月，"雪龙 2"号极地科考破冰船首次穿越西风带，进入南极地区，极地科考工作有序推进。③ 同年 11 月，"海洋六号"船于南海北部海域第一次实施了海上无人机航磁探测海上试验任务，无人机海上探测技术得到了创新与突破。④

第三，海洋执法力度的提升表现在我国海军与海警的联合演习训练中。2018 年 8 月，我国海军与海警相关船舰在南海特定海域的地海空联合演习中同时亮相，有效地检验了海上搜救行动中的兵力组织与运用。⑤

2019 年 7 月，《新时代的中国国防》白皮书发表，这份白皮书为我国自 1998 年以来的第十部国防白皮书，书中多处涉及海洋，强调维护海上战略通道安全与海洋权益。白皮书强调海军在国家发展大局中的重要性，指出我国军队在发展远洋力量、补足海外行动与保障能力方面存在的不足，强调应加强军事任务能力培养的多样化，建设海外补给供应点，并提出加快推进远海防卫的战略要求以及提升综合防御作战与保障能力、建设强大现代化海军的目标要求。⑥

第四，我国海洋执法力度的提升表现在对钓鱼岛周边海域的巡航时间

---

① 《大规模违法填海活动得到有效遏制》，自然资源部网站，http://www.mnr.gov.cn/dt/mtsy/201911/t20191114_2480486.html，最后访问日期：2020 年 4 月 6 日。
② 《向阳红 21 船完成重大维修改造顺利下水》，自然资源部东海局网站，http://www.mnr.gov.cn/dt/hy/201910/t20191015_2471461.html，最后访问日期：2020 年 4 月 6 日。
③ 《"雪龙 2"号首次进入南极地区》，人民网，http://world.people.com.cn/n1/2019/1111/c1002-31449207.html，最后访问日期：2020 年 4 月 6 日。
④ 《"海洋六号"船完成首次无人机航磁探测海上试验》，自然资源部网站，http://www.mnr.gov.cn/dt/hy/201911/t20191119_2481175.html。
⑤ 《中国海军联合海警在南海演练 出动三体战舰》，环球网，https://3w.huanqiu.com/a/132f27/7F9epPAArn2？agt=8，最后访问日期：2020 年 4 月 6 日。
⑥ 《新时代的中国国防》，新华网，http://www.xinhuanet.com/politics/2019-07/24/c_1124792450.htm。

上。5月29日,4艘中国海警船在钓鱼岛海域内巡航。日本方面表示,这是中国公务船只连续48天在钓鱼岛海域巡航,刷新连续巡航该海域的最高天数纪录。对此,中国驻日本大使馆回应,这是我国的正常巡航执法活动。①

2018~2019年,我国对远洋渔业管理也有所加强。农业农村部发出了加强远洋渔业安全管理的通知,敦促远洋渔业相关企业遵守入渔国的相关法律法规,加强人员培训,严禁在他国执法船登船检查时暴力抗拒执法,或逃避执法。我国海上执法与海洋管理部门在加强制度建设、提升执行力的同时,也在扩展海上执法与管理的范围。②

禁用渔具的查禁工作力度也在这一时期显著加大。2019年,农业农村部下发通知,以2020年底为目标,杜绝全国海洋禁用渔具的使用,务求渔具网尺寸符合规定,渔获物中的幼鱼比例符合要求。③

2019年11月,山东省日照市召开海洋休渔管理会议。海洋休渔期间,山东省查处违法违规案件共计2036件,确保海洋休渔的生产秩序整体稳定趋好。④ 同年11月,大连市相关部门出台方案,要求对渤海海域非法与不符合管控要求的海水养殖进行整治和清理,并进行持续性的跟踪监督与检查。⑤

与此同时,我国渔情监测信息采集培训工作也在进一步推进,相关部门整合水产技术与产业技术力量,拓展并完善养殖渔情的监测指标,加强数据分析与应用,稳定信息采集队伍,力求稳步推进我国渔业的高质量发展。⑥

---

① 《中国驻日使馆回应海警船巡航钓鱼岛创纪录:系正常巡航执法》,环球网,https://world.huanqiu.com/article/9CaKrnKkM2W,最后访问日期:2020年4月6日。
② 《农业农村部:加强远洋渔业管理 防止引发涉外事件》,自然资源部网站,http://www.mnr.gov.cn/dt/hy/201903/t20190328_2403227.html,最后访问日期:2020年4月6日。
③ 《农业农村部:力争2020年底全国海洋禁用渔具基本杜绝》,渔业渔政管理局网站,http://www.yyj.moa.gov.cn/gzdt/201904/t20190418_6196134.htm,最后访问日期:2020年4月6日。
④ 《山东:伏季休渔期查办违法违规案件2000余件》,搜狐网,https://www.sohu.com/a/352827500_362042,2019年11月12日。
⑤ 智曼卿:《中国海洋报》2019年11月18日,版号002。
⑥ 《整合力量,共同推进养殖渔情监测向纵深发展》,渔业渔政管理局网站,http://www.yyj.moa.gov.cn/gzdt/201904/t20190418_6196142.htm,最后访问日期:2020年4月6日。

（二）海洋执法系统化建设持续深入发展

在加大海洋执法力度与提升海洋执法精准化的同时，我国海上执法与海洋权益维护还显示出体制机制建设持续系统化推进的动向。

1. 海洋执法系统化的趋势

我国围海、填海的督察工作在 2018～2019 年呈现进一步系统化的发展趋势，目前已进入海洋督察的整改阶段，并要求各地方政府尽快启动围海、填海的相关问责制度，对曝光的问题进行公开透明处理，并严格落实问责。[①]

第一，海洋执法系统化建设表现在对我国沿海各滨海湿地的系统化管理上。2018 年 2 月，国家海洋局发布《海洋生态保护红线监督管理办法（征求意见稿）》与《滨海湿地保护监督管理办法（征求意见稿）》，旨对滨海湿地进行面积和总量的管控，分批次确定国家进行重点保护的湿地名录及面积，进一步完善滨海湿地管理系统。[②]

2019 年 5 月，生态环境部主持召开了各流域、各海域的生态环境监管工作会议，要求加速推进流域海域的政策法规、技术标准、应急预案的制定，排污口的监督审查，总量的控制，强化对各流域各海域的督促检查。[③]与此同时，南沙海域的海洋典型生态监测系统的维护工作也在近年来持续推进。2019 年 6 月，国家海洋技术中心的科研人员前往南沙海域，开展第四次维护工作。[④] 同年 6 月，山东青岛召开了国家海域海岛的监管体系建设工作会议，会议要求加快构建国家海域海岛的监管体系，力求早日建成海域海

---

① 《第一批围填海专项督察进入整改阶段》，中国海洋信息网，http：//www.nmdis.org.cn/c/2018 - 01 - 18/53054.shtml，最后访问日期：2020 年 4 月 6 日。

② 《加强海洋生态红线监管 实行滨海湿地名录管理——国家海洋局发布两个〈办法〉征求意见稿》，中国海洋信息网，http：//www.nmdis.org.cn/c/2018 - 02 - 06/53005.shtml，最后访问日期：2020 年 4 月 6 日。

③ 《生态环境部推进流域海域生态环境监管》，自然资源部网站，http：//www.mnr.gov.cn/dt/hy/201905/t20190521_2412192.html，最后访问日期：2020 年 4 月 6 日。

④ 《中国自然资源报》：《海洋典型生态监测系统维护工作展开》，http：//www.iziran.net/difanglianbo/20190617_120004.shtml，最后访问日期：2020 年 8 月 27 日。

岛保护的系统化新格局。①

第二，海洋执法的系统化管理表现在海啸预警机制的建设上。2018 年 2 月，我国南中国海的海啸预警中心宣布试运行，为我国相应海域及周边沿海地区提供快速、有效的海啸预警服务。②

2019 年 12 月，当年的第二批海洋牧场共计 13 个示范项目获批，显示了我国海洋渔业进行规模化、体系化管理的发展动向。③

2. 海洋执法制度化的进程

2018～2019 年，我国海上执法的各领域制度化建设都有所推进。2018 年 6 月，《全国人民代表大会常务委员会关于中国海警局行使海上维权执法职权的决定》颁布，相关规定从当年 7 月 1 日开始实施。该决定从制度化建设方面明确了中国海警局的海上执法维权的统一职责范围，确立了海警在法律制度中的地位，进一步完善了海上维权执法体系。④

2019 年，自然资源部对北海、东海、南海三个海区局明确规定了 10 项主要职责，督促其承担所管辖海域的监督管理工作。⑤ 2019 年 10 月，生态环境部召开新闻发布会，指出我国湾长制的试点工作已见成效，海域生态环境保护的责任不明确、监管缺位问题正在得到逐步解决，有望全面推行湾长制，探索具有普适性的海洋生态环境治理制度。⑥

渔业管理的法制化进程在 2018～2019 年也得到了深化推进。修订后的

---

① 《中国海洋报》：《国家海域海岛监管体系建设推进会召开》，自然资源部网站，http://www.mnr.gov.cn/dt/hy/201906/t20190628_2443242.html，最后访问日期：2020 年 8 月 27 日。

② 《南中国海区域海啸预警中心投入试运行》，中国海洋信息网，http://www.nmdis.org.cn/c/2018-02-09/52995.shtml，最后访问日期：2020 年 4 月 6 日。

③ 《山东公布 2019 年第二批省级海洋牧场创建示范项目》，中国海洋信息网，http://www.nmdis.org.cn/c/2019-12-09/69951.shtml，最后访问日期：2020 年 4 月 6 日。

④ 《中国海警局行使海上维权》，中国海洋信息网，http://www.nmdis.org.cn/c/2018-06-28/60214.shtml，最后访问日期：2020 年 4 月 6 日。

⑤ 《自然资源部三个海区局"三定"规定公布》，自然资源部网站，http://www.mnr.gov.cn/dt/ywbb/201905/t20190523_2412908.html，最后访问日期：2020 年 4 月 6 日。

⑥ 《湾长制试点各具特色　全面推行有待评估》，搜狐网，http://www.sohu.com/a/351462880_100122948，最后访问日期：2020 年 8 月 27 日。

《渔业捕捞许可管理规定》于 2019 年 1 月 1 日起实施。① 农业农村部办公厅于 2019 年 1 月发布的《关于进一步严格遵守金枪鱼国际管理措施的通知》对远洋渔业的生产秩序的有序运行做出了进一步的制度化规范。② 2019 年 3 月，为落实简政放权、优化服务、激发市场与社会活力，国务院对 49 部行政法规的条款进行了部分修订，其中多项被修订条款涉及渔业、渔政相关内容，海上执法与海洋管理的制度化建设正在稳步推进。③ 作为推进渔业绿色发展的重要措施，管理部门要求，必须施行大中型渔船在进出渔港时的报告制度，以方便渔船进出港口，并加强对渔船的全程监管。④ 同年 5 月，我国启动全国海洋休渔专项执法行动，海上执法向着持续、精准、力度提升的方向发展。⑤

2019 年 3 月，农业农村部主持了第二届捕捞渔具专家委员会会议，并对《全国海洋捕捞准用渔具目录》进行审定，渔具渔业管理的技术服务能力进一步加强。⑥

海洋执法制度化也体现在海洋牧场的示范区建设工作中。2019 年 9 月，农业农村部通知，为充分发挥国家级海洋牧场示范区的引领和辐射作用，正式施行《国家级海洋牧场示范区管理工作规范》，致力于多渠道、多层次和

① 《新修订〈渔业捕捞许可管理规定〉2019 年 1 月 1 日施行》，渔业渔政管理局，http：//www. yyj. moa. gov. cn/gzdt/201904/t20190418_ 6196078. htm，最后访问日期：2020 年 4 月 6 日。
② 《渔船未注册不得进行生产，农业农村部发文规范金枪鱼作业》，渔业渔政管理局，http：//www. yyj. moa. gov. cn/gzdt/201904/t20190418_ 6196104. htm，最后访问日期：2020 年 4 月 6 日。
③ 《国务院修改部分行政法规涉渔条款》，渔业渔政管理局，http：//www. yyj. moa. gov. cn/gzdt/201904/t20190418_ 6196122. htm，最后访问日期：2020 年 4 月 6 日。
④ 《渔业渔政管理局要求做好渔船进出渔港报告制度落实工作》，渔业渔政管理局，http：//www. yyj. moa. gov. cn/gzdt/201904/t20190418_ 6196115. htm，最后访问日期：2020 年 4 月 6 日。
⑤ 《全国海洋休渔暨渤海综合治理专项执法启动》，搜狐网，http：//www. sohu. com/a/312844903_ 100122948，最后访问日期：2020 年 8 月 27 日。
⑥ 《农业农村部第二届捕捞渔具专家委员会成立暨〈全国海洋捕捞准用渔具目录〉审定会议举行》，渔业渔政管理局，http：//www. yyj. moa. gov. cn/gzdt/201904/t20190418_ 6196116. htm，最后访问日期：2020 年 4 月 6 日。

多元化的长效投入机制建设。①

3. 海洋执法与海洋治理综合化的动向

跨部门、多领域的综合化管理在 2018~2019 年度也得到了进一步提升。2018 年 11 月，我国北部战区的海军航空兵进行了包括组织歼击机和歼击轰炸机在内的多型战机的联合实弹训练，提升了部队执行海上维权与执法任务的综合能力。②

2018~2019 年，跨部门的海上执法与海洋治理取得了系列成果。其中，2018 年 12 月，由自然资源部、生态环境部、国家发展和改革委员会联合印发的《渤海综合治理攻坚战行动计划》（以下简称《行动计划》）正是成果之一，《行动计划》旨在加速推进渤海海域的生态环境问题，防治生态环境进一步恶化，加强海洋生态环境的预警、监测、应急处置和信息发布的系统建设。③ 2019 年，自然资源部召开会议，落实南海区工作方案，要求进一步强化海域海岛空间利用方面的职责监管，务必使南海区的海洋预警通报水平得到持续性提升。④

海上综合执法在 2018 年度得到了持续的推进。2018 年 5 月至 6 月，海南、广西、广东首次开展了为期一个月的三省（区）联合执法专项行动，旨在加强对休渔和生态环境的监管，杜绝违法犯罪行为的海上灰色地带。⑤

多部门联合实施海上执法的动向在 2019 年获得延续。2019 年 1 月，农

---

① 《〈国家级海洋牧场示范区管理工作规范〉正式施行》，自然资源部网站，http：//www. mnr. gov. cn/dt/hy/201909/t20190920_ 2468411. html，最后访问日期：2020 年 8 月 27 日。

② 《北部战区海军航空兵组织多型战机跨昼夜实弹攻击训练》，中国海军网，http：//www. navy. 81. cn/content/2018 – 11/01/content_ 9328899. htm，最后访问日期：2020 年 8 月 27 日。

③ 《三部委联合印发〈渤海综合治理攻坚战行动计划〉对环渤海区渔业发展提出明确要求》，渔业渔政管理局，http：//www. yyj. moa. gov. cn/gzdt/201904/t20190418_ 6196085. htm，最后访问日期：2020 年 4 月 6 日。

④ 《南海局：开拓海区工作新局面》，自然资源部网站，http：//www. mnr. gov. cn/dt/hy/201904/t20190402_ 2403826. html，最后访问日期：2020 年 4 月 6 日。

⑤ 《广东广西海南首次组织跨省联合执法三省区联手严厉打击海上违法行为》，中国海洋信息网，http：//www. nmdis. org. cn/c/2018 – 05 – 29/60254. shtml，最后访问日期：2020 年 4 月 6 日。

业农村部与交通运输部、外交部、海关总署等多部门联合，实施了对非法、不报告、不管制（简称"IUU"）渔船的港口国的管控措施，此次行动也是对近年来国际社会与联合国对于打击 IUU 捕捞活动呼吁的响应。①

跨部门的治理综合化特点还体现在对渔民工作中。渔业安全生产也是海洋权益维护的重要组成部分。2018 年，农业部全面部署渔业安全生产相关工作，进一步完善各部门之间在渔业安全生产中的配合与协调，进一步推进综合化管理。② 同年 12 月，农业农村部与国务院港澳事务负责部门合作，共同召开了关于港澳地区流动性渔船和渔民座谈会，自然资源部、公安部、海关总署、广东省人民政府等多个相关职能部门的负责人参与了座谈会，力求通过跨部门的合作，共同推动相关政策的出台，以规范化的管理服务于广大渔民。③

（三）注重海洋事业的长期性规划

2018～2019 年，我国海洋执法及海洋权益维护延续以往的发展特点，进一步显示出执法管理的可持续性与长期规划性。

1. 海洋执法管理的可持续性

海洋执法在 2018～2019 年呈现更为持续性的动向。国家海洋局派遣"向阳红 20"号海洋科考船前往东海，对发生油轮事故海域的海洋生态环境继续监测，同时派遣其他执法船共同执行监测与应急监视相关任务，持续性掌握溢油的扩散、漂移和分布情况。④ 同时，自然资源部在 2018 年启动对

---

① 《多部委联合落实打击 IUU 渔船的港口国措施　拟将 247 艘 IUU 渔船名单通报国内各口岸》，渔业渔政管理局网站，http://www.yyj.moa.gov.cn/gzdt/201904/t20190418_6196097.htm，最后访问日期：2020 年 4 月 6 日。
② 《农业部全面部署 2018 年全国渔业安全生产工作》，渔业渔政管理局，http://www.yyj.moa.gov.cn/gzdt/201904/t20190418_6195927.htm，最后访问日期：2020 年 4 月 6 日。
③ 《农业农村部联合国务院港澳事务办公室召开港澳流动渔船渔民工作座谈会》，渔业渔政管理局，http://www.yyj.moa.gov.cn/gzdt/201904/t20190418_6196091.htm，最后访问日期：2020 年 4 月 6 日。
④ 《国家海洋局船舶继续在东海油轮事故现场监视监测》，中国新闻网，http://www.chinanews.com/sh/2018/02-06/8442771.shtml，最后访问日期：2020 年 8 月 27 日。

海域资源的专项普查，这是对我国海域资源进行摸底的基础性工作，也是注重海洋调查制度长期建设的表现。①

2018～2019年，海警的工作也显示出注重可持续性的动向。2018年，我国海警坚持海域权益维护的执法演习训练，致力于海上执法能力的持续性提升。②

可持续性同样体现在对海洋权益的宣传教育中。我国海洋教育也在2018～2019年度获得了实质性进展，显示了我国海洋权益维护的长远规划性。2018年9月，在厦门海沧，全国第一个以海洋战斗为主题的全民国防教育基地正式揭牌，致力于对青少年与各级党员干部群众进行海权意识的培养，基地定期对公众进行开放。③

渔业渔政在2018年以来也显示出更清晰的长远规划。2018年2月，农业部的渔业渔政管理局在相关工作报告中提出了2020年、2035年和21世纪中叶的目标，分别是我国渔业实现现代化建设取得明显进展、基本实现渔业的现代化以及建成现代化的渔业强国。④

2019年，我国海洋保护事业也有实质性推进。2019年12月9日，中国珊瑚保护联盟于海南陵水成立，致力于提升社会大众对珊瑚及其栖息地的认识与关心。⑤

2. 海洋执法管理的长期规划性

2018年12月至2019年2月，根据自然资源部的统一布局，有关部门开展了针对北海区海洋生态损害状况的核查工作，至此，初步完成了北海区的

---

① 《自然资源部明确海洋调查制度开展海域资源普查》，自然资源部网站，http://www.mnr.gov.cn/dt/ywbb/201807/t20180719_2365103.html，2018年8月27日。
② 《中国海警舰船编队巡航钓鱼岛 2018以来密集巡航》，搜狐网，http://www.sohu.com/a/216741122_115376，最后访问日期：2020年8月27日。
③ 《全国首个海战主题国防教育基地揭牌》，神州网，http://www.szmag.net/show/421125.html，最后访问日期：2020年8月27日。
④ 《2018年渔业渔政工作围绕两条主线开展——农业部召开渔业渔政工作媒体通气会》，渔业渔政管理局，http://www.yyj.moa.gov.cn/gzdt/201904/t20190418_6195932.htm，最后访问日期：2020年4月6日。
⑤ 《中国珊瑚保护联盟在海南陵水成立——〈中国珊瑚保护行动计划纲要〉发布》，中国海洋信息网，http://www.nmdis.org.cn/c/2019-12-11/69965.shtml，最后访问日期：2020年4月6日。

海洋生态损害情况的摸底式核查，为精准修复海洋生态提供了科学的依据。① 2019 年，自然资源部在广东召开前一年度的海域海岛总结工作会议，会议强调应紧密围绕本部门的核心职能与职责，加强对海域和海岛的体系化监管，以实现对海域海岛的资源保护。②

2019 年 5 月，《全国海洋观测网规划（2021～2030 年）》第一次编写组讨论会召开。相比于 2014～2020 年的规划，2021～2030 年的规划工作覆盖领域更为广泛、涉及范围更大。③

（四）科学布局，树立科学严谨的制度设计理念

2018～2019 年，我国海洋执法与海洋权益维护的各领域都呈现树立科学研究的发展理念，对海洋事业进行合理布局，对相关制度进行严谨设计的态势。

2018 年 10 月，第八届北京香山论坛召开，来自 67 个国家与多个国际组织的 500 余名代表，围绕海上安全领域的合作，秉承人类命运共同体的发展理念，进行了关于维护海上安全的现实与前景的探讨和交流，确立了科学发展理念在海洋执法与海洋权益维护事业中的引领作用。④

在海洋治理中以科学发展的理念为指引是 2018～2019 年以来我国海洋执法与海洋权益维护的一个重要动向。2019 年 4 月 23 日，习近平同志应邀出席中国人民解放军海军成立 70 周年的多国海军活动，在集体会见参加活动的各国代表时提出了"海洋命运共同体"的理念。习近平同志指出，海洋之于人类社会的发展意义重大，人类是由海洋连接而成的命运共同体，海洋的安宁与和平关系到世界各国的安危与利益，需

---

① 《北海区海洋生态损害状况摸底式初步核查工作完成》，自然资源部网站，http://www.mnr. gov.cn/dt/hy/201904/t20190412_2405018.html，最后访问日期：2020 年 4 月 6 日。
② 《南海局：切实做好海域海岛资源监管调查与保护》，自然资源部网站，http://www.mnr. gov.cn/dt/hy/201901/t20190115_2386980.html，最后访问日期：2020 年 4 月 6 日。
③ 《〈全国海洋观测网规划（2021～2030）〉首次编写组讨论会召开》，搜狐网，http:// www.sohu.com/a/317210283-100122948，最后访问日期：2020 年 8 月 27 日。
④ 《第八届北京香山论坛讨论"海上安全合作现实与愿景"》，中国海洋信息网，http:// www.nmdis.org.cn/c/2018-10-29/62472.shtml，最后访问日期：2020 年 4 月 6 日。

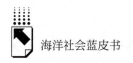

要共同的维护与加倍的珍惜，并提出了树立共同、综合、合作与可持续发展的发展理念与新安全观，表达了中国政府与各国共同应对海上挑战，致力于建设互利共赢的海上安全之路，维护海洋安宁与和平的态度与立场。①

4月25日，"构建海洋命运共同体"高层研讨会作为此次多国海军活动的一环在青岛举行。与会代表围绕"构建海洋命运共同体"这一主题，展开了关于应对海上威胁与挑战时海军角色、责任、行动与贡献的深入探讨，显示了我国对海洋事业发展新理念进行科学论证的严谨态度。②

科学的发展理念也体现在相关学术活动中。2018年3月30日，"全球治理与海洋权益维护"学术研讨会在上海交通大学闵行校区举办，围绕人类命运共同体、海洋环境保护与可持续发展等议题展开研讨。③ 同年4月，武汉大学召开学术研讨会，来自国内20余所高等院校和单位的专家参会，探讨我国海洋权益的维护，以及近年来我国海洋强国战略的实施、海洋争端的解决、海洋权益空间拓展过程中遇到的问题，寻求海洋权益维护的新理念、新路径。④

以科学发展的新理念指导海洋事业的动向还体现在渔业管理上。2019年1月，农业农村部召开渔业专题咨询会议。会议指出，2019年渔业工作的重点是在渔业与水产养殖业上应秉承绿色发展理念，加快推进生态渔业的发展模式，创建高标准的水产养殖示范区，加大渔业科技创新力度。目前，绿色发展已成为我国水产养殖业发展的指导理念，对该产业的转型与升级、高质量发展具有深远意义。⑤ 同年2月，渔业高质量发展的推进工作会在北

① 《习近平集体会见出席海军成立70周年多国海军活动外方代表团团长》，新华网，http://www.xinhuanet.com/2019 – 04/23/c_ 1124404136.htm，最后访问日期：2020年8月27日。
② 《"构建海洋命运共同体"高层研讨会在青岛举行》，http://www.military.people.com.cn/n1/2019/0424/c1011 – 31047847.html，最后访问日期：2020年8月27日。
③ 《全球治理与海洋权益维护学术研讨会在上海交大举办》，搜狐网，http://www.sohu.com/a/228044317_ 100122948，最后访问日期：2020年8月27日。
④ 《维护中国海洋权益问题学术研讨会在武汉召开》，中国海洋发展研究中心网站，http://www.aoc.ouc.edu.cn/2018/0416/c9820a187466/pagem.htm，最后访问日期：2020年8月27日。
⑤ 《共商新时代发展大计，推进渔业高质量发展》，渔业渔政管理局网站，http://www.yyj.moa.gov.cn/gzdt/201904/t20190418_ 6196105.htm，最后访问日期：2020年4月6日。

京举行，会议指出，2019～2020年全国渔业工作中要注重优化完善渔业保障体系，促进渔业与渔港振兴，确保渔业的高质量发展。① 在科学发展理念的指引下，我国大水面的生态渔业发展工作也于2019年3月正式启动。② 同年3月，农业农村部等七部委联合发布的《国家质量兴农战略规划（2018～2022年）》对合理规划、布局水产养殖区等问题做出明确规定，旨在持续推进我国渔业高质量全面化发展。③

2019年5月，农业农村部召开全国渔业执法工作会议，强调构建"共建、共治、共享"的现代渔业治理新格局，切实有效地保护国家海洋权益，做好新时代的渔业执法工作。④

2019年10月，第24届中国国际渔业博览会在山东青岛举办，我国渔业相关部门与来自俄罗斯、阿根廷、挪威、冰岛等地区的渔业负责官员、展商代表等进行了深入的交流，致力于为渔业资源的保护和利用提供中国方案，以更开放的态度融入渔业发展的世界格局之中。⑤

二 2018～2019年我国海洋执法与海洋维权的特点

（一）海洋执法与海洋权益维护更趋专题化与精准化

2018～2019年，在海上执法以及对海洋权益维护的力度显著提升的同

---

① 《渔业高质量发展推进会在京召开》，渔业渔政管理局网站，http：//www.yyj.moa.gov.cn/gzdt/201904/t20190418_6196114.htm，最后访问日期：2020年4月6日。
② 《大水面生态渔业发展迎来新机遇》，渔业渔政管理局网站，http：//www.yyj.moa.gov.cn/gzdt/201904/t20190418_6196121.htm，最后访问日期：2020年4月6日。
③ 《全面推进渔业高质量发展》，渔业渔政管理局网站，http：//www.yyj.moa.gov.cn/gzdt/201904/t20190418_6196126.htm，最后访问日期：2020年4月6日。
④ 《农业农村部召开全国渔业执法工作座谈会强调切实做好新时代渔业执法工作 构建共建共治共享的现代渔业治理新格局》，渔业渔政管理局网站，http：//www.yyj.moa.gov.cn/gzdt/201905/t20190524_6314722.htm，最后访问日期：2020年4月6日。
⑤ 《第24届中国国际渔业博览会在青岛举行》，农村农业部网站，http：//www.moa.gov.cn/xw/zwdt/201910/t20191031_6330969.htm，最后访问日期：2020年4月6日。

时，一个整体性的发展特点是执法形式的专题化与执法目标的精准化。2018年以来，我国海警组织的"碧海"专项行动与渔政的"亮剑"专项执法活动，都是海上执法精准化的体现。同时，我国职能部门对区域海域的生态环境、海上犯罪的专项整治活动，也是执法趋于精准化的体现。

（二）维护海洋权益更注重可持续性与规划性

2018～2019年，我国海上执法呈现较为显著的重视可持续性的特点。国家海洋局对油轮事故中溢油的扩散与漂移信息的持续性监测正是这一特征的体现。同样地，自然资源部对海域资源的专项摸底普查也是注重海洋资源调查制度长期化、持续化建设的表现。渔业渔政管理局对渔业现代化建设的短期、中期、长期目标的提出，也体现了其对海洋事业长期规划的重视。

（三）海上执法与海洋权益维护的逐步综合化

跨部门、跨领域的综合化管理特征在2018～2019年度的海洋执法与海洋权益维护工作中得到了清晰的体现。无论是海军航空兵的联合实弹演习，还是渔业安全生产各部门间加强协调与配合的部署，抑或是休渔期跨省的联合海上执法，都是这一特征的体现。海洋牧场示范区的建设致力于多渠道、多层次和多元化的长效投入机制建设，也是海洋执法综合化管理特点在这一领域中的体现。

（四）注重科学理念对海洋事业的指引作用

2018～2019年，海洋执法与海洋权益维护的另一个显著特征是在海洋事业的各领域树立起严谨的科学态度，以科学的发展理念指导海洋权益的维护。2019年4月，习近平同志在青岛举行的多国海军活动中提出的"海洋命运共同体"理念正体现了这一特点。此次活动中，多国海军相聚一堂，共商海洋事业中需要共同面对的挑战与威胁，本身就是这一理念的最好诠释。2018年第八届北京香山论坛上，我国与世界各国及国际组织的代表共商海上安全领域的合作、探讨人类命运共同体的发展也是这一特点的体现。

三 反思与建议

（一）海洋事业的制度化建设仍需着力加强

2018～2019年，我国海洋事业的制度化建设持续推进，取得了一系列成果。然而，我们必须看到，制度化建设是一项长期工程，海洋事业的诸多领域仍然处于没有明确制度规范的状态中，海洋捕捞、勘探等开发活动的秩序亟须制度建设的深入与权责规范的明确。海上执法的专项整治能够在短期内取得比较显著的成效，却不能替代制度建设的长期规范作用。海洋事业的制度化建设仍然有着很大的提升空间。

（二）综合化的海洋治理需要持续推进

2018年以来，我国海洋治理的各领域都呈现跨部门、跨领域、多渠道、多层次的发展特征。综合化的海洋治理符合海洋事业发展的规律，区域海的环境、生态、治安都需要集结多方力量，联合执法，共同维护；渔民休渔期的建设需要社会保障、环境保护、海上治安等多个领域职能部门的共同推进；海洋科考同样需要多元化的技术支撑；海洋牧场示范区的建设也需要多方面的持续投入才能成功。以上都是长期性的海洋事业，不可能成功于一朝一夕，综合化的海洋治理需要持续性的推进。

（三）海洋科技事业需要持续突破攻坚

我国海洋事业持续推进，海洋科技硬实力的支持最为关键。近年来我国海洋科技的各个领域都取得了长足进展，但相比于当前我国海洋事业的需求、海洋战略的建设，海洋科技的提升空间仍然很大，海洋科技事业需要持续突破攻坚。所谓逆水行舟，不进则退，随着海洋科技事业的推进，科技的瓶颈和困难也会出现，海洋科技领域的艰苦奋战将是一项长期事业，任重而道远。

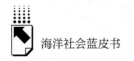

（四）科学的海洋权益维护理念需要进一步明确

海洋事业的发展需要科学的发展理念，海洋事业的布局需要科学谨慎的态度。这一点已经被我国海洋事业各领域的职能部门与工作者所认识到。然而，理念的形成并非一朝一夕，而是一个在实践中逐步形成的漫长过程。秉承开放、多元、合作、包容的理念，以科学严谨的态度制定海洋事业的规程，实践海洋开发、利用和保护理念，构建海洋命运共同体，是今后海洋事业发展的大势所趋，需要长期的坚持和持续的反思。

我国海洋执法与海洋权益维护事业在 2018～2019 年度延续了此前的立场、原则与方针，也显现了诸多令人期待的新动向。在"海洋命运共同体"理念的指引下，海上执法的力度持续提升，呈现精准化趋势，可持续性与规划性在海洋事业的发展中受到了更多重视，海上执法中更加注重运用综合化与系统化的管理方式。但也必须看到，海洋事业的各领域仍然存在诸多既有问题与新生问题，我国的海洋执法与海洋维权之路依然任重而道远。

中国海洋灾害社会应对发展报告[*]

罗余方[**]

摘　要： 海洋灾害是我国沿海地区主要的自然灾害之一，给沿海地区的经济和社会发展带来了巨大的风险和挑战。尽管随着科技的进步和国家应急管理机制的日趋完善，国家在防灾减灾方面取得了较大的进步，但沿海地区海洋灾害问题仍然较为突出，海洋防灾减灾的形势不容乐观。本研究报告以时间为轴线，简要梳理了我国从古至今社会应对海洋灾害的发展历程，从不同应灾主体的角度阐述了海洋灾害在不同时期的社会应对机制，重点论述改革开放以来社会应对海洋灾害的应对机制及其问题，并在此基础上给出了合理的建议和对策。

关键词： 海洋灾害　社会应对机制　社会韧性

海洋灾害是我国沿海地区主要的自然灾害之一，尽管随着科技的进步和国家应急管理机制的日趋完善，国家在防灾减灾方面取得了较大的进步，但沿海地区海洋灾害风险仍然较为突出，海洋防灾减灾的形势不容乐观。相关部门统计的有关2018年海洋灾害调查数据显示，对我国造成威胁比较大的

---

　* 本报告系罗余方主持的广东海洋大学博士科研启动项目"南海地区海洋灾难应对的社会韧性机制研究"（项目编号：R19021）、广东海洋大学创新强校工程项目"广东沿海经济带海洋灾害应对的社会参与机制及其政策建议研究"的阶段性成果。

** 罗余方，广东海洋大学法政学院讲师、广东沿海经济带发展研究院海洋文化与社会治理研究所研究员，中山大学人类学博士，研究方向为海洋人类学、灾害人类学等。

海洋灾害主要有风暴潮、海浪、海冰和海岸侵蚀等，各类海洋灾害共造成直接经济损失约 48 亿元，死亡（含失踪）73 人。① 海洋灾害给沿海地区的经济和社会发展带来了巨大的风险和挑战，从国家海洋局对近 10 年（2009～2018 年）海洋灾害对我国沿海地区造成的直接经济损失和死亡人数的统计分析来看（见图 1），海洋灾害仍是我国当前乃至今后相当长的时期内需要应对的主要自然灾害之一。

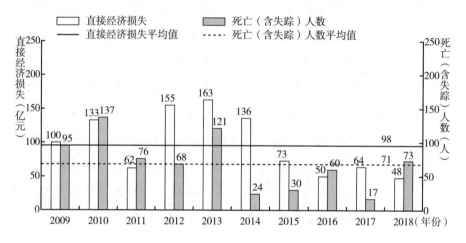

图 1　2009～2018 年海洋灾害直接经济损失和死亡（含失踪）人数

数据来源：《2018 年中国海洋灾害公报》。

　　风暴潮灾害是各类海洋灾害中造成直接经济损失最严重的一种灾害，以 2018 年为例，风暴潮灾害造成的直接经济损失占总直接经济损失的 93%；1822 号台风"山竹"造成的直接经济损失高达 24.57 亿元。② 造成死亡（含失踪）人数最多的海洋灾害是海浪灾害，占总死亡（含失踪）人数的绝大部分。海洋灾害对我国影响较为严重的地区主要集中于东南沿海地区，广东、福建、浙江等省份发生海洋灾害的频次较高，造成的损害也较为严重。

---

① 《2018 年中国海洋灾害公报》，国家海洋局，http：//www.mnr.gov.cn/sj/sjfw/hy/gbgg/zghyzhgb/，最后访问日期：2019 年 4 月 28 日。

② 《2018 年中国海洋灾害公报》，国家海洋局，http：//www.mnr.gov.cn/sj/sjfw/hy/gbgg/zghyzhgb/，最后访问日期：2019 年 4 月 28 日。

海洋灾害对于沿海地区居民的影响如此之大，如何应对海洋灾害的侵袭成了生活在沿海地区的人们所要面对和处理的重要生存性问题。人类作为能动的主体，并不是消极被动的承受灾害的损害，而是积极主动地去寻找应对灾害的策略，建构应对灾害的社会韧性机制，努力把灾害对其生活带来的影响降到最低。自然灾害对人类带来的影响是多个方面的，它向我们呈现的风险场景是人类社会文化系统的重要组成部分，并且结构性地和历史性地嵌入人类的生活世界。正因如此，在考察自然灾害和灾害应对的实践过程之中，我们需要注重从社会文化的层面来思考，这样才能更为深刻地理解到我们生活环境系统中的灾害现象，加深对灾害的社会文化背景的省思①。面对像台风这样长期性和周期性的海洋灾害，我国沿海地区的居民在长期应对灾害的过程之中，积累了丰富的经验智慧与社会应对机制，接下来笔者从历史的纬度去分析不同历史时期我国海洋灾害的社会应对机制。

一　我国古代海洋灾害的社会应对机制

我国古代，历代中央王朝政治的核心是建立在农耕文化基础上的，相较而言海洋文化只不过是作为大陆文化的延伸和扩展，并未受到太多的重视。因此，明清以前有关海洋灾害及社会应对的文献记载比较少。到明清时期，沿海地区人口增长很快，加之大航海时代的来临，海洋对于中央王朝的重要性慢慢凸显，政府开始加强对沿海地区的管治，有关海洋灾害的防灾救灾的文献记载逐渐增多。

（一）古代政府的海洋灾害应对

由于我国独特的地质、地貌和气候环境等因素，自古以来，我国自然灾害频发，很早就有了所谓的荒政制度，以备灾荒降临时给予必要的救助。荒

---

① Kreps G. A. ; 1995. "*Disaster as Systemic Event and Social Catalyst; A Clarification of Subject Matter,*" *International Journal of Mass Emergencies and Disasters,* 13; 255 – 284.

政在西周时期已具雏形，《周礼·地官·大司徒》："以荒政十有二聚万民。"耿寿昌在汉宣帝时开始建常平仓，《汉书·食货志上》载："时大司农中丞耿寿昌以善为算能商功利得幸于上……遂白令边郡皆筑仓，以谷贱时增其贾而籴，以利农，谷贵时减贾而粜，名曰'常平仓'。民便之。"在南北朝的时候，已经时建有"六疾馆"和"孤独园"等救灾场所，用于收治孤儿和穷人。隋唐时期已经形成了一套相对完整的灾害管理制度，包括灾害上奏、巡覆、监察、遣使等制度，出现了"弭灾"祈禳的制度，所谓弭灾，是在"灾害天谴论"的影响下，灾害发生后，皇帝要对上天的谴告做出回应包括自谴、减膳、撤乐、避正殿、祈禳、释放宫女、策免宰相、下诏言事、下诏虑囚等，其目的是要根本消弭灾害。[①] 宋朝的灾难救助发展到了新的层次，出现了福田院、居养院、安济坊、养济院等救济灾民的场所，还设助葬的部门漏泽园。[②] 明清时，人们将长期同自然灾害斗争的经验加以总结，各项救灾措施逐渐完善，形成了一套系统全面的救灾制度。具体到海洋灾害的应对方面，古代政府应对海洋灾害的措施大致可分为灾前的预灾措施和灾后的救灾措施两个部分。

1. 灾前的预灾措施

（1）仓储制度

仓储制度是我国古代荒政制度的重要环节，古代我国以农立国，灾荒时见，农业生产处于波动的状态，影响着人们的生活和社会稳定。因此，无论是政府还是百姓都重视把剩余的粮食储藏起来，以备不时之需。《礼记·王制》里就有"三年耕必有一年之食，九年耕必有三年之食，以三十年之通，虽有凶旱水溢，民无菜色"的记载，为了保证灾荒之年或者战争时期百姓不因粮食问题流离失所，乃至威胁到整个政权的稳定，政府开始积谷备荒，建立并完善仓储制度。遇到大的风暴潮等海洋灾害，政府便会开仓赈济。在整个仓储体系中，常平仓、社仓、义仓等各司其职，在灾害来临时，通过赈济、借贷等方式救济灾民，在明清时期广东已经形成了较为系统的备荒体系。

① 段伟：《灾害进入历史——〈危机与应对——自然灾害与唐代社会〉评介》，《中国经济史研究》2009 年第 3 期，第 163～164、169 页。
② 邓拓：《中国专门史文库中国救荒史》，武汉大学出版社，2012，第 223 页。

（2）对海塘的维护与修建

古代政府为应对海洋灾害，采取了多种措施和方法预灾防灾，最为重要和最有实效的举措有兴修水利、修筑堤坝、选育良种、穗树造林等。水利的兴修对常受风灾、水灾的东南沿海地区是尤为重要的。通过修建堤罔、海堤、陂塘等水利工程，加之种植榕树、马尾松等树木，形成防风林，将海洋灾害造成的损失减到最小化。

2. 灾后的救灾措施

对于灾情，无论是中央政府还是地方官员历来都十分重视，灾害发生后，中央政府为了缓解灾情，稳定社会秩序，制定和颁布了各种救灾政策、法令和制度，并采取了多种减灾、救灾措施，也逐渐形成了一套较为完整和稳定的报灾、勘灾、救灾的系统和程序。

（1）报灾

报灾即地方政府在灾害发生后向上级奏报灾情。为及时、全面地掌握灾害的情况以及所造成的损失和破坏，第一时间实施有效的救灾措施，严行报灾工作，直接关系到抗灾、减灾的成效，因此，报灾是实施救灾的一项重要环节。

（2）勘灾与审户

勘灾是地方官员对灾情展开进一步详细调查工作，基本上是与报灾同时进行的，其开展的主要内容包括勘查田亩的受灾程度，确定成灾分数、人员的伤亡情况，以及堤坝、桥梁、道路等损失情况，这对于灾民来说十分重要，是政府在灾区进行赈济、抚恤、蠲免的主要依据。

审户是勘灾过程中重要的一项工作，所谓审户就是核实灾民的户口和受灾情况，然后依据灾民的户口人数和财力进行等级划分，受灾等级与蠲免、赈贷等措施都息息相关。根据受灾等级实行因户救济，对救灾物资进行合理的调配，保证贫困户能得到相应的救援。①

---

① 赵艳萍、黄燕华、吴理清：《环境史视野下的明清广东自然灾害问题研究》，南方日报出版社，2015，第256页。

（3）赈济

赈济是灾情严重之时的一项救灾措施，政府为了帮助灾民渡过难关，对灾民无偿发放救济粮款及其他物资。按时间的长短，赈济分为正赈、大赈、展赈以及摘赈。①正赈又称为急赈或普赈，是在勘灾、审户程序尚未结束前政府对灾民带有普遍性的一种紧急救助；大赈是指政府根据受灾程度以及灾民贫困状况，在完成勘灾和审户程序之后，在普赈基础之上施行的一种赈济；展赈是政府针对重灾区的极贫户，在正赈、大赈之外，再进行更大力度的赈济；摘赈则是在特殊情况下采取的一种灵活选择的应急措施。

（4）减免税负

赈灾只能让老百姓解决温饱，但是来年的收成仍旧难以保证。国家采取对灾民免征、减征及缓征赋役等措施，是避免爆发起义等问题的一大策略。

（5）抚恤

抚恤是古代政府灾后安置灾民的重要措施，当台风等海洋灾害发生后，会造成灾民生命财产的巨大损失，为了使灾民能够从灾难中尽快恢复，从事正常的生产活动，政府的抚恤尤为重要。政府对于抚恤的金额与补偿标准都有具体的规定，主要抚恤的对象是财产损失、房屋倒塌、受伤、家人死亡的灾民。

（6）赈贷

赈贷是在灾害发生后，针对尚可维持生计但又无力进行再生产的灾民实施的救荒措施，针对的对象主要是受灾严重的贫民、蠲赈之后尚未完全恢复生产的灾民以及青黄不接之际缺口粮、籽种的灾民。

（二）古代民间的海洋灾害应对措施

以往关于古代海洋灾害的社会应对的历史文献多是从政府这一主体的角度来进行记录的，有关民间的防抗海洋灾害的文献记载比较少且零散。尽管

---

① 李向军:《中国救灾史》，广东人民出版社，1996，第57页。

历史记载的文献较少，但我们仍然可以通过田野考古、人类学田野调查等方法去窥探古人的防灾、抗灾的经验智慧。

1. 民间的预灾措施

从古代到近代，生活在我国沿海地区的人，最常遭遇的自然灾难是台风。古人在长期应对灾害的过程之中逐渐形成了一套生存性策略以更好地应对灾害。

（1）房屋和村落的布局

学者们通过研究发现，某一地域的村落布局、选址等会受到当地自然环境的影响和历史人文的形塑。我们通过对东南沿海地区不同时期的村落布局、建筑样式的研究，能够发现台风等自然灾害对当地人的村落布局和房屋选址等方面的影响。

在我国古代的东南沿海地区，比较常见的建筑样式是干栏式建筑，它因势而建、就地取材，当地人用几根木桩当作支架，把房屋建在半空之中，离地面有一些距离。干栏式建筑的构造、布局与东南沿海地区的气候和自然环境密切相关，它可以远离地面的潮湿，具有防潮和通风的功能。除此之外，当地人为了应对台风的冲击，会在深挖的柱洞中加入碎陶片、火烧土、沙石、泥土等并夯实，以防止在强风和洪流的冲击下房屋倒塌。柱子排列方位也很讲究，河姆渡遗址中出土的干栏式建筑遗址呈"品"字排列，建筑的整体布局为从西北到东南切合当地西南—东北方向的地形特点，也跟当地在夏、秋季节时经常会受台风的影响有关。[①] 该建筑样式很好地适应了东南沿海地区的气候和生态环境，因而在很多少数民族中传承至今。有学者研究发现，海南地区黎族的船屋在主要构件之间，用当地的藤皮或野麻皮在连接处加以固定，增加了船屋的整体性和韧性，使船屋结构的稳定性和抗台风的性能大大增强。[②] 东南沿海地区的很多建筑在选址方面，不像其他地区，选在

---

① 吴汝祚：《河姆渡遗址发现的部分木制建筑构件与木器的初步研究》，《浙江学刊》1997年第2期，第91~95页。
② 国家民委经济发展司编著《中国少数民族特色村寨建筑特色研究（二）村寨形态与营建工艺特色研究卷》，民族出版社，2014，第117页。

地势开阔的平地，而是建在丘陵的背风面的坡地，这同样是为了避免风暴潮的影响。

（2）生产和饮食策略

在农业生产和饮食文化方面，也可以看到台风对其产生的影响。东汉杨孚的《异物志》："儋耳夷……食薯，纺织为业。"① 儋耳夷即是今天的海南岛。另据晋代嵇含《南方草木状》："旧珠崖之地，海中之人，皆不业耕稼，惟掘地种甘薯，秋熟收之，蒸晒切如米粒，仓圌贮之，以充粮糒，是名薯粮。北方人至者，或盛具牛豕脍炙，而末以甘薯荐之，若粳粟然。大抵南人二毛者百无一、二，惟海中之人寿百余岁者，由不食五谷而食甘薯故尔。"② 上述文献的记载揭示了唐代以前，甘薯、山药等块茎类植物在岭南沿海地区曾占据着主粮的地位，这跟当地人所处的自然生态环境有关。甘薯对土壤的适应性比较强。它生长在地下，受台风的影响小，产量较为稳定，同时甘薯营养丰富，能满足人体的基本营养需要，所以生活在东南沿海地区的人们普遍种植甘薯。

（3）有关气象的本土知识

海洋灾害并非像地震等突发性的自然灾害无法预测，尽管古代人没有科学的气象学知识，但他们在长期遭遇和抗击自然灾害的过程中，逐渐积累了判断天气变化的经验。这些本土经验主要包括通过观察云彩的变化、听海鸣、看海浪、闻海里的腥臭味和观察动物的异常变化等策略来判断天气变化。在闽粤沿海地区，渔民流传着这样一句谚语"断虹现，天要变"，"天要变"指台风快来了。断虹是在台风来临前出现在东南方向的海面上的半弧形彩虹，它不像雨虹的弧状弯曲，色彩较暗淡，在黄昏时出现。当地人在台风来的前一两天还可以通过听海鸣声预知台风将至。据《雷州府志》载："雷之占飓不一，或以知风草叶上之节；或以正月初四日至初九日之西风，每一日管四月以后之一月；或以端午晨起东方之云峰

① （汉）杨孚：《异物志》，中华书局，1985，第15页。
② （晋）嵇含撰《南方草木状》，广东科技出版社，2009，第14页。

（迭起）；或以海鸣惊飞；或以断虹饮水，俗曰牵缆，曰水影，亦曰风篷；或以空中有声乍急乍缓，似远听镗嗒之畜，俗曰海吼，此皆飓之先兆也。大抵先期数日必有西北风，西北风过后，速则一日，迟则三日，其飓必至。"①

我国沿海地区的居民通过直接的经验感受，逐渐积累和建构了一套基于自己切身经验的预知台风到来的本土知识。这是当地人在应对海上各种复杂多变的气候环境时所产生的生存性智慧，与现代气象学知识相比，这套知识具有地方性、经验性、具象化的特点，因而能够在当地社会流传至今。②

2. 民间的抗灾和救灾措施

（1）民间组织和个人的救助

在灾害发生后，政府是救灾的主要力量，政府的救灾对灾民固然重要，但政府的救灾也面临诸如不能及时、全面地覆盖灾民的问题，所以来自民间的救灾行为就变得尤其重要，不仅仅包括士民绅商的个人救助，还包括养济院、育婴堂、普济堂等慈善机构的救助以及宗族的赈济。这些组织和个人作为官方赈济的有力补充，缓解了政府在灾年的经济压力，起到了平息民怨和稳定社会秩序的作用。

（2）灾民的自救措施

在灾害发生后，第一时间的紧急搜索和救援工作主要由现场的受灾居民完成而非来自政府的救援，灾民的自救和互救在灾害救援中非常重要。以沿海渔民为例，渔民长期在海上作业，经常遇到各种风险，海上遇难也时有发生。渔民在遇到风暴潮时，船有被浪打翻的风险。此时，船长会在船快要翻之前向周围的船发出求救信息，并依靠一套在海上的自救知识来求生。

除了自救，在海上相互救援也是非常重要的一种求生策略。尤其是当渔

---

① （清）阮元修、陈昌齐、刘彬华：《广东通志》（第一至五册），商务印书馆，1934，第1748～1749页。
② 罗余方：《南海渔民关于台风的地方性知识——以广东湛江硇洲岛的渔民为例》，《民俗研究》2018年第1期，第146～152页。

船到比较远的海域捕鱼的时候，如果遇到风浪船沉了，即使能成功向渔政救援船呼救，渔政的救援船也需要花比较长的时间到达出事地点，这样会延误救援的最佳时机。这时候，船与船之间的互救成了应对海难的一个重要策略。岛上的渔民出海捕鱼，往往不会选择单独一艘船出海，尤其是去比较远的海域，他们会结伴而行，即使遇到危险也能相互照应。在明清时期，很多地方就已经有了渔帮、鱼团、渔民公所等民间互助组织，[①] 这些互助组织成立的目的在于发生海难时能相互救助，以及生产互助、防御海匪、避免过度竞争等。

（3）借助信仰力量

祈福禳灾是灾民应对外界的不可抗力时所采取的一种宗教应对（religious coping）[②]，人类面临灾难时会产生一种无力感和恐惧感，折服于强大自然的力量，感叹自身生命的渺小和卑微，并试图祈求某种超自然力来化解灾难。我们不能把祈福禳灾简单地看作一种无知与迷信的表现，它更多的是当地人在面对海洋灾害时的生存观念与精神支柱，是对严酷海洋环境压力下的一种能动的心理调适。在我国沿海地区乃至东南亚很多地区都信仰海神妈祖，遇到灾难便祈求妈祖保佑，逢凶化吉。在海上的渔民遭遇台风，还会在船上撒米和盐，同时跪在船上供奉的神位面前祈祷海神妈祖的保佑。

二 近代以来我国海洋灾害的社会应对机制

近代以降，国门打开之后，伴随着近代西方科技的传入，我国传统社会海洋灾害的应对机制面临新的机遇和挑战，突出表现在对海洋气象的观测和预警方面，此外，在海洋灾害信息传播方式以及海堤修建、渔船和房屋的建造等方面亦带来了一定影响。在官方的救灾体系之外，来自民间的救灾主体也日趋多元化，救灾力量不断增强。

---

① 党晓虹：《明清以至民国时期海洋民间组织的历史演变与当代启示——以海洋渔业生产互助组织为中心的考察》，《农业考古》2014 年第 3 期，第 268～274 页。

② 赵雷：《宗教应对研究：回顾与思考》，《世界宗教文化》2011 年第 6 期，第 92～97 页。

（一）科学气象知识的引入与海洋灾害的预警机制建立

与传统社会依靠自身的观察和经验判断来预测台风等海洋灾害不同，近代以来西方社会逐渐建立了一套基于科学的气象知识的灾害预警机制，这套机制能够提前和更加准确预测台风的来临，很快被国人所用。清末民初，已经开始逐渐对海洋灾害进行科学的预测预警，比较有代表性的是海洋气象观测台的建立。[①] 法国天主教耶稣会士郎怀仁主教于 1872 年创立了上海徐家汇观象台，刚开始以气象和地磁研究为主。后来，研究扩展到天文、地震等多个领域[②]。1882 年，在时任清海关总税务司司长赫德的要求下，中国各地海关将当地气象观测资料发往徐家汇观象台进行汇总。经由赫德的建议，中国沿海开始建立现代的气象观测站，其目的是保证来往船只的安全航行。徐家汇观象台为了能够广泛地获取气象信息，逐步建立起了覆盖整个远东地区的气象观测网络。继徐家汇观象台之后，位于青岛的气象观测台也随即建立，推动了近代中国海洋气象预报的发展。

自 1890 年起，徐家汇观象台开始对公众发布台风警报。光有气象站监测台风还不足以形成一套有效的预警机制，灾害的信息能够迅速到达沿海地区的居民那里才能够帮助他们提前做好避灾的准备。早期传播灾害信息主要依靠有线电报、手工信号和报纸等媒介。民国时期，政府应用了无线电报、电话等技术使得灾害信息传播手段更多样化，传播速度更快。气象站通过无线电报与中国海关测候所互通气象情报，绘制天气图，当台风将要来临的时候，发出预警信号，为人们及时掌握灾害信息、提前进行灾害预防提供了技术保障，大大提高了防灾、救灾的效率。

（二）沿海防御工程的进步

除了气象方面的改变，西方科技在建筑等方面的知识亦被引入到国内用于抵御海洋灾害，依照现代科学知识来修建钢筋混凝土的海堤、桩石斜坡式

[①] 蔡勤禹：《民国时期的海洋灾害应对》，《史学月刊》2015 年第 7 期，第 57～64 页。
[②] 束家鑫主编《上海气象志》，上海社会科学院出版社，1997，第 530 页。

防护堤和坚固明亮的灯塔等，沿海工程性防御海洋灾害技术获得较大进步，有效地减轻了风暴潮对陆地的冲击，降低了灾害造成的损失。

（三）民间救灾组织的发展

晚清到民国时期，随着我国国门的打开以及西方殖民的扩张，民间资本急速增加，加之近代大众传媒和交通事业的发展，民间的力量在海洋灾害应对模式之中扮演着越来越重要的角色。民国时期自然灾害频发，加之内忧外患，政府财政吃紧。在西方的慈善理念的影响下，中国现代意义上的非政府组织开始出现，很多组织以灾害救助为宗旨，其中以中国红十字会总会的规模和影响较大，还有中国华洋义赈救灾总会、世界红十字会中华总会等。此外，来自西方教会的圣公会、信义会等宗教组织设立的各种慈善机构在救灾中亦发挥了重要的作用。而中国本土的育婴堂、慈善会、回春堂、同仁善堂等慈善团体以及各地商会、同乡会、宗族等也参与了救灾。这些民间组织在救灾中主要功能有筹资办振、灾民救济、防灾设施建设和灾后重建等。当灾害发生后，这些组织开始筹集救灾资金，对灾民捐款、捐物，解决灾民食宿问题。在灾后重建过程中，积极兴修水利工程、道路，建立农村的信用合作社，提高农民自身的经济能力，从而在根本上提高当地的防灾能力。①

三　新中国成立后的海洋灾害应对

（一）改革开放之前的海洋灾害应对

1. 政府的灾害应对措施

（1）气象预警工作

新中国成立后，百废待举，在海洋灾害的预防工作方面，制定了"以

---

① 荆丕福：《我国非政府组织应对海洋灾害研究》，硕士学位论文，中国海洋大学，2015，第27～28页。

预防为主，防救结合"的政策方针。政务院于 1954 年出台了《关于加强灾害性天气的预报、报警和预防工作的指示》，其中提到："对于台风、寒潮和随之而来的大范围的暴风雨（雪）和霜冻等灾害性天气的预报、警报，必须力求迅速、准确，对于灾害能发生的地区和时间，应注意具体、明确，如预报、警报发出后，天气形势有了新的变化，应及时发出修正或补充。"[①]基于防灾胜于救灾的指导思想，海洋灾害预警预测工作得到有关部门的重视。军队气象部门于 1954 年，首先对外公布了海上的大风、海雾的预警预报。1965 年，中央气象局系统负责对海洋灾害性天气的预报警报和民用港口的潮汐预报，有的地方的气象台也发布海区的海雾、海浪相关预报。[②]风暴潮、海浪等海洋灾害造成巨大经济损失和人员伤亡的现象不再出现。

（2）防灾和减灾的基础设施建设

新中国成立后，国家高度重视海洋灾害的防御工作，积极推进海洋防灾减灾建设。在我国沿海地区，兴建海塘、海挡和防潮海堤等工程，有效地进行海洋灾害的预防、应对与治理。[③]此外，还对沿海防护林、沿海湿地进行了修复，以抵御风暴潮、海浪等对海岸的侵蚀。在入海河流处，为了防止海水和地下水倒灌，修建了挡潮闸。

2. 民间的救灾措施

（1）群众的生产自救

"依靠群众、生产自救"是新中国成立初期我国灾害应对的又一重要方针。新中国成立之初，财政紧张，各种自然灾害频发。政府主要采取了群众生产自救，恢复生产的救灾措施，并辅之以必要的救济。这一方针在实践中确实产生了良好的效果，极大地调动了民间的资源。当发生较为严重的海洋灾害时，当地的农业合作社或生产队便进行统一的规划安排，进行排水抢

① 周恩来：《关于加强灾害性天气的预报、警报和预防工作的指示》，《气象学报》1954 年第 2 期，第 59~60 页。

② 孙舟萍：《新中国成立至改革开放前我国应对海洋灾害的实践及启示》，《防灾科技学院学报》2015 年第 2 期，第 98~102 页。

③ 高梦梦：《改革开放以来我国海洋灾害应对主体研究》，硕士学位论文，中国海洋大学，2014，第 20~21 页。

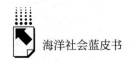

种、开展副业、修复房屋等。群众参与海洋灾害的抗灾救灾的积极性大大增强，有利于灾后的重建和恢复。①

（2）民间慈善组织救灾功能式微

新中国成立后，受当时思想的影响，国内的一些非政府组织被国家接管或改组为其他性质的机构。官方收回了海洋灾害的救助权。民间组织逐渐退出了海洋救灾领域。

在改革开放以前，我国的应灾体制是政府统揽一切。这一模式虽然有利于统一调配社会资源，集中力量办大事，但是却阻碍了地方政府在抗灾救灾中，主动性和积极性的发挥，应灾工作机制变得僵化，还加重了政府自身的财政负担。

（二）改革开放以后的海洋灾害应对

改革开放以来，随着市场经济的发展，中国社会形态呈现开放化、市场化、多元化的特征，我国应对海洋灾害的社会机制也因此发生了巨大的变化，中央政府逐渐改变了过去全能型政府的管理体制，政府垄断社会资源的格局被打破。在救灾方面，政府开始简政放权，灾害应对主体变得多元化，社会组织在灾害救济方面的力量逐渐增强，整个社会的应灾工作更加的规范化、制度化、法制化。

1. 政府海洋灾害应对举措

改革开放以后，我国政府在海洋灾害的应对与治理中的地位和角色由过去的包揽一切逐渐过渡到统筹和主导，海洋灾害作为公共危机，成为全社会共同的事情。我国政府除了前述的防灾减灾基础设施建设和抗灾救灾之外，还逐渐形成了一套系统的海洋灾害现代应急管理体系。

（1）海洋灾害的应急预案的建立

改革开放以后，政府逐渐提高了应对突发公共事件以及保障公共安全等

---

① 孙舟萍：《新中国成立至改革开放前我国应对海洋灾害的实践及启示》，《防灾科技学院学报》2015 年第 2 期，第 98～102 页。

方面的能力。在 2003 年，国家开始编制国家突发公共事件总体应急预案，在 2005 年的时候已编制完成了 106 个各类的应急预案。涉及海洋方面的应急预案可分为自然灾害类应急预案以及事故灾难类应急预案两类。具体来看，《风暴潮、海啸、海浪、海冰灾害应急预案》和《赤潮灾害应急预案》属于自然灾害类应急预案，《国家海洋局海洋石油勘探开发溢油应急预案》则属于事故灾难类应急预案。海洋灾害应急预案对于指导海洋灾害应急监测预警报具有指导意义，其主要内容有：应急组织体系和职责、工作原则、预警预防机制、应急响应程序等。这一预案明确地规定了海洋灾害的等级标准、应急响应、发布程序、监测监视、预测预警、调查评估、应急处置等事项，制定了一整套囊括事前、事发、事中、事后等各个环节的工作运行机制。① 在《国家突发公共事件总体应急预案》框架下，目前，已初步建立了国家、省、地、县四级海洋灾害应急管理体制，和海洋灾害监测预警报业务运行体系。海洋灾害应急管理是由国家海洋局统一领导，分级负责，条块结合，属地管理为主的应急管理体制。

（2）海洋灾害应急管理相关的法律法规的完善

改革开放后，我国政府比较重视灾害应对的法制化建设，法律体系不断完善。我国在防灾减灾方面，先后颁布了包括《中华人民共和国防洪法》《中华人民共和国气象法》《中华人民共和国防震减灾法》《中华人民共和国安全生产法》《中华人民共和国突发事件应对法》等多达 30 多部的法律法规。在《中华人民共和国气象法》第二十七条的规定中提到："县级以上人民政府应当加强气象灾害监测、预警系统建设，组织有关部门编制气象灾害防御规划，并采取有效措施，提高防御气象灾害的能力。有关组织和个人应当服从人民政府的指挥和安排，做好气象灾害防御工作。"②

在海洋灾害的应急管理方面，我国现行有关法律法规有《中华人民共

---

① 孙云潭：《中国海洋灾害应急管理研究》，中国海洋大学出版社，2010，第 112 页。
② 张瞳：《改革开放以来我国应对海洋灾害的体制变迁》，《海洋信息》2014 年第 4 期，第 61～65 页。

和国海洋环境护法》《中华人民共和国渔业法》《中华人民共和国海上交通安全法》《防治海洋工程建设项目污染损害海洋环境管理条例》《中华人民共和国防治海岸工程建设项目污染损害海洋环境管理条例》《防止拆船污染环境管理条例》等十余部法律。我国目前还没有专门针对海洋灾害应急管理方面的立法，相关应急预案尚待进一步完善。

在灾害救助方面，1999年，我国通过并施行的《中华人民共和国公益事业捐赠法》提供了救灾捐助工作的法律基础。国务院在2005年还颁布实施了《国家自然灾害救助应急预案》。根据该预案的规定，灾区政府应当在重大自然灾害发生后第一时间启动应急响应。相应部门在灾害救助方面还制定了《救灾捐赠管理办法》《社会捐助管理办法》等规章。

（3）海洋灾害应急管理机制的规范化

根据2007年施行的《中华人民共和国突发事件应对法》规定，我国应急管理体制的特点有：综合协调、统一管理、分类管理、属地管理、分级负责。[1]近年来，我国逐渐形成了以监测预警、应急处置与救援、事后恢复与重建等环节为主的海洋灾害应急工作机制。这使海洋灾害的应急工作机制能够高效有序的正常运作。当海洋灾害发生之后，相关部门会提前向各级政府、相关部门以及社会公众发布有关海洋灾害的预警报信息。水利部门负责加强海堤巡查和除险加固等方面的工作。交通部门负责组织海上船舶进行避险和对海上遇险船舶进行救助。渔业部门负责组织渔船渔民进行安全转移和灾后生产恢复等方面的工作。民政部门负责救灾物资的调配和发放工作。[2]

2. 社会组织的海洋灾害应对机制

虽然政府在海洋灾害的应对与治理中发挥主导性作用，但其在应对海洋灾害的过程中并非万能的。尽管现在已经有一套比较完善的救灾机制，但是

---

① 孙云潭：《中国海洋灾害应急管理研究》，中国海洋大学出版社，2010，第117、118页。

② 孙云潭：《中国海洋灾害应急管理研究》，中国海洋大学出版社，2010，第165页。

当比较严重的自然灾害发生的时候，是需要多方面力量共同参与的。① 因此，广泛的吸收来自社会各方面的救灾力量，动员全社会力量参与防灾救灾，才能从根本上弥补政府单方面主导的救灾模式所存在的不足之处。

2009 年 5 月 12 日，在首个"防灾减灾日"前夕，国务院新闻办公室发布的《中国的减灾行动》指出："中国重视社会力量在防灾减灾工作中的地位和作用，积极支持和推动社会力量参与减灾事业，提高全社会防灾减灾的意识和能力。国家已初步建立了以抢险动员、搜救动员、救护动员、救助动员、救灾捐赠动员为主要内容的社会应急动员机制。注重发挥人民团体、红十字会等民间组织、基层自治组织和志愿者在灾害防御、紧急救援、救灾捐赠、医疗救助、卫生防疫、恢复重建、灾后心理支持等方面的作用。"非政府组织具备公益性、灵活性、持续性、专业性、民主性等特点，可以很好地弥补政府减灾救灾中的不足，同时能够促进应对灾害的社会韧性的增长，有效地提高灾害应对效率和救助成功率等。

（1）非政府组织的参与救灾的现状

20 世纪 90 年代开始，中国非政府组织发展迅猛，在海洋灾害应对中，非政府组织的力量日渐凸显。民众对于非政府组织应对海洋灾害工作的印象往往是在灾后的救助方面，这也是早期非政府组织在救灾方面的主要工作。近年来，更多的非政府组织开始重视对民众的防灾意识和民众在灾害中自救能力的培养，通过提升沿海地区居民自身的海洋灾害应对能力，进而将海洋灾害的破坏程度降到最低。他们在这方面做的工作主要有，对民众普及海洋灾害的防灾救灾知识，提供有关海洋灾害避灾自救的现场咨询服务。最具代表性的非政府组织就是中国红十字会及各地分会。此外还有很多的公益和志愿者组织，长期在东南沿海地区对沿海居民进行个性化的帮扶工

---

① 关于这方面的研究可参考著名人类学家斯科特在《国家的视角》一书中对于科学农业、工业化农业和资本主义市场的分析，他认为在科学主义盛行的现代社会，国家为了简单化以方便统治，从而压制了乡村农民的地方性、实践性知识，最终造成那试图改善人类状况的项目失败。詹姆斯·C. 斯科特：《国家的视角——那些试图改善人类状况的项目是如何失败的（修订版）》，王晓毅译，胡博校，社会科学文献出版社，2012，第 2 页。

作，向渔民介绍防抗海洋灾害的知识，帮助当地人改变不合理的生产方式，以便能够更好地应对海洋灾害。

近年来，在海洋灾害救灾过程中，非政府组织在物资援助、医疗救护和灾后重建等方面也表现出了自身的优势，取得了很好的成绩。在应对海洋灾害的过程中，强大的物力、财力支持是必不可少的。非政府组织与政府相比，能够更好地发挥组织能力筹集物资。尤其在社会募捐这方面，慈善型的非政府组织能发挥重要的作用。

2019 年台风"利奇马"袭击我国，造成巨大的灾害，2019 年 8 月 10 日凌晨台风"利奇马"正面袭击我国，据《公益时报》记者统计，截至 8 月 11 日 14 时，共有 53 家社会组织 760 余名志愿者参与到对舟山市的救援中；8 月 12 日，据不完全统计，浙江省共有 95 家社会组织参与到此次抗台救灾工作中；8 月 9 日起，辽宁省 15 家应急救援社会组织积极响应抗台救灾号召。灾后的第二天，中国红十字会总会立马下拨 130 万元款物用于支持浙江省红十字会开展救助工作。据相关部门的统计，到 2019 年 8 月 27 日 17 时，浙江省的各级慈善总会共接收社会各界捐赠资金达到 1.76 亿元，其中拨付的救灾资金为 4214.85 万元。① 从这些数据我们可以看到非政府组织在救灾过程中的优势所在，非政府组织在海洋灾害的应对中，能够灵活、及时、迅速地做出反应，并能依据应急救助的需要，调整其应对的策略，给灾民提供各类有针对性的服务。除此之外，非政府组织还在灾后重建、心理抚慰与救治等方面发挥着重要的作用。

（2）企业在救灾中的作用

2019 年台风"利奇马"过后，很多国有企业和民营企业纷纷向灾区捐款用于灾后重建，部分企业捐款数额巨大。近年来，企业在参与海洋灾害捐赠和救助的工作中，成为救灾的重要力量，企业参与救灾已经成为现代企业经营中伦理道德建设的重要组成部分。

---

① 《公益时报》：《台风"利奇马"后续：两省慈善总会系统募集善款均过亿》，https：//baijiahao.baidu.com/s? id = 1643739078199187285&wfr = spider&for = pc，最后访问日期：2019 年 9 月 4 日。

3. 社区居民的灾害应对的社会韧性

面对海洋灾害侵袭时，沿海居民的自我危机意识和自救、互救能力是至关重要的，事实上社区居民才是应急管理和救援的最先响应者和自救、互救的主力。社区居民的积极参与和有效配合能直接提升救灾的效率。在海洋灾害发生后，由于受灾地区场面混乱，政府的救援队伍不能立刻到达救灾现场。此时，社会参与的重要作用和特殊作用凸显出来，灾区居民的自救、互救显得尤为重要。近年来，为了避免海洋灾害对个人造成直接损失，加强个人的防灾意识和应急知识的储备就成了直接有效的对策。灾害发生时，具备相应的逃生避害知识对于降低海洋灾害造成的个体生命损失意义重大。研究发现，那些具有防灾意识和应急知识的人在灾害发生时生存下来的概率比不具备这些知识的人要高很多。[1]

近年来，社区居民以参与公益活动的方式，在应对海洋灾害方面获得了一定的空间。志愿者在应对各种重大海洋灾害时做出的成绩，让社会对这一群体产生了特殊需求及强大的认同感。各种不同类型的志愿者群体开始活跃于海洋灾害应急救援领域。通过投身海洋灾害应对的公益活动实践，社区居民获得了自身新的存在价值。

四　总结和反思

（一）总结

本研究报告以时间为轴线，简要梳理了我国从古至今海洋灾害社会应对的发展历程，从中我们可以发现我国自古就有荒政，到唐宋时期已现雏形，明清时期逐渐形成了一套系统全面的救灾机制，这套机制植根于当时的社会体制和文化，是建立在历代抗灾救灾的实践经验基础上的，对当时防抗海洋

---

[1] 李瑞昌：《灾害、社会和国家：悬浮的防抗台风行动》，《复旦政治学评论》2011年第00期，第144~162页。

灾害具有重要的实践价值，但相较于现代科学的应急管理体系，缺乏系统理论的思考。与之相对的，我国沿海地区的居民在长期应对海洋灾害的过程中也逐渐形成了一套基于自身经验的应对灾害的本土知识。这套知识具有地方性、经验性、实用性的特点，值得今天的社会去挖掘和研究。近代以来，西方科技和我国传统灾害应急管理的经验给我国海洋灾害的应对机制带来了新的机遇和挑战，海洋气象的观测和预警、海洋灾害信息传播方式等方面的进步使得海洋灾害变得越来越可防可控。新式的海堤、渔船、房屋修建方式在一定程度上降低了海洋灾害对沿海居民的破坏程度。民间的救灾主体也日趋多元化，救灾力量不断增强弥补了官方救灾机制的不足之处。新中国成立后，我国的应灾体制得到进一步完善，在改革开放之前中央政府在灾害应对中统揽一切，虽然有利于统一调配社会资源，动员群众，集中力量办大事，但是却限制了地方政府和社会力量的主动性和积极性的发挥，不利于应灾工作的灵活开展。改革开放以来，中央政府逐渐改变过去的管理体制，灾害应对主体变得多元化，社会组织在灾害救济方面的力量逐渐增强，整个社会的应灾机制变得更加规范化、制度化、法制化。

（二）反思和建议

1. 进一步完善海洋灾害的应灾法律体系

我国改革开放以后，在自然灾害应对的法制化建设方面取得了一定成绩，相继出台了多部法律来保障海洋灾害的救济。但与一些发达国家相比，我国应对海洋灾害的专门法律法规还非常欠缺，这直接影响到了海洋灾害的防灾减灾和灾害救助等工作的开展。接下来，我国应制定专门的应对海洋灾害的法律、法规以规范我国的海洋灾害应对工作。这有助于减少海洋灾害所造成的损失，提高我国的海洋灾害应对能力。与此同时，我国应积极改善非政府组织海洋灾害应对的法律、政策环境，建立有效促进非政府组织参与灾害治理的法律机制。此外，应该以法律法规的形式来明确非政府组织在灾害应对中的地位和作用，更加准确的定位海洋灾害应对中非政府组织与政府的关系。我们最终要构建一套由政府引导和激励，非政府组织积极参与的海洋灾害应对机制。

2. 强化非政府组织海洋灾害应对中的地位和功能

2020 年 2 月 26 日，中央政治局常委会研究进一步指出，要充分调动群众自我管理、自我服务的积极性。在灾害救助中，社会自组织的作用开始受到重视。近年来，非政府组织在海洋灾害的应对中取得了一些成绩，也暴露了一些问题。尽管我国各地政府相继建立了应急救援联动机制，但是实践中出现了一些问题，例如各个非政府组织之间在应对海洋灾害过程中，做不到有效的信息沟通和统一的物资调配，各自为政，影响救灾的效率。因此，应该加强非政府组织之间的信息交流，建立救灾联动机制。在非政府组织间的物资、资金等方面进行积极有效的统计、整合，依照灾区需求程度进行合理分配。除此之外，非政府组织在自身监督管理方面也存在着问题，公开透明程度较低，社会公信力缺失，直接影响其作用的正常发挥。非政府组织应该在组织内部进行优化管理，完善监管机制，搭建透明的财务信息披露和监督平台。通过自觉接受政府和社会公众的监督，进而提高非政府组织的社会公信力。此外，还可以借鉴国外非政府组织发展的先进经验，不断进行自身的组织建设，提升自己的海洋灾害应对能力。

3. 加强基层社区海洋灾害应对的社会韧性建设

社区是整个社会系统中的基础性单位或细胞。在应急管理中，社区发挥着不可替代的特殊作用。社区的参与，对整个社会应急管理的意义重大。在以往的海洋灾害救济之中，基层社区作为突发事件的发生地和被救助的对象，社区的自身防抗灾害的力量常常被忽视。基层社区具有抗灾救灾的韧性机制，社区中的社会网络在紧急搜索、救援、物资供给、灾后社会秩序的恢复、灾民的心理健康等方面都能发挥重要作用。应该充分利用社区在灾害应对中的自治和自救功能，增强社区灾害应对的社会韧性，使社区成为海洋灾害应对的主要力量。社区居民及时、积极地参与到海洋灾害应对与救助中去，有助于增强海洋灾害的应对效果。同时还应该重视对社区尤其是农村社区海洋灾害应对的本土知识的挖掘、保护和利用，充分肯定其价值。

附 录

Appendix

B.16
中国海洋社会发展大事记
（2018～2019年）*

2018年

2018年1月1日　由国家税务总局、国家海洋局联合发布的《海洋工程环境保护税申报征收办法》正式施行。

2018年1月1日　《福建省海岸带保护与利用管理条例》施行。

2018年1月2日　由中国科学院沈阳自动化研究所自主研发的一台"海翼"水下滑翔机顺利完成国家海洋局第三海洋研究所组织的全球气候变化与海气相互作用专项印度洋冬季航次的观测任务。这是我国水下滑翔机首次在印度洋应用。

---

　* 附录由中国海洋大学国际事务与公共管理学院社会学专业硕士研究生周媛媛整理完成。

2018 年 1 月 6 日 巴拿马籍油船"桑吉"轮与中国香港籍散货船"CF CRYSTAL"轮，在上海辖区长江口以东约 160 海里处发生碰撞，导致油船"桑吉"轮全船失火，32 名船员失联，船上运载的近 100 万桶凝析油泄漏并且面临爆炸、沉没的危险。

2018 年 1 月 8 日 中共中央、国务院在北京举行 2017 年度国家科学技术奖励大会。多个涉海项目获奖，其中，蛟龙号载人潜水器研发与应用项目、南海高温高压钻完井关键技术及工业化应用获得国家科学技术进步奖一等奖。

2018 年 1 月 10 日 法国总统马克龙在华访问期间，前往中国空间技术研究院参观中法海洋卫星工程项目，出席中法气候变化圆桌论坛并讲话，与中法双方气候变化领域科学家、中学生代表座谈交流。

2018 年 1 月 10～11 日 中佛两国政府签署关于援佛圣文森特岛海洋经济特区规划项目立项换文。

2018 年 1 月 15 日 中国人民银行、国家海洋局、国家发展改革委、工业和信息化部、财政部、中国银监会、中国证监会、中国保监会 8 部委联合印发了《关于改进和加强海洋经济发展金融服务的指导意见》。

2018 年 1 月 16 日上午 我国自主研发的新型深远海综合科学考察实习船（H2623）正式命名为"东方红 3"并下水。该船将于今年下半年交付中国海洋大学。

2018 年 1 月 16 日 环境保护部批准了《船舶水污染物排放控制标准》，将从 2018 年 7 月 1 日起开始实施。

2018 年 1 月 17 日 国家海洋局举行围填海情况新闻发布会，国家海洋局将结合围填海督察整改工作，聚焦"十个一律""三个强化"，采取"史上最严围填海管控措施"，以期保护优先、集约利用的用海理念牢固确立，使海域开发利用得到可持续发展。

2018 年 1 月 17 日 执行联合海洋科考任务的"向阳红 03"号船，靠向缅甸迪络瓦港，标志着中缅首次联合科考航次全部调查任务顺利完成。

2018 年 1 月 21 日 全国海洋工作会议在京召开。

2018 年 1 月 21 日起　国家海洋局启动冬季海冰灾害现场调查。

2018 年 1 月 22 日上午　全国海洋工作会议在京圆满闭幕。此次会议为期 1 天半。

2018 年 1 月 23 日　全国地质调查工作会议召开。会议指出，2018 年我国将加强海洋地质调查，加快推进可燃冰产业化进程。

2018 年 1 月 16 日　环境保护部印发《船舶水污染物排放控制标准》，将从 2018 年 7 月 1 日起开始实施。

2018 年 1 月 26 日　国务院新闻办公室发表《中国的北极政策》白皮书，这是中国政府在北极政策方面发表的首部白皮书。

2018 年 1 月 30 日　国家海洋局发布《南极活动环境保护管理规定（征求意见稿）》，向公众广泛征求意见。

2018 年 2 月 1 日　国家海洋局、中国农业发展银行联合印发《关于农业政策性金融促进海洋经济发展的实施意见》。

2018 年 2 月 2 日　国家海洋局发布《海洋生态保护红线监督管理办法（征求意见稿）》和《滨海湿地保护管理办法（征求意见稿）》，向公众广泛征求意见。

2018 年 2 月 3 日　中国第 34 次南极科学考察队中山站夏季科考任务全部完成，这标志着中山站转入越冬科学考察阶段。

2018 年 2 月 5 日　国家海洋局发布《铺设海底电缆管道管理规定实施办法（修订征求意见稿）》，并向社会公开征求意见。

2018 年 2 月 6 日　"蛟龙号载人潜水器科学应用与性能优化"项目启动会在国家深海基地管理中心召开。

2018 年 2 月 7 日　中国第 34 次南极考察队在南极罗斯海恩克斯堡岛举行我国第五座南极考察站选址奠基仪式。

2018 年 2 月 8 日　国家海洋局召开新闻发布会宣布，南中国海区域海啸预警中心正式开展业务化试运行。

2018 年 2 月 9 日　国家海洋局召开新闻通气会，颁布《南极活动环境保护管理规定》。

2018 年 2 月 13 日　国家海洋局办公室印发《访问中国南极考察站管理规定》。

2018 年 2 月 27 日　搭载中国第 34 次南极考察队的"雪龙"船再次驶入南极圈，驶向阿蒙森海。

2018 年 2 月 27 日　2018 年全国海洋生态环境保护工作会议在北京召开。

2018 年 3 月 1 日　国家海洋局在京召开新闻发布会，对外发布《2017年中国海洋经济统计公报》。

2018 年 3 月 8 日　全国两会期间，习近平总书记在参加山东代表团审议时强调，海洋是高质量发展战略要地。要加快建设世界一流的海洋港口、完善的现代海洋产业体系、绿色可持续的海洋生态环境，为海洋强国建设做出贡献。

2018 年 3 月 8 日　《国家重大海上溢油应急处置预案》经国家重大海上溢油应急处置部际联席会议审议通过并印发。

2018 年 3 月 12 日　国家海洋局发布《海平面上升影响脆弱区评估技术指南》等 10 项海洋行业标准，于 2018 年 5 月 1 日起执行。

2018 年 3 月 13 日　财政部、国家海洋局印发《海域使用金征收标准》和《无居民海岛使用金征收标准》。

2018 年 3 月 19 日　我国发布了《2017 年中国海平面公报》《2017 年中国海洋灾害公报》和《2017 年中国海洋生态环境状况公报》。

2018 年 3 月 20 日　我国大洋科考功勋船"大洋一号"从青岛市国家海洋局北海分局科考基地码头起航，执行 2018 年综合海试任务。

2018 年 3 月 27～28 日　第四届南海合作与发展国际研讨会在北京举行。

2018 年 3 月 30 日　国家标准管理委员会下发通知，中国海洋工程咨询协会获得批准成为第二批团体标准试点单位。

2018 年 3 月 30 日　中国海洋发展基金会海峡资源保护与开发专项基金成立仪式在福州举行。

2018 年 3 月 30 日　中国海洋学会海洋生物资源专业委员会在厦门成立。

2018 年 4 月 9 日　全国海洋标准化技术委员会 2017 年年会在北京召开。

2018 年 4 月 9 日　中国－东盟省市长对话会在博鳌举行，各方同意成立 "21 世纪海上丝绸之路" 沿线邮轮旅游城市联盟。

2018 年 4 月 9 日　"21 世纪海上丝绸之路" 岛屿经济分论坛在海南博鳌亚洲论坛国际会议中心举行。

2018 年 4 月 10 日　自然资源部举行挂牌仪式。

2018 年 4 月 11 日　博鳌亚洲论坛 2018 年年会南海主题分论坛在博鳌举行。

2018 年 4 月 12 日　习近平在海南考察时指出，建设海洋强国是中国特色社会主义事业的重要组成部分。

2018 年 4 月 12 日　2018 年《海洋经济蓝皮书》发布会暨 "向海经济" 研讨会在广西北海举行。

2018 年 4 月 14 日　中共中央、国务院发布《关于支持海南全面深化改革开放的指导意见》。

2018 年 4 月 19～20 日　第九轮中日海洋事务高级别磋商在日本仙台举行。

2018 年 4 月 21 日　中国第 34 次南极考察队，乘 "雪龙" 号极地考察船返回位于上海的中国极地考察国内基地码头。

2018 年 4 月 21 日　青岛海洋科学与技术国家实验室船队成员 "向阳红 18" 科学考察船在国家海洋局深海基地靠港，圆满完成了 30 天的共享航次任务。

2018 年 4 月 22 日　中国高校极地联合研究中心在北京师范大学成立。

2018 年 4 月 24 日 4 时　正在海上执行大洋第 46 航次科考任务的 "向阳红 01" 船穿越赤道，返回北半球。

2018 年 4 月 26 日　自然资源部印发《海岛统计调查制度》，有效期 3 年。

2018 年 4 月 28～30 日　中国地质调查局广州海洋地质调查局"海洋六号"科考船与中国科学院深海科学与工程研究所"探索一号"科考船展开了一次联合科学考察活动。

2018 年 5 月 1 日中午 12 点起　我国四大海域同步进入休渔期，除了钓具外的所有作业类型全部实施休渔。

2018 年 5 月 3 日　我国远洋科考功勋船"大洋一号"完成"海龙""潜龙"系列潜水器海试任务后，驶入青岛市国家海洋局北海分局科考基地码头。

2018 年 5 月 6～11 日　第七届南大洋观测系统科学指导委员会会议暨南大洋观测系统年会在杭州召开。

2018 年 5 月 8 日　由国家海洋信息中心编写、海洋出版社出版的《中国钓鱼岛及其附属岛屿地名和监视监测图集》面世。该书是当前我国国内关于钓鱼岛及其部分附属岛屿相关内容最全、数据最新的图集。

2018 年 5 月 8 日　联合国教科文组织政府间海洋学委员会南中国海区域海啸预警中心授牌仪式在京举行。

2018 年 5 月 8 日　中国大洋第 49 航次第 4 航段科考队乘"向阳红 10"船，在西南印度洋进行海洋微塑料取样作业，这是我国首次在西南印度洋开展微塑料取样调查。

2018 年 5 月 10 日上午　为期两天的第四届海底观测科学大会在浙江大学海洋学院开幕。

2018 年 5 月 11 日　自然资源部在国家海洋环境预报中心举办 2018 年海洋防灾减灾宣传主场活动。活动现场发布了全国海洋灾害综合风险图。

2018 年 5 月 16 日凌晨 1 时　由同济大学主导的历时一个月的南海遥控深潜科考航次圆满完成了各项任务。

2018 年 5 月 18 日　自然资源部发布了《2017 中国土地矿产海洋资源统计公报》。

2018 年 5 月 18 日　我国新一代远洋综合科考船"向阳红 01"圆满完成中国首次环球海洋综合科考任务，返回青岛母港，本航次取得了多项突破性

成果。

2018 年 5 月 24~25 日 "亚洲—太平洋地区的合作与参与"国际法研讨会暨弗吉尼亚大学海洋法和海洋政策中心第 42 届年会在京召开。

2018 年 5 月 26 日 由中国海洋发展研究会主办的"一带一路"倡议下海洋自然资源保护利用新思维论坛在成都召开。

2018 年 5 月 27 日 我国首个远海岛屿智能微电网在海南省三沙市永兴岛正式投入使用，为其他南海岛礁的电网建设提供可复制模版。

2018 年 5 月 28~29 日 "西北太平洋三角区富钴结壳区域环境管理计划"国际研讨会在山东省青岛市召开。

2018 年 5 月 31 日 由北京大学海洋研究院编制的《国民海洋意识发展指数（MAI）研究报告（2017）》发布。

2018 年 6 月 1~3 日 2018 海峡（福州）渔业周·中国（福州）国际渔业博览会·亚太水产养殖展在福州海峡会展中心举办。

2018 年 6 月 8~10 日 2018 年世界海洋日暨全国海洋宣传日、第十届中国海洋文化节主场活动开幕式在浙江省舟山市举行。本次活动主题为"奋进新时代、扬帆新海洋"。

2018 年 6 月 12~14 日 习近平总书记先后来到青岛、威海、烟台等地考察，就海洋强国建设、海洋经济发展、海洋科学研究等发表的重要讲话，在青岛海洋工作者中引起强烈反响。

2018 年 6 月 14 日 中国海洋学会海洋测绘专业委员会 2018 年年会暨首届"新时期海洋测绘发展论坛"在舟山隆重举行。

2018 年 6 月 15 日 自然资源部发布公告，正式公布《中国海洋观测站（点）代码》《海洋信息云计算服务平台系统架构规范》《海洋观测环境保护范围划定》《海水制取氢氧化镁工艺设计规范》《海水循环冷却系统设计规范第 3 部分：海水预处理》《冷却塔飘水率测试方法等速取样法》《海水淡化浓海水中排放中卤代有机物的测定 气相色谱法》等 7 项海洋行业标准，自 2018 年 9 月 1 日起实施。

2018 年 6 月 16 日 海上丝绸之路金融总部基地在三亚亚太金融小镇揭

牌成立。

2018 年 6 月 18 日　第十六届中国·海峡项目成果交易会在福州启幕。

2018 年 6 月 19 日　在西南印度洋执行任务的"向阳红 10"船在毛里求斯路易港缓缓靠岸，这标志着中国大洋 49 航次第四航段科考收官。

2018 年 6 月 22 日　第十三届全国人民代表大会常务委员会第三次会议通过《全国人民代表大会常务委员会关于中国海警局行使海上维权执法职权的决定》，明确中国海警局统一履行海上维权执法职责。

2018 年 6 月 22 日　国家海洋局东海分局发布《2017 年东海区海洋环境公报》。

2018 年 6 月 24 日　我国首套海底环状生态监测观测网在山东蓬莱成功布放。

2018 年 6 月 27 日　国家海洋局北海分局发布《2017 年北海区海洋灾害公报》。

2018 年 6 月 28 日　我国最大的深海智能渔场在中船重工武船集团青岛基地正式开工建造。

2018 年 6 月 29 日　国家海洋局东海分局发布《2017 年东海区海洋环境公报》。

2018 年 7 月 2 日　为期 3 天的第五届地球系统科学大会在上海跨国采购会展中心拉开帷幕。本届大会设有海洋与气候、深海资源与地质灾害等涉海主题，还特别设置了"海洋碳循环"等圆桌会议。

2018 年 7 月 3 日　在 2018 年全球海洋院所领导人会议上，青岛海洋科学与技术试点国家实验室学术委员会主任、中国工程院院士管华诗发布了海洋试点国家实验室海洋天然产物三维结构数据库。这是我国首次正式发布海洋化合物数据库。

2018 年 7 月 3 日　《2017 年南海区海洋灾害公报》发布。

2018 年 7 月 3 日　国际海洋科普联盟在青岛市成立并启动运行。

2018 年 7 月 3～5 日　2018 全球海洋院所领导人会议在青岛海洋科学与技术试点国家实验室召开。

2018 年 7 月 6 日　2018 海洋经济讲座暨第十三届《中国海洋报》理事会年会在天津召开。

2018 年 7 月 8 日　自然资源部主办的生态文明贵阳国际论坛 2018 年年会海洋微塑料研讨会在贵州省贵阳市召开。

2018 年 7 月 9 日　自然资源部发布公告,正式公布《海洋信息云计算服务平台安全规范》《全球导航卫星系统（GNSS）连续运行基准站与验潮站并置建设规范》《海洋调查标准体系》《海水淡化装置能量消耗测试方法》《海岛反渗透海水淡化装置》《海水淡化产品水水质要求》《高纯镁砂》《大生活用海水系统运行管理规范》等 8 项行业标准,自 2018 年 10 月 1 日起实施。

2018 年 7 月 11 日　当日为我国第 14 个航海日,也是"世界海事日"在我国的实施日。

2018 年 7 月 16 日　第二十次中国欧盟领导人会晤期间,《中华人民共和国和欧洲联盟关于为促进海洋治理、渔业可持续发展和海洋经济繁荣在海洋领域建立蓝色伙伴关系的宣言》在北京签署。

2018 年 7 月 16 日　自然资源部办公厅印发《关于进一步加强当前安全防范工作的通知》,要求强化汛期海洋预警预报和风险提示,全面做好海洋防灾减灾各项工作,有效防范和坚决遏制重特大事故发生。

2018 年 7 月 16 日　第二十次中国欧盟领导人会晤期间,《中华人民共和国和欧洲联盟关于为促进海洋治理、渔业可持续发展和海洋经济繁荣在海洋领域建立蓝色伙伴关系的宣言》在北京签署。

2018 年 7 月 16 日　第三届中国 – 东盟 – CCOP 海洋地学能力建设和减灾防灾研讨会暨技术培训班在广州开幕。

2018 年 7 月 17 日　国内最大马力无人遥控潜水器下线,主要用于对沉船沉物等进行应急救险、搜寻和打捞等作业。

2018 年 7 月 18 日　国内唯一的综合性海洋设备第三方检验检测公共服务平台——国家海洋设备质量检验中心在青岛正式启用。

2018 年 7 月 23 日　北京高科大学联盟 2018 年"海洋强国"研讨会暨

2018 年第一次理事会在哈尔滨工程大学召开。

2018 年 7 月 25 日 国务院发布《关于加强滨海湿地保护严格管控围填海的通知》。

2018 年 7 月 25~27 日 首次中美海洋与渔业科技合作联合专家组会议在青岛召开。

2018 年 7 月 26 日 自然资源部发布《2017 年海岛统计调查公报》。

2018 年 7 月 28 日 由自然资源部海洋咨询中心、中国海洋工程咨询协会主办的 2018 海洋生态保护修复大会在山东省烟台市召开，会议主题为"保护自然修复生态，共创海洋生态美景"。

2018 年 7 月 30 日 自然资源部审核通过《无居民海岛开发利用测量规范》等 16 项行业标准，予以对外发布。

2018 年 8 月 3 日 "澳门海洋管理、利用与发展国际研讨会"在澳门旅游塔会议中心召开。

2018 年 8 月 12 日 执行中国大洋 49 航次科考任务的"向阳红 10"科考船在完成任务后返航舟山。

2018 年 8 月 22 日 随着第二套无人冰站观测系统现场实时数据的准确回传，我国自主研发的首个用于观测北极海洋、海冰、大气相互作用的系统布放成功。

2018 年 8 月 25 日 由浙江省海洋科学院主办的"2018 海洋潮流能战略发展研讨会"在杭州举行。

2018 年 8 月 27 日 全国人大常委会海洋环境保护法执法检查组第一次全体会议在北京召开。

2018 年 8 月 28 日 以"提高认识、凝聚共识、促进合作、共谋发展"为主题的 2018 "蓝碳倡议"国际会议在山东省威海市召开。

2018 年 8 月 28 日 由交通运输部、浙江省人民政府联合举办，中国海上搜救中心、浙江省海上搜救中心共同组织实施的"2018 年国家重大海上溢油应急处置演习"桌面推演成功举行。

2018 年 8 月 28 日 中国 - 新西兰南极合作联合委员会第二次会议在京

召开。

2018 年 9 月 4 日　2018 年国家重大海上溢油应急处置实兵演习在浙江舟山外海海域成功举行。

2018 年 9 月 6 日　以"经略海洋，共建共享"为主题的 2018 东亚海洋合作平台青岛论坛在青岛世界博览城正式开幕。

2018 年 9 月 7 日 11 时 15 分　我国在太原卫星发射中心用"长征二号"丙运载火箭成功发射"海洋一号 C"星。

2018 年 9 月 9 日　中国海洋发展研究会渤海湾分会成立大会暨学术报告会在秦皇岛市召开。

2018 年 9 月 10 日　我国第一艘自主建造的极地科学考察破冰船"雪龙 2 号"在上海下水，标志着我国南北极事务及极地考察现场保障和支撑能力取得新突破。

2018 年 9 月 12 日　以"智慧、融合、创新"为主题的首届中国智慧海洋与技术装备发展论坛在青岛召开。

2018 年 9 月 18 日　海洋文化教育联盟在哈尔滨成立，这是国内首家以海洋文化教育为主旨的学术联盟。

2018 年 9 月 18～20 日　第十二届夏季达沃斯论坛在天津举行。此次论坛主题为"在第四次工业革命中打造创新型社会"，围绕主题，专家组提出了 12 项议题，包括自贸港建设、湾区经济等涉海议题。

2018 年 9 月 19 日　第二届"21 世纪海上丝绸之路"中国（广东）国际传播论坛在珠海开幕，为期 3 天。开幕式上，广东省正式对外发布《中国广东企业"一带一路"走出去行动报告 2018》。

2018 年 9 月 20 日　农业农村部发布《2017 年全国渔业经济统计公报》。

2018 年 9 月 23 日　由海洋试点国家实验室联合俄罗斯科学院太平洋海洋研究所组织的"2018 中俄北极联合科学考察航次"，在俄罗斯海滨城市符拉迪沃斯托克港起航。

2018 年 9 月 26 日　中国第 9 次北极科学考察队圆满完成了各项考察任务，乘"雪龙"船顺利返回上海。

2018 年 9 月 26 日 由自然资源部海洋宣传教育中心、江苏省海洋与渔业局、南京大学联合举办的海洋文化发展与海洋强国建设研讨会在南京大学举行。

2018 年 9 月 26 日 中国航海学会极地航行与装备专业委员会成立大会暨极地航行与装备论坛在泊于上海的"雪龙"船上召开，并选举产生了第一届常务委员会成员。

2018 年 9 月 27 日 蓝色海湾国际论坛暨蓝湾建设现场会在浙江省温州市洞头区举行。论坛以"生态文明、乡村振兴"为主题。中国太平洋学会蓝色海湾研究分会同期宣布成立，将在温州洞头设立蓝色海湾永久性国际论坛。

2018 年 9 月 27 日 2018 滨海湿地保护技术大会在山东省东营市召开。会议主题为"推进技术创新，加强滨海湿地保护"。

2018 年 9 月 28～29 日 中国海洋报社新闻宣传暨记者站（通讯站）站长工作会议在广西北海市召开。

2018 年 9 月 28～30 日 第十届中国（海南）国际海洋产业博览于海南省海口市举办。

2018 年 10 月 10 日 中国海洋工程咨询协会极地分会在厦门成立，并召开了第一次会员代表大会。

2018 年 10 月 10 日 澳门海域管理及发展统筹委员会召开 2018 年全体会议。

2018 年 10 月 10～12 日 2018 中国极地科学学术年会在厦门举办。

2018 年 10 月 11～12 日 2018 极地科学亚洲论坛（简称 AFoPS）在厦门召开。

2018 年 10 月 12 日 第三届曹妃甸海洋发展大会在唐山曹妃甸召开。

2018 年 10 月 13～14 日 以"生态文明新时代的海洋智慧"为主题的"中国海洋生态文明（长岛）论坛"在山东省长岛县举行。

2018 年 10 月 16 日 国务院批复同意设立中国（海南）自由贸易试验区（以下简称海南自贸试验区）并印发《中国（海南）自由贸易试验区总

体方案》。

2018 年 10 月 16～17 日 国家管辖范围以外海域海洋生物多样性（BBNJ）养护和可持续利用国际研讨会在厦门召开。

2018 年 10 月 18 日 2018（第 20 届）中国国际矿业大会在天津隆重开幕。会上，"海域天然气水合物""海上油气勘探开发"等成为"高频词"，众多国内外专家和学者围绕海洋相关领域进行了交流和探讨。

2018 年 10 月 18 日 由中国和冰岛共同筹建的中—冰北极科学考察站已经建设完成并正式运行。

2018 年 10 月 18 日 中国首届"与自然和谐"国际水环境生态建设技术发展会议在湖北武汉召开。此次大会以"与自然和谐"为主题。

2018 年 10 月 19～21 日 由中国海洋学会、宁波大学、中国海洋大学共同主办的"2018 中国海洋经济论坛"在浙江省宁波市举行。

2018 年 10 月 20 日 "21 世纪海上丝绸之路"大学联盟成立大会暨校长论坛在厦门大学举办。

2018 年 10 月 22 日 第二届国际海洋基因组学联盟会议在青岛国际经济合作区举行，发布全球首部海洋生物基因组学科白皮书——《海洋生物基因组学白皮书》，弥补了我国在海洋生物基因组学领域长期缺少权威声音的空白。

2018 年 10 月 23 日上午 中国第一条海上沉管隧道工程——集桥、岛、隧于一体的港珠澳大桥开通仪式在广东省珠海市举行。习近平总书记宣布大桥正式开通并巡览大桥。

2018 年 10 月 24～26 日 第 8 届北京香山论坛在北京召开。第三次全体会议围绕"海上安全合作现实与愿景"主题展开了交流讨论。

2018 年 10 月 25 日 06 时 57 分 我国在太原卫星发射中心用长征四号乙运载火箭成功发射海洋二号 B 星。

2018 年 10 月 25 日 全国海洋牧场建设工作现场会在山东烟台召开。

2018 年 10 月 25 日 自然资源部国家海洋环境预报中心和中国海洋学会海冰专业委员会在浙江省舟山市共同主持召开了 2018 年度海冰预测会

商会。

2018 年 10 月 25～26 日 由中国海洋学会海洋生物资源专业委员会、福建省海洋学会主办，自然资源部第三海洋研究所承办的"第一届全国海洋生物资源学术研讨会暨福建省海洋学会 2018 年学术年会"在厦门召开。

2018 年 10 月 26 日 国内首个少年海洋科学院在青岛正式成立。

2018 年 10 月 27 日 "粤港澳大湾区生态及景观联盟"签署暨成立仪式在深圳举行。

2018 年 10 月 29 日 8 时 43 分 我国在酒泉卫星发射中心用长征二号丙运载火箭成功发射中法海洋卫星。中国国家主席习近平与法国总统马克龙互致贺电。

2018 年 10 月 29 日 以"共创智慧海洋，共建生态文明"为主题的第七届世界海洋大会在山东省威海市开幕。

2018 年 10 月 29 日 2018"一带一路"媒体合作论坛中国（海南）自由贸易试验区政策介绍会在海南博鳌召开。

2018 年 10 月 29～31 日 以"生态资源绿色共享"为主题的"中国国际海洋牧场大会"在辽宁省大连市举行。

2018 年 11 月 2 日 10 时 中国第 35 次南极考察队登上"雪龙"号极地考察船，驶离位于上海的中国极地考察国内码头，执行南极科学考察任务。

2018 年 11 月 2～8 日 以"共建共享 携手推进海洋可持续发展"为主题的 2018 厦门国际海洋周在福建省厦门市拉开帷幕。

2018 年 11 月 4 日 自然资源部中国海洋工程咨询协会在北京召开第三次会员代表大会暨 2017 年度海洋工程科学技术奖颁奖大会。会议表彰了获得 2017 年度海洋工程科学技术奖的单位和个人。

2018 年 11 月 5 日 全国人大常委会海洋环境保护法执法检查组举行第二次全体会议，研究讨论执法检查报告稿，部署提请常委会审议的各项准备工作。

2018 年 11 月 5～7 日 中国东盟区域海洋酸化观测系统研讨会在厦门召开。此次会议由自然资源部第三海洋研究所与联合国教科文组织下设政府

间海洋科学委员会西太分委会联合主办。

2018 年 11 月 6 日 由中国中铁三局等单位承建的青岛地铁 1 号线过海隧道顺利贯通，这是目前国内最深的地铁海底隧道。

2018 年 11 月 6 日 第 280 场中国工程科技论坛在海南海口召开。会议以"海洋环境与权益国际焦点：大陆架划界科技在'一带一路'中的新机遇"为主题。

2018 年 11 月 8 日 2018（第四届）深海能源大会在海口召开。

2018 年 11 月 10 日 中国太平洋学会海洋能源与装备建设分会成立揭牌仪式暨"智能战争——军民融合需求前沿展望"高端论坛在北京举办。

2018 年 11 月 13 日 第五届 APEC 蓝色经济论坛在浙江省宁波市举行。论坛主题为"区域蓝色经济发展模式"。

2018 年 11 月 16 ~ 17 日 第六届"中国－东南亚国家海洋合作论坛"在广西北海市举行。

2018 年 11 月 18 日 第三届世界妈祖文化论坛在福建莆田湄洲岛开幕。论坛以"妈祖文化、海洋文明、人文交流"为主题进行了深入探讨与交流。

2018 年 11 月 20 日 第九届"海洋强国战略论坛"在广西壮族自治区北海市举办。

2018 年 11 月 20 ~ 21 日 向海经济暨 21 世纪海上丝绸之路成果转化交流会在北海召开。

2018 年 11 月 21 日 联合国世界地理信息大会在浙江德清落幕，大会发布了《莫干山宣言：同绘空间蓝图，共建美好世界》。当日举办的海洋和极地地球观测与地理信息开发分会聚焦海洋和极地观测。

2018 年 11 月 22 日 在广东湛江举办的"中国海洋经济博览会"上，自然资源部向社会发布《2018 中国海洋经济发展指数》。这是该指数的第三次发布。

2018 年 11 月 22 日 中国海洋大学及社会科学文献出版社共同发布了《北极蓝皮书：北极地区发展报告（2017）》。蓝皮书认为，"冰上丝绸之路"

将成为各国合作新增长点。

2018 年 11 月 22～25 日 被誉为"中国海洋第一展"的 2018 中国海洋经济博览会在广东湛江举办。

2018 年 11 月 23 日 国家发改委、自然资源部联合印发《关于建设海洋经济发展示范区的通知》，支持山东威海、日照，江苏连云港、盐城，浙江宁波、温州，福建福州、厦门，广东深圳，广西北海 10 个设在市级和天津临港、上海崇明、广东湛江、海南陵水 4 个设在园区的海洋经济发展示范区建设。

2018 年 11 月 23 日 由山东现代海洋产业专班、山东现代海洋产业智库主办的海洋牧场大数据与物联网论坛在山东省乳山市举办。

2018 年 11 月 23 日 由自然资源部第二海洋研究所卫星海洋环境动力学国家重点实验室和浙江大学浙江省资源与环境信息系统重点实验室联合研发的"海洋遥感在线分析平台 SatCO2"（简称"SatCO2 平台"）在杭州发布。

2018 年 11 月 23 日 全国首个海洋科技大数据平台"海上云——国家海洋科技大数据综合平台"，在 2018 中国海洋经济博览会海洋大数据发展论坛上正式发布，这标志着我国第一个专注于海洋科技成果转化和海洋数据资产运营的大数据平台诞生，为我国海洋经济发展插上了数字化的翅膀。

2018 年 11 月 26 日 中央庆祝改革开放 40 周年表彰工作领导小组办公室评选出 100 名改革开放杰出贡献拟表彰对象，并对外公示。6 名为我国海洋强国事业做出突出贡献的个人入选。

2018 年 11 月 28 日 海岸带地质调查工作会议在海南省海口市召开。

2018 年 11 月 29 日 《中共中央国务院关于建立更加有效的区域协调发展新机制的意见》对外发布。意见强调，推进陆海统筹，推动国家重大区域战略融合发展。

2018 年 11 月 30 日 第一届自主船舶发展（万山）论坛暨珠海万山无人船海上测试场启用仪式在珠海举行。

2018 年 11 月 30 日 经国务院同意,生态环境部、发展改革委、自然资源部联合印发并实施《渤海综合治理攻坚战行动计划》。

2018 年 12 月 1 日 以"全面深化改革下的经略海洋之路"为主题的海洋经济发展论坛在山东省济南市举办。

2018 年 12 月 4 日 国内首个海洋工程数字化技术中心在天津滨海新区建成并投入使用,填补了我国在海洋工程数字仿真技术领域的空白。

2018 年 12 月 6 日 中国太平洋学会自然研学分会成立大会暨自然研学发展与实践研讨会在浙江舟山举行。中国太平洋学会常务理事会审议同意在中国太平洋学会下设立自然研学分会。

2018 年 12 月 8 日 我国第一艘自主研制和建造的载人潜水器支持母船——"深海一号"在湖北武汉下水。

2018 年 12 月 8 日 第九届海南省科技论坛——海洋生态建设与科技创新主题论坛在海南省海口市举行。

2018 年 12 月 10 日 联合国教科文组织政府间海洋学委员会西太平洋分委会,向国际社会正式发布"'21 世纪海上丝绸之路'海洋环境预报系统"。该系统由自然资源部第一海洋研究所研发。

2018 年 12 月 10 日 中国 – 北欧北极研究中心在自然资源部中国极地研究中心举行成立 5 周年学术研讨活动。

2018 年 12 月 11 日 生态环境部对外发布了《海洋废弃物倾倒许可证核发服务指南(试行)》和《海洋石油勘探开发含油钻井泥浆和钻屑向海中排放审批服务指南(试行)》,即日起开始受理全国海洋废弃物倾倒许可证申请和海洋石油勘探开发含油钻井泥浆和钻屑向海中排放申请。

2018 年 12 月 12 日 国家重点研发计划"海洋环境安全保障"专项"北极环境卫星遥感与数值预报合作平台建设"项目在京启动。该项目的实施将推进我国主导的全球海洋立体观测向极地区域拓展。

2018 年 12 月 12 日 以"新时代·新技术·新产业"为主题的 2018 中国海水资源利用技术产业发展高峰论坛在天津隆重召开。

2018 年 12 月 13 日 自然资源部国家海洋环境预报中心在广州市举行

新闻发布会，宣布其开发的"中国海洋预报网"（www. oceanguide. org. cn）于当日正式上线运行。

2018 年 12 月 17～18 日　第十轮中日海洋事务高级别磋商在浙江省嘉兴市乌镇举行。

2018 年 12 月 20 日　自然资源部联合国家发展和改革委员会联合印发《关于贯彻落实〈国务院关于加强滨海湿地保护　严格管控围填海的通知〉的实施意见》。

2018 年 12 月 24 日　自然资源部海洋战略规划与经济司发布《2017 年全国海水利用报告》。

2018 年 12 月 24 日　全国人大常委会 24 日听取了关于发展海洋经济加快建设海洋强国工作情况的报告。

2018 年 12 月 25 日　国家海洋信息中心基于海洋观测网数据编制完成《2018 年中国气候变化海洋蓝皮书》，公布了全球、中国近海关键海洋要素的最新监测信息。

2018 年 12 月 25 日　由自然资源部中国地质调查局青岛海洋地质研究所同位素地球化学分析标准化研究团队研制的"海洋沉积物碳氮稳定同位素标准物质"经国家市场监督管理总局正式批准为国家一级标准物质（编号为：GBW04701、GBW04702 和 GBW04703）。

2018 年 12 月 26 日　由自然资源部国家海洋环境预报中心研发的"海上丝绸之路"海洋环境预报保障系统投入业务化试运行。

2018 年 12 月 27 日　工业和信息化部、交通运输部、国防科工局 3 部委联合印发《智能船舶发展行动计划（2019～2021 年）》。

2018 年 12 月 27 日　"海洋发展战略论坛（2018）"在京举办。本年度论坛主题为"新时代海洋强国建设"。

2019年

2019 年 1 月 3 日　"2018 海南海洋产业发展大会暨海洋高新科技与工

程装备博览会"在海口开幕。本届展会为期3天,以"开放与创新:深化改革开放下的海南海洋产业创新路径"为主题。

2019年1月8日 2018年度国家科学技术奖励大会在京举行,两位涉海专家哈尔滨工业大学的刘永坦院士、解放军陆军工程大学的钱七虎院士荣获国家最高科学技术奖。多个涉海项目获奖。

2019年1月9日 自然资源部国家海洋环境预报中心与三沙卫视签署战略合作协议,合作推出海洋服务节目。

2019年1月10~11日 青岛海洋科学与技术试点国家实验室成功举办2018学术年会。会上新华社发布《全球海洋科技创新指数报告(2018)》,中国排名第5。

2019年1月11日 渤海地区入海排污口排查整治专项行动暨试点工作启动会在唐山召开。

2019年1月12~13日 生态环境部在京召开2020年全国生态环境保护工作会议。

2019年1月14日 国家自然科学基金重大项目——"东南亚环形俯冲系统超级汇聚的地球动力学过程"在上海召开项目启动会。

2019年1月17日 由中国科学技术协会评选的2018年度全国学会科普工作予以表扬单位名单公布,中国海洋学会等66个全国学会名列其中。

2019年1月18日 2019年世界湿地日中国主场宣传活动在海南海口五源河国家湿地公园举行。国家林业和草原局首次发布《中国国际重要湿地生态状况白皮书》。

2019年1月21日13时42分 "文昌超算一号"卫星在酒泉发射升空,顺利进入预定轨道。该星是海南自贸区(港)首颗商业遥感卫星,将进一步推动我国海洋遥感信息化水平建设。

2019年1月22日 国际海事组织《国际船舶压载水和沉积物控制与管理公约》正式对中国生效。

2019年1月22日 国家统计局以国统制〔2019〕13号文批准《海洋生产总值核算制度》(以下简称《制度》),《制度》自批准日开始执行,有效期至 2022 年 1 月。

2018 年 12 月 24 日 财政部印发《海岛及海域保护资金管理办法》。

2019 年 1 月 29 日 由中国海洋学会联合中国太平洋学会、中国海洋湖沼学会、中国造船工程学会和中国指挥与控制学会共同主办的"2018 年度中国十大海洋科技进展"评选结果揭晓。

2019 年 1 月 31 日 我国新一代海洋综合科考船"科学"号在完成 2018 年第 6 次西太平洋综合考察航次后，返回位于青岛西海岸新区的母港。我国科学家在本航次成功维护升级了我国的西太平洋实时科学观测网，实现了多项重大突破。

2019 年 1 月 31 日 自然资源部起草了《关于进一步优化报国务院批准项目用海审查流程提高审批效率的通知（征求意见稿)》，公开征求社会各界意见。

2019 年 2 月 12 日 "开展天然气水合物环境生态观测试验，促进其资源开发与生态保护协调发展"研讨会在海南陵水举行。

2019 年 2 月 13 日 按照《中华人民共和国统计法》有关规定，自然资源部办公厅印发新修订完善的《海洋生产总值核算制度》。

2019 年 2 月 15 日（星期五）上午 10 时 国务院新闻办公室举行新闻发布会，介绍农业农村部等 10 部委联合印发《关于加快推进水产养殖业绿色发展的若干意见》有关情况，并答记者问。这是新中国成立以来第一个经国务院同意、专门针对水产养殖业的指导性文件，是当前和今后一个时期指导我国水产养殖业绿色发展的纲领性文件。

2019 年 2 月 17 日 第五届粤港澳海洋生物绘画比赛在香港海洋公园举行颁奖仪式。本次比赛主题为"清洁湾区我的家"。

2019 年 2 月 18 日 中共中央、国务院印发《粤港澳大湾区发展规划纲要》。

2019 年 2 月 18 日 国家市场监督管理总局、国家标准化管理委员会召开新闻发布会，批准发布《海洋基础地理要素矢量地图》等 646 项国家标准，涉及道路交通、可持续发展、海洋探索、两化融合和养老服务等多个领域。

2019 年 2 月 22~23 日 2019 北方海国际论坛暨第三届北极东北亚冰上丝绸之路研讨会在冰上丝绸之路重要节点城市吉林市召开。

2019 年 2 月 27 日 《国务院关于取消和下放一批行政许可事项的决定》（国发〔2019〕6 号）取消了"海域使用论证单位资质认定"的行政许可事项。

2019 年 2 月 28 日 国务院新闻办公室举行《粤港澳大湾区发展规划纲要》新闻发布会。

2019 年 3 月 12 日 我国第 35 次南极科学考察队乘"雪龙"号极地考察船于返回上海。本次科学考察历时 131 天，总航程 3.08 万余海里（约5.7 万公里），取得了多项成果。

2019 年 3 月 13 日 第 20 次国际 Argo 指导组年会在杭州召开。国际Argo 组织将通过本次会议重点规划国际 Argo 未来发展计划——Argo2020 愿景。Argo 计划，即全球海洋观测网计划。

2019 年 3 月 18 日 生态环境部发布《2018 年全国生态环境质量简况》。《简况》显示，去年全国生态环境质量持续改善，近岸海域水质总体稳中向好。

2019 年 3 月 21 日 农业农村部办公厅印发《关于进一步加强远洋渔业安全管理的通知》。

2019 年 3 月 23 日 由中国海洋发展研究中心和中国海洋发展研究会、中国海洋大学共同主办的"蓝色碳汇与中国实践"学术研讨会在中国海洋大学召开。

2019 年 3 月 25 日 我国首座跨海高速铁路（福厦高铁）桥水下桩基基础施工即将结束，进而转入水上施工阶段。

2019 年 3 月 26 日 新华社发布的《中华人民共和国和法兰西共和国关于共同维护多边主义、完善全球治理的联合声明》，双方共达成 37 项共识，其中 3 项内容涉海。

2019 年 3 月 27 日 第九届北京国际海洋工程技术与装备展览会开幕。本次展览会为期 3 天。

2019 年 3 月 28 日　博鳌亚洲论坛 2019 年年会正式开幕。

2019 年 3 月 28 日　博鳌亚洲论坛 2019 年年会——"21 世纪海上丝绸之路：岛屿"分论坛举行，论坛发布了《全球岛屿发展年度报告（2018）》，为全球的岛屿研究者和岛屿政府决策者提供有价值的参考与借鉴。

2019 年 3 月 28 日　由中国社会科学院"一带一路"研究中心、中信改革发展研究基金会、中国社会科学院大学欧亚高等研究机构共同编撰的《"一带一路"建设发展报告（2019）》蓝皮书在北京发布。

2019 年 3 月 28 日　海洋强国发展战略论坛在珠海举办。

2019 年 3 月 29 日　经江苏省十三届人大常委会第八次会议审议通过，《江苏省海洋经济促进条例》将于 6 月 1 日起正式施行。这是全国首部促进海洋经济发展地方法规。

2019 年 3 月 30 日　中国海洋学会第八届四次理事会会议暨 2019 年度工作会议在北京召开。

2019 年 4 月 2 日　国家海洋局海底科学重点实验室承办的第一届"亚洲大陆边缘地球动力学过程"青年科学论坛在杭州举办。

2019 年 4 月 3 日　由国家自然科学基金委员会主办、中国海洋大学承办的海洋科学与大数据融合发展战略研讨会暨国家自然科学基金委员—中国科学院学科发展战略研究项目"海洋数据科学发展战略研究"启动会在青岛召开。

2019 年 4 月 5 日　天津深之蓝海洋设备科技有限公司与日本企业签署合作协议，中国工业级水下机器人首次进军日本市场。

2019 年 4 月 9 日　交通运输航海安全标准化技术委员会 2019 年年会暨标准宣贯会在宁波顺利召开。

2019 年 4 月 9 日　北京大学海洋研究院在京举行"南海战略态势感知"平台上线发布会，并发布了平台首份研究报告——《南海局势：回顾与展望》。

2019 年 4 月 11 日　自然资源部召开 2019 年全国汛期地质灾害和海洋灾害防治工作视频会议。

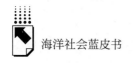

2019 年 4 月 11 日 自然资源部国家海洋环境预报中心发布 2019 年度全国海洋灾害预测会商意见。

2019 年 4 月 11 日 自然资源部海洋战略规划与经济司发布《2018 年中国海洋经济统计公报》。

2019 年 4 月 15～17 日 以海洋酸化观测为主题的全球海洋酸化观测网第四届国际研讨会在杭州开幕。

2019 年 4 月 16 日 农业农村部、财政部共同发布了今年重点强农惠农政策，政策涉及渔业及船舶。

2019 年 4 月 18 日 自然资源部发布了《滨海砂矿（金属矿产）地质勘查规范》《海洋地质取样技术规程》等 5 项行业标准报批稿的公示。

2019 年 4 月 20 日 中国人民解放军海军成立 70 周年多国海军活动首场新闻发布会在山东青岛举行。

2019 年 4 月 22 日 由无境深蓝潜水员海洋保护联盟主办，百度百家号、《海洋世界》杂志联合发起，大自然保护协会（TNC）参与的"壮美极境——海洋公益影像巡展"在北京侨福芳草地开幕。

2019 年 4 月 22 日 庆祝中国人民解放军海军成立 70 周年多国海军活动开幕式在青岛举行。

2019 年 4 月 22 日 推进"一带一路"建设工作领导小组办公室发布《共建"一带一路"倡议：进展、贡献与展望》报告。

2019 年 4 月 24 日 在 2019 年"中国航天日"主场活动开幕式上，中国国家航天局发布了《中国航天助力联合国 2030 年可持续发展目标的声明》。声明指出，中国航天将在海洋环境监测等领域开展重点工作。

2019 年 4 月 25 日 第二届"一带一路"国际合作高峰论坛在北京举行。

2019 年 4 月 24～25 日 中国人民解放军海军成立 70 周年多国海军活动"构建海洋命运共同体"高层研讨会在山东青岛举行。

2019 年 4 月 28 日 自然资源部发布了《风暴潮、海浪灾害现场调查技术规范》等 12 项涉海推荐性行业标准报批稿的公示。

2019 年 4 月 29 日　中国科学院海洋大科学研究中心和中国科学院集成电路创新研究院在青岛签约，根据协议双方将发挥各自领域优势，建立国内首个技术领先、服务一流的国际化海洋北斗技术应用中心——中国科学院海洋大科学研究中心北斗海洋信息中心。

2019 年 4 月 28 日　自然资源部海洋预警监测司发布 2018 年《中国海洋灾害公报》和《中国海平面公报》。

2019 年 4 月 30 日　农业农村部和河北省人民政府联合在河北省秦皇岛市启动"中国渔政亮剑 2019"全国海洋伏季休渔暨渤海综合治理专项执法行动。

2019 年 5 月 6 日　以"追梦海洋智见未来"为主题的第二届数字中国建设峰会"智慧海洋"分论坛在福州市举行。

2019 年 5 月 8 日　为期 5 天的 2019 年（第 31 届）世界港口大会在广东广州开幕。本届世界港口大会以"港口与城市——开放合作，共享未来"为主题。

2019 年 5 月 9～10 日　生态环境部组织召开全国海洋生态环境保护工作会议。

2019 年 5 月 10～11 日　由中国自然资源部和北极圈论坛共同主办的北极圈论坛中国分论坛在上海举行。

2019 年 5 月 10～11 日　第十一轮中日海洋事务高级别磋商在日本北海道小樽市举行。

2019 年 5 月 13 日　2019 年"海上丝绸之路"保护和联合申遗城市联盟联席会议在南京召开。会议审议并通过澳门、长沙加入海丝保护和联合申遗城市联盟。目前，中国"海上丝绸之路"联合申报世界文化遗产的城市已有 26 个。

2019 年 5 月 14～17 日　第十二届海峡两岸海洋科学研讨会在台北南港展览馆召开。

2019 年 5 月 15 日　由自然资源部第四海洋研究所主办的海洋环境经济核算研讨会在北京召开。

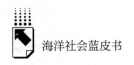

2019 年 5 月 16 日　重庆、广西、贵州、甘肃、青海、新疆、云南、宁夏、陕西在重庆共同签署合作共建"陆海新通道"协议，标志着陕西正式加入"陆海新通道"共建合作机制。"陆海新通道"的"朋友圈"扩大到中国西部九省区市。

2019 年 5 月 16 日　第四届全国海洋技术学术会议在浙江舟山开幕。此次会议为期 3 天，同期举办国际海洋技术展。

2019 年 5 月 17 日　生态环境部召开各流域海域生态环境监督管理局座谈会，加快推进流域海域生态环境监督管理局组建，切实加强流域海域生态环境监管工作。

2019 年 5 月 18 日　我国新一代远洋综合科考船"科学"号从青岛母港起航，将对全球最深海沟——西太平洋马里亚纳海沟的一座人类从未探索过的海山进行精细调查。

2019 年 5 月 22 日　为期 5 天的第二届 21 世纪海上丝绸之路博览会暨第二十一届海峡两岸经贸交易会在福建福州闭幕。本届博览会突出"海丝"主题、海峡特色、合作发展。

2019 年 5 月 25～26 日　第一届海洋经济发展示范区建设论坛在山东日照举行。

2019 年 5 月 27 日　自然资源部办公厅印发《关于开展 2019 年世界海洋日暨全国海洋宣传日活动的通知》。根据《通知》，今年海洋日活动的主题为"珍惜海洋资源，保护海洋生物多样性"，主场设在海南省三亚市。

2019 年 5 月 29 日　生态环境部在京召开新闻发布会，发布了《2018 年中国海洋生态环境状况公报》和《2018 年中国生态环境状况公报》。

2019 年 5 月 30 日　自然资源部在山东省青岛市举办深海样品和资料信息发布活动。这是我国首次向社会公布大洋科考采集的深海样品和深海资料信息。

2019 年 5 月 30 日　中–印尼 2019 年"气候变化对北苏拉威西海洋生态系统的影响"联合研究暨调查航次圆满完成。

2019 年 6 月 4 日　国家标准《海洋能　波浪能、潮流能和其他水流能转换装置术语》获国家市场监督管理总局、国家标准化管理委员会批准，并将于 2020 年 1 月 1 日颁布实施。

2019 年 6 月 5 日 12 时 6 分 我国在黄海海域用长征十一号海射运载火箭，将技术试验卫星捕风一号 A、B 星及 5 颗商业卫星顺利送入预定轨道，试验取得成功。这是我国首次在海上实施运载火箭发射技术试验。

2019 年 6 月 6 日 以"珍惜海洋资源，保护海洋生物多样性"为主题的 2019 年世界海洋日暨全国海洋宣传日主场活动在海南三亚举行，2019 年"海洋人物"评选结果揭晓，第 11 届全国海洋知识竞赛大学生组"南极奖""北极奖""大洋奖"同期颁奖。

2019 年 6 月 8 日 是第 11 个"世界海洋日"和第 12 个"全国海洋宣传日"。

2019 年 6 月 12 日 为期 23 天的长江水生生物保护宣传系列活动在上海复兴岛顺利收官。

2019 年 6 月 16 日 第五届中国海洋公共管理论坛在青岛举行。

2019 年 6 月 17 日 自然资源部北海局发布《2018 年北海区海洋灾害公报》。

2019 年 6 月 17 日 "第六届国际深渊探索会议——深渊探索的进展与挑战"在浙江省舟山市拉开帷幕。

2019 年 6 月 18 日 第十七届中国·海峡创新项目成果交易会在福州开幕。

2019 年 6 月 20 日 孟加拉国能源与矿产资源部蓝色经济办公室主任吴拉姆·莎菲迪恩一行访问自然资源部国家海洋技术中心，商讨中孟海洋空间规划合作方案。

2019 年 6 月 21 日 国家海域海岛监管体系建设工作推进会在山东青岛召开。

2019 年 6 月 22 日 中国海洋发展研究会第二届会员代表大会暨第五届中国海洋发展论坛在北京圆满召开。

2019 年 6 月 22 日 "新时代南海和平发展路径"学术研讨会在海南召开。

2019 年 6 月 27 日 世界自然基金会联合深圳市一个地球自然基金会在深圳举办"蔚蓝星球"海洋研讨会。研讨会主题为"可持续的海洋保护"。

2019 年 6 月 28 日 自然资源部在北京组织海洋一号 C 卫星及海洋二号 B 卫星在轨交付。这标志着国家民用空间基础设施规划立项批准的首批海洋观测业务卫星实现业务化运行，也代表着目前我国民用遥感海洋观测卫星发展的最高水平。

2019 年 6 月 30 日 第 21 届中国科协年会发布了 2019 年 20 个对科学发展具有导向作用、对技术和产业创新具有关键作用的前沿科学问题和工程技术难题，其中，海洋天然气水合物和油气一体化勘探开发机理和关键工程技术入选。

2019 年 7 月 1 ~ 3 日 2019 夏季达沃斯年会在辽宁大连召开。其间，参会嘉宾围绕如何实现海洋经济可持续发展这一话题展开了讨论。

2019 年 7 月 4 ~ 5 日 第 93 次中科院学部科学与技术前沿论坛暨中国科学院建院 70 周年学术论坛——"透明海洋"科学与技术前沿论坛在青岛海洋科学与技术试点国家实验室召开。

2019 年 7 月 8 ~ 9 日 第二届中英海洋可再生能源合作研讨会在青岛举办。

2019 年 7 月 17 日 "向阳红 03"船圆满完成"全球变化与海气相互作用"专项北太平洋地球物理航次任务返回厦门。

2019 年 7 月 17 日 自然资源部办公厅印发通知，出台《自然资源综合统计调查制度》及 8 套专业统计调查制度，包含《海洋统计调查制度》《海洋经济统计调查制度》。

2019 年 7 月 18 ~ 19 日 由中国海洋湖沼学会海洋底栖生物学分会主办、自然资源部第三海洋研究所承办、厦门大学协办的第二届底栖生物学学术研讨会在厦门召开。

2019 年 7 月 20 日 第二届大气、海洋可预报性研讨会在长春召开。

2019 年 7 月 23 日 中国大洋矿产资源研究开发协会在牙买加首都金斯敦召开的国际海底管理局第 25 届大会期间，举办了"合作、贡献与人类命运共同体"主题边会。

2019 年 7 月 25 日 执行中国大洋 52 航次科考任务的"大洋一号"船顺利返回青岛，圆满完成了科考任务。本航次实现了深海矿产资源与深海环境的高度融合，取得了多项成果。

2019 年 7 月 30 日 国家海洋信息产业发展联盟成立大会暨海洋网络信息体系高峰论坛在京举行。

2019 年 8 月 2 日 第二届中国国际海洋牧场暨渔业新产品新技术博览会在大连开幕。博览会以海洋牧场建设成果为主要内容，主题为"生态持续、科学发展、产业融合"。

2019 年 8 月 2 日 以"活力海洋·未来城市"为主题的 2019 世界海洋城市·青岛论坛在青岛举行。论坛发布了《世界海洋城市·青岛论坛宣言》。

2019 年 8 月 3 日 青岛海洋科学与技术试点国家实验室、香港科技大学，联合香港大学、香港中文大学、香港理工大学、香港城市大学和澳门大学在青岛签署了《港澳海洋研究中心合作研究框架协议》，携手共建"港澳海洋研究中心"。

2019 年 8 月 6 日 国家文物局在京召开"考古中国"重大研究项目新进展工作会，发布了"南海Ⅰ号"保护发掘项目考古成果。

2019 年 8 月 7 日 天津博物馆推出"海上丝绸之路文物精品大展"。

2019 年 8 月 10 日 "向阳红 01"科考船从青岛起航，执行中国第十次北极考察任务。

2019 年 8 月 10 日 第八届全国海洋航行器设计与制作大赛、2019 年国际海洋航行器设计与制作邀请赛暨第四届国际船舶与海洋工程创新与合作会议在哈尔滨工程大学启幕。

2019 年 8 月 2 日 国家发展和改革委员会印发《西部陆海新通道总体规划》，深化陆海双向开放，推动区域经济高质量发展。

2019 年 8 月 23 日 浙江舟山联合动能新能源开发有限公司和国网岱山县供电公司签订购售电合同，进行已并网发电量的首次结算。这标志着

LHD海洋潮流能发电项目——世界首座海洋潮流能发电站正式投入运营，率先实现我国海洋清洁能源开发重大突破。

2019年8月27日 党和国家功勋荣誉表彰工作委员会办公室发布关于"共和国勋章"和国家荣誉称号建议人选的公示，4位涉海模范人物入选"共和国勋章"和国家荣誉称号建议人选。

2019年8月27~28日 "2019中韩海洋可持续发展论坛"在山东省青岛市举行，论坛主题为"海洋与海洋观测技术"。

2019年8月28日 中国海洋发展基金会在北京召开第一届理事会第八次会议。

2019年8月28~30日 2019国际海岛旅游大会在浙江舟山举行。大会主题为"新海岛、新场景、新动能"。

2019年8月29日 2019蓝色经济大会暨海南"一带一路"渔业合作推介会在海南国际会展中心开幕。大会主题为"开启蓝色经济新时代，共谋绿色发展新未来"。

2019年8月29~31日 "大数据与人工智能在海洋环境预报和防灾减灾中的应用"大湾区研讨会暨大湾区海洋科技高端人才驿站交流论坛在广州南沙举行。

2019年9月3日 国家海洋博物馆与中国文物报社联合举办大型文物展览《无界——海上丝绸之路的故事》开展，展期为2019年9月3日至2020年8月28日。

2019年9月4~5日 第三届中葡海洋生物科学国际联合实验室学术年会在上海召开。

2019年9月4~6日 以"交流互鉴，开放融通"为主题的2019东亚海洋合作平台青岛论坛，在青岛世界博览城举行。

2019年9月5日 首届中国-欧盟海洋"蓝色伙伴关系"论坛在比利时首都布鲁塞尔举办。此次论坛以"蓝色海洋伙伴关系的机遇和前景"为主题。

2019年9月5日 中国与新加坡签署船舶电子证书谅解备忘录，旨在促进两国登记船舶使用电子证书，加强双方在船舶电子证书领域的合作。

2019 年 9 月 6 日 2019 年泛珠三角区域合作行政首长联席会议在广西南宁召开。

2019 年 9 月 8 日 海洋旅游与海岸带保护论坛在辽宁沈阳召开。

2019 年 9 月 9 日 第九届中泰气候与海洋生态系统联合实验室管委会、第六届中泰海洋合作联委会在泰国曼谷召开会议。

2019 年 9 月 10 日 "一带一路"国际港航合作论坛在连云港市举行。

2019 年 9 月 10 日 在连云港举行的"一带一路"国际港航合作论坛上，苏鲁豫皖海河联运港际联盟宣布成立。

2019 年 9 月 10 日 第 6 届中泰海洋联委会会议在泰国曼谷举行。

2019 年 9 月 10～11 日 第十轮中美海洋法和极地事务对话在美国圣地亚哥举行。

2019 年 9 月 10～12 日 "中国环境与发展国际合作委员会（CCICED）海洋治理政策研究"会议在浙江舟山召开。

2019 年 9 月 11 日 国内首个无人船研发测试基地——香山海洋科技港在广东省珠海市正式建成，并将于今年底投入使用。

2019 年 9 月 12 日 以"保护海洋、'益'起行动"为主题的 2019 中国青年志愿者蓝色护海行动暨海洋公益日主题活动在浙江省象山县举行。活动以实现"海洋环境资源可持续发展"为宗旨。

2019 年 9 月 12 日 农业农村部办公厅印发通知，正式施行《国家级海洋牧场示范区管理工作规范》。

2019 年 9 月 16 日 第十五届中国海洋论坛在浙江象山县开幕。本届论坛以"创新海洋蓝色经济绿色发展模式推进海洋经济高质量发展"为主题。

2019 年 9 月 18 日 "雪龙 2"号极地考察破冰船完成南海试航返回上海。

2019 年 9 月 19 日 中国－东盟海洋地球科学学术研讨会在青岛开幕。

2019 年 9 月 19 日 "西海岸一号"卫星在酒泉卫星发射中心成功发射，正式入网"珠海一号"卫星星座。

2019 年 9 月 22 日 2019 年度中国 - 东盟海洋科技合作研讨会在广西壮族自治区北海市开幕。研讨会主题为"提升海洋科研能力，共筑海上丝绸之路"。

2019 年 9 月 24 日 "伟大历程辉煌成就——庆祝中华人民共和国成立70 周年大型成就展"在北京展览馆向公众开放。诸多海洋元素吸引了观众驻足。

2019 年 9 月 24 ~ 26 日 2019（第四届）青岛国际海洋科技展览会在青岛国际博览中心举办。

2019 年 9 月 25 日 由自然资源部国家海洋信息中心编制的《2019 年中国气候变化海洋蓝皮书》发布，公布全球、中国近海关键海洋要素的最新监测信息。

2019 年 9 月 27 日 中国第十次北极考察队克服天气恶劣、时间紧、任务重等困难，完成主体考察任务，返回青岛。

2019 年 10 月 8 ~ 9 日 2019 中国极地科学学术年会在上海召开。

2019 年 10 月 11 日 《中国地质调查年度报告（2018）》出炉。其中，海洋地质调查和天然气水合物资源勘查试采等方面取得了重要成果。

2019 年 10 月 14 ~ 17 日 第七届中国海洋经济博览会在深圳举办。博览会主题为"蓝色机遇，共创未来"。一大批海洋"大国重器"及高新技术研发成果亮相。习近平主席致信祝贺。

2019 年 10 月 14 日 2019 中国海洋经济博览会蓝色经济企业家国际论坛在深圳举办。本次论坛以"合作·创新·发展"为主题。论坛发布《中国海洋经济发展报告 2019》《2019 中国海洋经济发展指数》。

2019 年 10 月 15 日 2019 中国海洋经济博览会粤港澳海洋合作发展论坛在深圳举行。

2019 年 10 月 15 日 国际海洋经济合作发展论坛在深圳召开。本次论坛主题为"共谱蓝色经济未来"。

2019 年 10 月 16 ~ 17 日 第四届中国 - 芬兰极地科学研讨会在北京举行。

2019 年 10 月 17 日　　"2019 年沿海湿地保护网络培训班暨湿地保护网络年会"在海南海口举办。

2019 年 10 月 18 日　　自然资源部（国家海洋局）在京与国际海底管理局签订了《中国自然资源部与国际海底管理局关于建立联合培训和研究中心的谅解备忘录》。

2019 年 10 月 22 日　　由中央广播电视总台和广东省人民政府共同主办的第三届 21 世纪海上丝绸之路中国（广东）国际传播论坛在广东珠海开幕。

2019 年 10 月 22 日　　2019 年度东海自然资源管理与生态保护学术交流会在上海召开。

2019 年 10 月 24 日　　自然资源部海洋发展战略研究所主办的海洋发展战略年会（2019）在京召开。

2019 年 10 月 24 日 14 时 51 分　　"雪龙 2"号极地科学考察破冰船载着中国第 36 次南极科学考察队，从东经 148°42′由北向南穿越赤道，进入南半球。

2019 年 10 月 24～25 日　　2019 年印度洋学术会议在杭州召开。

2019 年 10 月 24～25 日　　由自然资源部海洋发展战略研究所、中国海洋发展基金会联合举办的"海洋发展战略青年学术研讨会（2019）"在京召开。

2019 年 10 月 25 日　　青岛"海洋·发展"大会在青岛国际会议中心召开。

2019 年 10 月 26～27 日　　2019 年中国海洋学会成立 40 周年暨 2019 海洋学术（国际）双年会及海洋科学技术奖颁奖仪式在三亚举行。双年会的主题为"科技创新助推蓝色经济高质量发展"。

2019 年 10 月 29 日　　"雪龙"号极地科考破冰船穿越赤道，进入南半球。

2019 年 10 月 29 日　　以"行动改变海洋，从小做起"为主题的第三届海洋公益论坛在海南开幕。

2019 年 10 月 30 日　　自然资源部国家海洋技术中心发布《中国海洋能 2019 年度进展报告》。

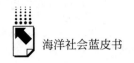

2019 年 10 月 31 日~11 月 2 日 第 4 届世界妈祖文化论坛暨第 21 届中国·湄洲妈祖文化旅游节在福建莆田湄洲岛举行。

2019 年 10 月 31 日 中国–东南亚国家"蓝色经济伙伴关系"对话会暨 2019 年（第三届）国观智库–东盟智库对话会在湛江隆重召开。

2019 年 11 月 1 日 第 4 届世界妈祖文化论坛在"妈祖故乡"福建湄洲岛开幕。论坛围绕"妈祖文化·海洋文明·人文交流"主题，倡行妈祖精神，共叙妈祖情怀。

2019 年 11 月 1~4 日 "中国–东南亚海洋生态系统监测与保护研讨会"在厦门召开。

2019 年 11 月 1~7 日 以"发展蓝色伙伴关系 构建海洋命运共同体"为主题的 2019 厦门国际海洋周在福建省厦门市举行。

2019 年 11 月 4~5 日 "消减海洋塑料垃圾——2019 上海论坛"在上海崇明举行。此次论坛形成了《消减海洋塑料垃圾–2019 上海论坛宣言》。

2019 年 11 月 4~6 日 第 4 届中韩海洋法与海洋合作学术研讨会在重庆举办。

2019 年 11 月 5 日 2019 蓝色海洋空间规划高级研讨会在天津召开。

2019 年 11 月 5 日 经联合国教科文组织政府间海洋学委员会批准，由我国承建的南中国海区域海啸预警中心启动业务化正式运行，为南中国海周边中国、文莱、柬埔寨、印度尼西亚、马来西亚、菲律宾、新加坡、泰国、越南 9 国提供全天候地震海啸监测预警服务。

2019 年 11 月 5~6 日 由自然资源部国家海洋环境预报中心主办的第 8 届中国–意大利业务化海洋学学术年会在青岛市举办。

2019 年 11 月 6 日 《融合投融资规则 促进"一带一路"可持续发展》研究报告正式发布。

2019 年 11 月 6~7 日 由自然资源部第一海洋研究所与韩国海洋科学技术院联合主办的"2019 中韩海洋地质与地球物理研讨会"在韩国釜山举行，会议主题为"黄、东海地质地球物理特征及演化"。

2019 年 11 月 7 日 2019 中巴海洋信息研讨会和研修班在哈尔滨工程大学举办。其间，哈尔滨工程大学与巴基斯坦伊斯兰堡通信卫星大学签署协议，共建中巴海洋信息技术联合实验室。

2019 年 11 月 9 日 第十三届中国·如东沿海经济合作洽谈会暨首届海洋滩涂文化周、第五届科技人才节在江苏如东举行。

2019 年 11 月 9～10 日 "21 世纪海上丝绸之路群岛：'一带一路'上的岛屿国际学术研讨会"在福建省福州市召开。

2019 年 11 月 11～14 日 第十四届海洋药物学术年会暨 2019 国际海洋药物论坛在广州召开。会议以"探知深蓝，协同攻坚，提升海洋药物源头创新"为主题。

2019 年 11 月 13～15 日 第七届 Oi China 上海国际海洋技术与工程设备展览会暨无人航行器大会在上海跨国采购会展中心举办。

2019 年 11 月 19～20 日 "海洋合作与政策协调：南海安全合作的路径国际研讨会"在北京召开。

2019 年 11 月 24 日 2019 中国公共安全大会海洋安全论坛在京召开。

2019 年 11 月 24～25 日 第十届热带海洋环境变化国际学术研讨会在广州举办。会议以"海洋与气候变化"为主题。

2019 年 11 月 25 日 "中国海岸带蓝碳现状与发展战略"项目启动会暨第一次研讨会在京举办。

2019 年 11 月 27 日 国务院新闻办公室举行新闻发布会，发布了《中国应对气候变化的政策与行动 2019 年度报告》。

2019 年 11 月 28 日 2019（第五届）深海能源大会（装备展）在海南海口召开。

2019 年 11 月 30 日 中国海洋工程咨询协会在京召开第二届理事会第四次会议，同时举行 2018 年度海洋工程科学技术奖、杰出贡献奖颁奖大会。

2019 年 11 月 30 日 中国太平洋学会自然资源法学研究分会成立大会暨 2019 年自然资源法学研讨会在海口召开。

2019 年 12 月 3 日 APEC 海洋垃圾与微塑料研讨会暨海洋资源可持续

利用研讨会在福建厦门召开。

2019 年 12 月 6 日 "2019 智慧海洋高端论坛"在舟山举行。论坛以"推进智慧海洋工程 助力海洋强国建设"为主题。

2019 年 12 月 6 日 中国科学院海洋大科学研究中心第一届用户委员会成立大会暨第一次会议在青岛召开。

2019 年 12 月 10 日 我国首本海洋文化蓝皮书《中国海洋文化发展报告（2019）》出版发行。

2019 年 12 月 12 日 南海区海洋大数据管理与服务平台正式投入使用。

2019 年 12 月 13 日 我国首个海上大型深水自营气田——陵水 17 - 2 开发井正式开钻。这标志着历经 20 余年的科研攻关，我国已基本掌握深水油气田勘探开发全套技术，具备了自主开发 1500 米级深水油气田核心技术能力。

2019 年 12 月 14 日 2019 "冰上丝绸之路"与北极合作论坛在大连海洋大学召开。

2019 年 12 月 16 日 第十二届上海 - 釜山海洋研讨会在上海召开。围绕"发展海洋经济，促进产业合作"主题展开交流研讨。

2019 年 12 月 17 日 我国第一艘国产航空母舰山东舰在海南三亚某军港交付海军。

2019 年 12 月 17 日 自然资源部印发《关于实施海砂采矿权和海域使用权"两权合一"招拍挂出让的通知》。

2019 年 12 月 19 日 自然资源部国家卫星海洋应用中心发布了"海洋一号 C"（HY - 1C）与"高分一号"卫星以及 Landsat5/8 卫星拍摄的澳门地区多幅影像。

2019 年 12 月 20 日 新版《中华人民共和国海员证》正式签发启用，旧版海员证不再签发。

2019 年 12 月 19 ~ 20 日 由中国海洋工程咨询协会主办、福建省海洋工程咨询协会承办的海洋生态评估修复技术交流会在福建宁德召开。

2019 年 12 月 27～28 日　国家发展改革委、自然资源部在福建厦门组织召开全国海洋经济发展示范区现场会暨海洋经济工作推动会。

2019 年 12 月 28 日　2019 年深海科学与技术学术论坛在国家深海基地管理中心成功举办。论坛围绕物理海洋、深海地质、深海生物以及深海探测技术等主题开展了学术交流与研讨。

Abstract

《Report on the Development of Ocean Society of China》（2020）is the fifth blue book of ocean society which organized by Marine Sociology Committee and written by experts and scholars from higher colleges and universities.

This report makes a scientific and systematic analysis on the current situation, achievements, problems, trends and countermeasures of ocean society in 2018 – 2019. In 2018 – 2019, China's marine undertakings in various fields continued to show the development trend of steady progress and precise governance, specifically manifested in: the comprehensive management of the ocean presented in an all-round way; the institutionalization of marine undertakings continued to advance; the development of marine undertakings was more planned and long-term, and international cooperation had diversified characteristics in marine fields and spaces. At the same time, although the overall development of China's marine industry is stable, it still faces many difficulties and challenges. For instance, the tackling of marine science and technology still needs to be continued, the comprehensive management of the marine undertakings needs to be continuously promoted, the institutionalization of the marine undertakings needs to be accelerated, and the development of the marine undertakings needs to further increase social participation. Therefore, sustainable marine social development still requires strengthening governance in many links.

This report consists of four parts: the general report, topical reports, the special topics and apperdix. The report has carried out scientific descriptions and in-depth analysis on topics such as marine public service, marine environment, marine education, marine management, marine folk culture, rule of law, marine ecological civilization demonstration area, marine supervision, distant fishery, marine environmental protection organization, marine disaster social response and finally puts forward some feasible policy suggestions.

Keywords: Ocean Society; Marine Folk Culture; Marine Environment

Contents

I General Report

Abstract: In 2018 – 2019, China's marine undertakings in various fields continued to show the development trend of steady progress and precise governance, specifically manifested in: the comprehensive governance of the ocean presented in an all-round way; the institutionalization of marine undertakings continued to advance; the development of marine undertakings was more planned and long-term, and international cooperation had diversified characteristics in marine fields and spaces. At the same time, although the overall development of China's marine industry is stable, it still faces many difficulties and challenges. For instance, the tackling of marine science and technology still needs to be continued, the comprehensive management of the marine undertakings needs to be continuously promoted, the institutionalization of the marine undertakings needs to be accelerated, and the development of the marine undertakings needs to further increase social participation. Therefore, sustainable marine social development still requires strengthening governance in many links.

Keywords: Ocean Society; Marin Comprehensive Governance; Systematic Construction

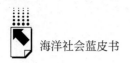
海洋社会蓝皮书

II   Topical Reports

B. 2   China's Marine Public Service Development Report

Cui Feng, *Shen Bin* / 011

Abstract: 2018 and 2019 was the crucial period for the development of marine public services, in which the ability of overall planning for marine public services was constantly improving; institutional reform brought new opportunities for career development; local marine public services also had made new achievements. The success rate of marine rescue remained high. The capability of marine observation and monitoring, marine forecasting and marine disaster prevention and mitigation had been continuously improved, which would provide more people with better marine public service products in a broader scope. Therefore, people's life and property security could be more effectively guaranteed. However, the informatization level of marine public services, the level of personnel construction and propaganda still needed to be constantly improved.

Keywords: Marine Public Service; Marine Rescue; Marine Prediction; Marine Disaster Prevention and Reduction

B. 3   China's Marine Environment Development Report

Zhao Ti, *Zhao Xuan* / 032

Abstract: The quality of China's marine environment is show a steady but positive trend. Based on the analysis of relevant indicators in the "Bulletin of China Marine Ecological Environment Status" and the summary of typical Marine ecological practices in 2019, it can be found that China has made intense efforts to ensure the Marine ecological environment governance with scientific and technological power in 2018 ~ 2019. Relevant regulations are also tending to be increasingly perfected; The general idea of Marine ecological protection shows the trend of changing from "sea-land duality" to "land-sea unity". However, at present, the citizen's participation in the process of Marine environmental protection in China is not optimistic, which has become a major difficulty in realizing the goal of Marine ecological civilization construction. In addition, pollutants into the sea are also developing in a more diversified direction, which will bring great pressure on the Marine ecology in the future.

Keywords: Marine Environment; Marine Ecological Environment; Marine Ecological Environment Protection

B. 4   China's Ocean Education Development Report

Zhao Zongjin, Chen Mei / 049

Abstract: We will continue to promote Marine education for all, especially the basic Marine education for young people. Marine education in schools and society has made varying degrees of progress, but there are still problems. The development of Marine education in colleges and universities is unbalanced, the cultivation of ethics and emotion is neglected, and the development of basic Marine education is not sufficient. In the social Marine education, the main body of education plays an insufficient role, the education system is not perfect, and the Marine education in inland areas is weak. Finally, in view of the problems, the paper puts forward some Suggestions on the development of Marine education in schools and society, so as to promote the development of higher level of Marine education.

Keywords: Marine Education; Education System; Diversified Education System

海洋社会蓝皮书

B. 5   China's Marine Management Development Report

Dong Zhaoxin, Liu Mengxue / 065

Abstract: China's marine management has entered a new era since the 19th National Congress of the Communist Party of China. In this new era, marine management continues to focus on the strategic goal of building a strong marine country. The reform of marine administrative institutions is more in-depth, the rule of law is more improved, the management of marine resources is more strict, the governance of marine environment is more standardized, and the protection of marine rights and interests is normalized. In the future, marine management will highlight the trend of marine supervision and inspection, and strictly enforce the law and manage; We will promote the reform of maritime administrative agencies and modernizing their governance system and capacity for governance, and take an in-depth part in international ocean spatial planning to promote the interconnection of policies and standards. Therefore, it is necessary to form a system of marine laws and regulations based on the basic law of the sea, integrate the responsibilities of the functional departments involved in the sea, rationalize the relationship between local marine environmental protection, form a standardized and normalized marine strategic planning, and carry out practical international cooperation.

Keyword: Marine Management; Institutional Reform; Marine Resources

B. 6   China's Marine Folklore Development Report

Wang Xinyan, Zhang Tandi and Zhou Yuanyuan / 084

Abstract: In 2018 - 2019, with the continuous improvement of the soft power of Marine culture and the in-depth implementation of the strategy of maritime power, the development of Marine folklore has presented four new trends. The scope of Marine folklore research continues to expand and deepen; Marine folklore development presents a digital trend; The marine folklore-related cultural and creative industries developed gradually ; Marine folk sports research has increased. However, in the process of development, there are also many problems in marine folklore. In the research, there is a emphasis on history and neglect of current development; cross-regional research is relatively weak; different groups have a gap in the expectation of marine folklore values, and these problems need to be solved one by one in future development and research. In the future, the development of marine folklore should strengthen the integration of marine folk resources and promote the development of marine folklore characteristics; combine creativity and digitalization to promote innovation and development; strengthen the communication of national marine folk culture along the Maritime Silk Road and promote the development of marine folklore.

Keywords: Marine Folklore; Marine Culture; Mazu Belief

B. 7　China's Marine Rules of Law Development Report

Chu Xiaolin / 096

Abstract: In 2018, China made three important advances in ocean legislation. Firstly, the implementation and revision of the Environmental Protection Tax Law; secondly, the revision of the Regulations on the Prevention and Control of Pollution Damage to the Marine Environment Caused by Coastal Engineering Construction Projects, the Regulations on the Prevention and Control of Pollution Damage to the Marine Environment Caused by Marine Engineering Construction Projects, and the Regulations on the Prevention and Control of Ship Pollution to the Marine Environment; thirdly, many sea related laws and regulations are formally implemented in early 2018, such as the provisions of the Supreme People's Court on Several Issues concerning the Trial of Disputes over Compensation for Damage to Marine Natural Resources and Ecological Environment, the Law on the Prevention and Control of Water Pollution, the Regulations for the Implementation of the Environmental Protection Tax Law, the Reform Plan for the Compensation System for Damage to Ecological

Environment and other relevant laws and regulations. In 2019, China made three important advances in ocean legislation. Firstly, the Ministry of Natural Resources has issued the 2019 Marine Legislation Work Plan; secondly, the sea related proposals of the 2019 national two sessions.

Keywords: Maritime Legislation; Maritime Legislation Plan; Maritime Proposal

Ⅲ Special Topics

B. 8 China's Marine Intangible Cultural Heritage Development Report

Xu Xiaojian / 108

Abstract: Through the collection and arrangement of relevant documents on marine intangible cultural heritage (hereinafter referred to as "marine intangible heritage"), this thesis reviews the protection measures, the development states and trends of China's "marine intangible heritage" from 2018 to 2019, and the obtained results and existing problems are objectively analyzed and summarized. On the whole, China's "marine intangible heritage" in 2018 −2019 has been given some protection measures and formed the development models with Chinese characteristics in the new era. The "culture plus tourism" industry integration development model creates new opportunities for the inheritance, development and sharing of "marine intangible heritage". In addition, under the guidance of the state's concept of strong advocating of the promotion of the construction of national marine power, the protection work of "marine intangible heritage" has played an active role in the promotion of industrial integration in coastal areas, the construction of marine cultural ecological reserves, marine cultural products quality packaging, rural revitalization strategies, and targeted poverty alleviation programs. At the same time, in 2018 − 2019, the Chinese government has focused on strengthening the application of "marine intangible heritage" projects and the exploitation of industrial values in policy making, publicity, and brand building. As a result, a "marine intangible heritage" development model with

Chinese characteristics in the new era has been initially formed.

Keywords: Marine Intangible Cultural Heritage; Marine Cultural Festivals; Marine Cultural Ecological Reserves

B. 9　China's Marine Culture Development Report

Ning Bo, Guo Jing / 130

Abstract: In the early 20 years since the founding of New China, China has rarely seen research on marine culture. In the 1970s, with the retrospection of the Maritime Silk Road, marine culture research has been concerned by the academic world. After more than 40 years of development and accumulation, it has been flourishing in 2013 due to the "One Belt, One Road" initiative. The study of marine culture has been carried out from the beginning of history, to multi-disciplinary and multi-angle research, and has so far presented a pattern of multi-disciplinary construction of a theoretical system. In the 1970s and 1980s, the study of marine culture was greatly influenced by the right to speak in the Western Ocean. The confidence of the local marine culture was obviously insufficient. In the 1990s, with the excavation and combing of China's marine cultural resources, the confidence of local marine culture gradually recovered and became increasingly high. After entering the 21st century, marine culture research presents a new situation in which multidisciplinary and multi-method competing to study, and the marine culture theory constructs a corona system and perfects. China's marine culture research has gone through a period of silence, enlightenment and development in the course of 70 years of development. In the future, we must focus on the construction of marine culture theory, strengthen personnel training, and build a marine culture research system with Chinese characteristics.

Keywords: Marine Culture; Maritime Silk Road; Marine Economic Powerful Nation Strategy

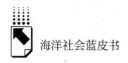
B. 10　China's Marine Ecological Civilization Demonstration Zone
Construction Development Report

Zhang Yi, Wang Junyi and Qin Jie / 149

Abstract: The establishment of the marine ecological civilization demonstration area project is a major issue. From this issue, we can see that the project is a new scientific paradigm to explore the harmonious development of economic society and marine ecological environment in coastal areas, and also a "roadmap" and "timetable" for the construction of marine ecological civilization in China. This paper focuses on the top-level system design and the construction practice of the demonstration area to sort out the important events in the construction of China's marine ecological civilization demonstration area in 2018 and 2019, and describes some progress and achievements of the demonstration area in the four aspects of marine economic operation, marine ecological protection, marine science and technology innovation and marine social construction. At the same time, it also points out the shortcomings of the construction of the marine ecological civilization demonstration area, including: the unreasonable layout of the marine industrial structure; the lack of awareness of marine fishermen's ecological environment protection; the insufficient strength of marine environment protection and the imperfect mechanism of the marine ecological civilization demonstration area. In view of the existing problems in the construction of marine ecological civilization in coastal areas, the demonstration area needs to sort out the current development and re draw up the corresponding top-level design, that is pay attention to the intensive use of marine resources, regard the marine ecological benefits as an important starting point to promote the sustainable development of marine economy, so as to realize the comprehensive promotion of marine ecological civilization.

Keywords: Marine Ecological Civilization Demonstration Area; Marine Economy; Harmony Between Human and Ocean

B. 11 China's Coastal Protection and Development Report

Liu Min, Wang Jingfa / 164

Abstract: At present, China's coastal areas are developing rapidly in economy, and the level of industrialization and urbanization is constantly improving. In this process, the coastal zone provides an abundant material foundation for the development of coastal areas and promotes the development of industrialization and urbanization. However, the land reclamation and wetland destruction are still widespread, and the tension of coastal zone development and protection is becoming prominent. The report reviews and summarizes the 2018 − 2019 coastal zone protection and its effects from the three levels of central government, local government and academia, analyzes the existing problems in the current coastal zone protection work, and puts forward relevant Suggestions. According to the report, in 2018 −2019, China has strengthened the protection of coastal areas. The central government and local governments at all levels have issued a large number of regulations on coastal zone protection. They have also promoted institutional innovation and trials of the "Gulf Master System", and carried out special rectification based on the results of inspections. Coordinated development plans for land and sea has been effectively promoted. Faced with the long-term existence of coastal zone protection problems in China, the report stressed that coastal zone development and protection is not a zero-sum game, and the two should promote each other and jointly promote the development of beautiful oceans.

Keywords: Urbanization; Reclamation; Coastal Zone Protection; Environmental Inspection; Promote Land and Marine Development in A Coordinated Way

B. 12 China's Ocean Management and Global Governance Development Report

Chen Ye / 177

Abstract: Since the 70th anniversary of the founding of the People's Republic of China, Chinese fishery has undergone historic changes and great

海洋社会蓝皮书

achievements which have attracted worldwide attention. Since the beginning of the
1980s, Chinese deep sea fishing has experienced continuous fast development. The
scale of fishing vessels, equipment level, fishing and processing capabilities, and
scientific research ability have ranked among the tops in the world. Deep sea
fishing vessels building ability and deep sea fishing vessels regulation ability have
improved greatly. The 30th Anniversary Conference on China Deep Sea Squid
Development & Summit on Sustainable Development was held in Zhoushan,
Zhejiang Province on October 10, 2019. Oceanic Squid Index of China was
released for the first time, which became a highlight of deep sea fishing
development. Chinese deep sea fishing enterprises invested abroad, and actively
participated in the local socio-economic development. In order to protect China's
high seas fishery interests, China joined seven regional fisheries management
organization successively such as Indian Ocean Tuna Commission (IOTC) and
International Commission for the Conservation of Atlantic Tunas (ICCAT).
Nowadays, negotiations on The Conservation and Sustainable Use of Marine
Biological Diversity of Areas Beyond National Jurisdiction (BBNJ) are the most
important legislative processes in the field of ocean and the law of the sea. Chinese
deep sea fishing is still in the ascendant with bright prospects. It is imperative to
sum up the lessons of Chinese deep sea fishing, which can the reference for the
development of other countries. China should strengthen international
cooperation, participate in the local economic integration and development
actively, and create a good international environment.

Keywords: Deep Sea Fishing Vessel; Oceanic Squid Index of China;
Regional Fisheries Management Organization

B. 13　China's National Ocean Inspector Development Report

Zhang Liang / 197

Abstract: The national marine inspectorate team completed the feedback of
the first batch of marine inspectors' opinions in six provinces (autonomous

regions) in January 2018. Six provinces (autonomous regions) formulated a rectification plan to implement the national marine inspector's feedback in accordance with the prescribed time and requirements. And after the report to the Ministry of Natural Resources for approval, they began to implement the problem rectification. In July 2018, the national marine inspectorate team reported back to the second batch of 5 provinces (municipalities) the special inspections on reclamation, and clearly pointed out the problems and rectification requirements found during the inspection. From the end of 2018 to the first half of 2019, the second batch of 5 provinces (municipalities) successively issued rectification plans and started to implement them. In general, the national marine inspections in 2018 and 2019 achieved the following results: In addition to the establishment of the intergovernmental supervision mechanism, a social supervision mechanism outside the government was established; through the policy platform and high promotion of the national marine inspection, the local government was urged to establish a normalization mechanism for environmental protection of marine resources. The main problems of the national marine inspections are: the national marine inspections lack sustainability and prevention; The organizational system of the national marine inspection is incomplete; The target of the national marine inspectorate is mainly limited to local governments at all levels; The power relationship between the national marine inspection team and the local governments needs to be further regulated; There is overlap in the division of responsibilities between the national marine inspection and the central environmental inspection. Looking forward to the future development of national marine inspection, the main countermeasures and suggestions include: enhancing the sustainability and preventiveness of national marine inspection, improving the top-level design and local settings of national marine inspection organizations, expanding the targets of national marine inspection to local party committees at all levels, and strengthening the supervision of the entire process, and clarifying the division of responsibilities between the national marine inspection and the central environmental inspection.

Keywords: National Marine Inspection; Inspection in Governments; Inspection in Society

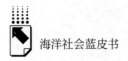

海洋社会蓝皮书

Abstract: From 2018 to 2019, China's marine law enforcement and marine right maintenance on the basis of adhering to China's principles, , policies and positions, formed some new trends, including law enforcement efforts and precision were further strengthened, systematic construction continued to develop in depth, focused on the long – term planning of marine programs and established a scientific and rigorous system design. From these new trends, it can be seen that marine law enforcement and marine right maintenance are more specialized and precise, sustainable and planned, gradually integrated, as well as focusing on the guiding role of scientific ideas. China's marine law enforcement and marine right maintenance have made great progress in many aspects, but still face many serious problems. Therefore, it is necessary to strengthen the institutionalization of China's marine industry, continue to promote integrated marine governance, continue to make breakthroughs in marine scientific and technological undertakings, and further clarify the scientific concept of marine right maintenance is of great significance for marine law enforcement and right maintenance. The road to China's marine law enforcement and marine right maintenance still has a long way to go.

Keywords: Marine Law Enforcement; Marine Rights Maintenance; Marine Programs

Abstract: China is one of the countries most affected by marine disasters in the world. With the rapid development of the marine economy, the risk of marine disasters in coastal areas is increasingly prominent, and the situation of marine disaster prevention and mitigation is very serious. This research report takes time as the axis and briefly summarizes the development history of China's social response to marine disasters from ancient times to present. Mechanism and its problems, and on this basis, reasonable suggestions and countermeasures are given.

Keywords: Marine Disaster; Emergency Response Mechanism; Social Resilience

Ⅳ   Appendix

权威报告・一手数据・特色资源

皮书数据库
ANNUAL REPORT(YEARBOOK)
DATABASE

分析解读当下中国发展变迁的高端智库平台

所获荣誉

- 2019年，入围国家新闻出版署数字出版精品遴选推荐计划项目
- 2016年，入选"'十三五'国家重点电子出版物出版规划骨干工程"
- 2015年，荣获"搜索中国正能量 点赞2015""创新中国科技创新奖"
- 2013年，荣获"中国出版政府奖・网络出版物奖"提名奖
- 连续多年荣获中国数字出版博览会"数字出版・优秀品牌"奖

成为会员

通过网址www.pishu.com.cn访问皮书数据库网站或下载皮书数据库APP，进行手机号码验证或邮箱验证即可成为皮书数据库会员。

会员福利

- 已注册用户购书后可免费获赠100元皮书数据库充值卡。刮开充值卡涂层获取充值密码，登录并进入"会员中心"—"在线充值"—"充值卡充值"，充值成功即可购买和查看数据库内容。
- 会员福利最终解释权归社会科学文献出版社所有。

数据库服务热线：400-008-6695
数据库服务QQ：2475522410
数据库服务邮箱：database@ssap.cn
图书销售热线：010-59367070/7028
图书服务QQ：1265056568
图书服务邮箱：duzhe@ssap.cn

基本子库
SUB DATABASE

中国社会发展数据库（下设 12 个子库）

整合国内外中国社会发展研究成果，汇聚独家统计数据、深度分析报告，涉及社会、人口、政治、教育、法律等 12 个领域，为了解中国社会发展动态、跟踪社会核心热点、分析社会发展趋势提供一站式资源搜索和数据服务。

中国经济发展数据库（下设 12 个子库）

围绕国内外中国经济发展主题研究报告、学术资讯、基础数据等资料构建，内容涵盖宏观经济、农业经济、工业经济、产业经济等 12 个重点经济领域，为实时掌控经济运行态势、把握经济发展规律、洞察经济形势、进行经济决策提供参考和依据。

中国行业发展数据库（下设 17 个子库）

以中国国民经济行业分类为依据，覆盖金融业、旅游、医疗卫生、交通运输、能源矿产等 100 多个行业，跟踪分析国民经济相关行业市场运行状况和政策导向，汇集行业发展前沿资讯，为投资、从业及各种经济决策提供理论基础和实践指导。

中国区域发展数据库（下设 6 个子库）

对中国特定区域内的经济、社会、文化等领域现状与发展情况进行深度分析和预测，研究层级至县及县以下行政区，涉及地区、区域经济体、城市、农村等不同维度，为地方经济社会宏观态势研究、发展经验研究、案例分析提供数据服务。

中国文化传媒数据库（下设 18 个子库）

汇聚文化传媒领域专家观点、热点资讯，梳理国内外中国文化发展相关学术研究成果、一手统计数据，涵盖文化产业、新闻传播、电影娱乐、文学艺术、群众文化等 18 个重点研究领域。为文化传媒研究提供相关数据、研究报告和综合分析服务。

世界经济与国际关系数据库（下设 6 个子库）

立足"皮书系列"世界经济、国际关系相关学术资源，整合世界经济、国际政治、世界文化与科技、全球性问题、国际组织与国际法、区域研究 6 大领域研究成果，为世界经济与国际关系研究提供全方位数据分析，为决策和形势研判提供参考。

法律声明